Flugphysik der Tragschrauber

Holger Duda • Jörg Seewald

Flugphysik der Tragschrauber

Verstehen und berechnen

Springer Vieweg

Holger Duda
Institut für Flugsystemtechnik
DLR, Braunschweig
Deutschland

Jörg Seewald
Institut für Flugsystemtechnik
DLR, Braunschweig
Deutschland

ISBN 978-3-662-52833-4 ISBN 978-3-662-52834-1 (eBook)
DOI 10.1007/978-3-662-52834-1

Die Deutsche Nationalbibliothek verzeichnet diese Publikation in der Deutschen Nationalbibliografie; detaillierte bibliografische Daten sind im Internet über http://dnb.d-nb.de abrufbar.

Springer Vieweg

Umschlagsabbildung und Graphiken Hajo König (König und König Kommunikation GbR, http://www.koenig-koenig.de/)

Gedruckt auf säurefreiem und chlorfrei gebleichtem Papier

Springer Vieweg ist Teil von Springer Nature
Die eingetragene Gesellschaft ist Springer-Verlag GmbH Deutschland
Die Anschrift der Gesellschaft ist: Heidelberger Platz 3, 14197 Berlin, Germany

Vorwort

Was schreibt man überhaupt in ein Vorwort?

So ganz genau wissen wir das auch nicht, aber da man ja ein Vorwort braucht, fangen wir einfach mal an. Auf die gleiche Weise ist schließlich auch dieses Buch entstanden. Wir haben einfach mal angefangen. „Die kleine Tragschrauberkunde“ wollten wir eigentlich schreiben und dachten, wir würden in drei Tagen damit fertig sein. Aus den drei Tagen wurden dann aber doch drei Monate, aus den drei Monaten drei Jahre. Drei kurzweilige Jahre, in denen wir unsere Begeisterung für den Tragschrauber voll ausleben konnten. Drei Jahre mit vielen theoretischen Überlegungen, praktischen Experimenten und Flugtests mit dem Tragschrauber. Immer neue Erkenntnisse und lange Diskussionen über die Art, wie wir das Ganze zu Papier bringen wollen, haben dann zu dieser „leichten“ zeitlichen Verzögerung geführt. An dieser Stelle bedanken wir uns beim Springer Verlag, der uns einen festen Abgabetermin vorgab. Ansonsten würden wir sicher heute noch diskutieren.

Aber wie kam es überhaupt dazu?

Wir waren schon immer von dem relativ einfachen Prinzip und den Flugeigenschaften des Tragschraubers fasziniert. Als Wissenschaftler nahmen wir uns vor, Praxiserfahrung und theoretisches Wissen in möglichst verständlicher Form zu Papier zu bringen. Wir haben angefangen, unsere Zettelwirtschaft zu sortieren und immer mehr Gefallen am Schreiben gefunden. Dieser Prozess mit vielen „Aha-Effekten“ hat bei uns beiden die Faszination am Tragschrauber weiter gesteigert. Ähnliches hoffen wir auch beim Leser zu erreichen.

Was erwartet den Leser?

Wir haben in diesem Fachbuch unsere Überlegungen zur „Flugphysik der Tragschrauber“ in leicht verdauliche Stücke zerlegt. Zahlreiche Beispiele und Zahlenwerte aus der Praxis sollen dem Leser den Zugang zu dem Thema vereinfachen und ein „Gefühl für die Sache“ vermitteln. Es ist klar, dass Zahlenwerte immer eine gewisse Unschärfe mit sich bringen, in dem Sinne „… Neigt sich der Rotor im Schnellflug nun um drei oder um vier Grad nach hinten…“. Wir haben uns jedoch dafür entschieden, nicht nur trockene Formeln niederzuschreiben, sondern greifbare Werte zu bringen, wo immer es geht. Damit wollen wir dem Leser den Weg von der Theorie in die Realität bereiten.

Nicht zuletzt soll das Buch Spaß beim Lesen machen und Neugierde an diesem faszinierenden Fluggerät wecken. Wir meinen, der Tragschrauber hat diese Aufmerksamkeit verdient.

Die Autoren (in 2.000 Fuß irgendwo zwischen Braunschweig und Bremen)

Abkürzungen

Braucht eigentlich keiner ...

CG	Schwerpunkt des Tragschraubers (Center of Gravity)
CG_{Bl}	Rotorblattschwerpunkt (Center of Gravity Blade)
CG_R	Rotorschwerpunkt (Center of Gravity Rotor)
DLR	Deutsches Zentrum für Luft- und Raumfahrt e. V.
PPB	Rotornickachse: Gelenk, um das der Rotorkopf gegenüber dem Rumpf geneigt werden kann (Pitch Pivot Bolt)
NASA	National Aeronautics and Space Administration
PIO	Pilot Induced Oscillations
TB	Schlaggelenk (Teeter Bolt)

Inhaltsverzeichnis

1 Einleitung

Das Wichtigste zuerst: Dieses Buch soll Spaß beim Lesen machen und Anregungen zum Grundverständnis der flugphysikalischen Zusammenhänge eines Tragschraubers geben.

Ein Tragschrauber, auch Autogyro oder Gyrocopter genannt, gehört zur Familie der Drehflügler. Er wird schließlich von drehenden Flügeln getragen. Äußerlich gesehen ist er ein naher Verwandter des Hubschraubers [1, 2].

Der Erfinder des Tragschraubers ist der Spanier Juan de la Cierva. Mit seinem Tragschrauber C.4 konnte der Spanier bereits im Jahr 1923 die ersten stabilen Versuchsflüge durchführen [1]. Ein Schlüssel für diesen Erfolg war der Einsatz des Schlaggelenks, das sich de la Cierva patentieren ließ.

Das Besondere am Tragschrauber ist der frei drehende Rotor, der im Flug nur durch den Fahrtwind angetrieben wird. Dieses Prinzip wird als „Autorotation" bezeichnet. Damit die Autorotation funktioniert, muss die Rotorebene von unten angeströmt werden. Dafür ist die Rotorebene im Flug leicht nach hinten geneigt, siehe Abb. 1.1.

Befindet sich der Rotor in Autorotation, erzeugt er den notwendigen Auftrieb, allerdings auch einen Widerstand. Ein Propellertriebwerk sorgt für den erforderlichen Vortrieb.

Wir finden heute nur wenige Ausführungen zu den flugphysikalischen Zusammenhängen des Tragschraubers [2]. Dieser Umstand sowie die stark gestiegenen Fertigungszahlen der Tragschrauber in der Ultraleichtklasse waren der Auslöser für Forschungsaktivitäten beim Deutschen Zentrum für Luft- und Raumfahrt (DLR). Zur Bereitstellung realer Messdaten wurde ein Tragschrauber vom Typ MTOsport der Firma AutoGyro GmbH mit Messtechnik ausgerüstet, siehe Abb. 1.2. Die aufgezeichneten Messdaten wurden zur Entwicklung eines Flugsimulators für Tragschrauber eingesetzt [3]. Sie sind eine wichtige Datenbasis für den Abgleich unserer theoretischen Überlegungen in diesem Buch mit der Wirklichkeit.

H. Duda, J. Seewald, *Flugphysik der Tragschrauber*,
DOI 10.1007/978-3-662-52834-1_1

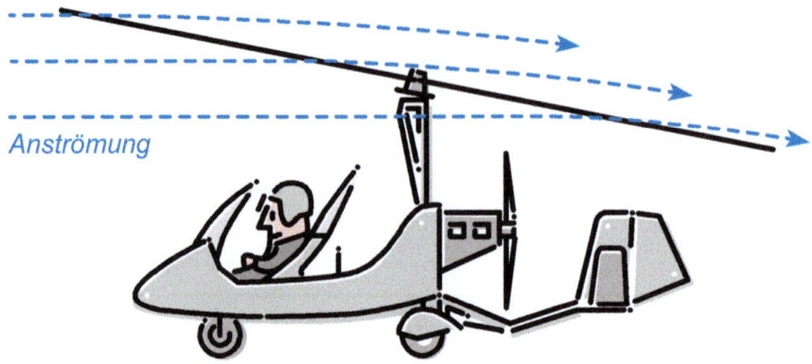

Abb. 1.1 Die Luft strömt von unten in die Rotorebene und treibt den Rotor an

Abb. 1.2 Ein MTOsport des Herstellers AutoGyro GmbH wurde mit Messtechnik ausgerüstet

Wir wenden drei unabhängige Methoden zur Berechnung des Rotors an:

Bei der ersten Methode teilen wir das Rotorblatt in 10 Segmente ein. Für jedes Segment bestimmen wir die Anströmverhältnisse, die Luftkräfte und daraus die gesamte Rotorkraft. Diese Art der Betrachtung ist sehr gut als Einstieg geeignet und eine wichtige Grundlage für das Verständnis.

Bei der zweiten Methode leiten wir unter Annahme zahlreicher Vereinfachungen analytische Formeln her. Damit lassen sich wunderbar Parameterstudien durchführen, wie beispielsweise die Änderung der Rotordrehzahl mit der Abflugmasse.

Damit sind wir auch schon bei der dritten Methode angelangt, der Simulation. Unter „Simulation" verstehen wir die numerische Lösung der nichtlinearen „Bewegungsgleichungen" des Tragschraubers. Dabei sind alle Bewegungsgrößen abhängig von der Zeit. So besteht die Möglichkeit, beispielsweise das Anfahrverhalten des Rotors beim Start zu berechnen.

Der Vergleich zwischen diesen drei unabhängigen Methoden mit den Flugmessdaten zeigt eine überraschend gute Übereinstimmung. Die analytischen Formeln funktionieren hervorragend innerhalb ihres Gültigkeitsbereiches, obwohl zahlreiche vereinfachende Annahmen getroffen wurden. Dabei besteht allerdings die Gefahr, zu stark zu vereinfachen und wesentliche Effekte zu vergessen.

Wir haben daher einen wissenschaftlichen Mentor engagiert, der uns bei Annäherung an die Grenzen der Vereinfachung bremst und klar macht, dass weitere Effekte zu beachten sind. Sein Name ist Prof. Achtung, siehe Abb. 1.3.

Wir sind sehr froh, dass wir dieses wissenschaftliche Schwergewicht für unser Projekt gewinnen konnten und bedanken uns schon an dieser Stelle bei dem Professor.

Unser Anliegen ist es, die Flugphysik der Tragschrauber in möglichst einfachen Worten, mit selbsterklärenden Skizzen und konkreten Zahlenwerten begreifbar zu machen. Wir beziehen uns immer wieder auf den Referenztragschrauber, einen MTOsport, der in den Messflügen eingesetzt wurde. Nahezu alle Ergebnisse können vom interessierten Leser mit dem Taschenrechner nachgerechnet werden.
Dabei schreiben wir nicht

- über die Geschichte der Tragschrauber, sondern erzählen die Geschichte der Flugphysik,
- über die Konstruktion, sondern liefern Grundlagen zur Konzeption wesentlicher Eckdaten eines Tragschraubers,
- das vollständige Differentialgleichungssystem in voller Schönheit auf, sondern zerschneiden den großen Brocken „Flugphysik der Tragschrauber" in leicht verdauliche Stücke. Wir verwenden noch nicht einmal Koordinatensysteme.

Abb. 1.3 Prof. Achtung ist ein wissenschaftliches Schwergewicht

Insgesamt gehen wir über fünf Etappen und steigern dabei langsam den Schwierigkeitsgrad. Auf den ersten drei Etappen untersuchen wir ausschließlich den Rotor, das Herzstück eines Tragschraubers. Das Zusammenspiel zwischen Rotor und Zelle ist Bestandteil der vierten Etappe. Auf der fünften Etappe wird es dann dynamisch und wir betrachten die Bewegungsgrößen des Rotors zeitabhängig.

Genug der Vorrede, jetzt geht's los. Wir beginnen mit der Analyse des Rotors im senkrechten Sinkflug.

Literatur

1. Charnov BH (2003) From autogiro to gyroplane: the amazing survival of an aviation technology. Praeger, London
2. Harris FD (2011) Introduction to autogyros, helicopters and other V/STOL aircraft, Bd I. Overview and autogyros. NASA/SP–2011-215959. Piedmont, Oklahoma
3. Pruter I (2016) Untersuchung der Trainingseffizienz von Simulatoren für Tragschrauber. Dissertation, Technische Universität Braunschweig

Der Rotor im senkrechten Sinkflug

2

Ein Tragschrauber besitzt die faszinierende Fähigkeit, wie ein Fallschirm senkrecht in Richtung Erde zu sinken. In ausreichender Flughöhe vom Piloten eingeleitet, ist dies ein völlig sicherer Flugzustand, manchmal auch „Sackflug" genannt. Der Rotor befindet sich dabei in Autorotation, denn er wird nur durch die von unten anströmende Luft angetrieben. Wir sprechen daher auch von der „senkrechten Autorotation". Den Begriff „Sackflug" vermeiden wir aufgrund der leicht unangenehmen Assoziation.

Dic Flugphysik ist im senkrechten Sinkflug deutlich einfacher zu verstehen als im Vorwärtsflug. Deshalb beginnen wir mit diesem Sonderfall. Wir machen uns zunächst klar, wie die Rotorblätter angeströmt werden. Ein winziger Exkurs in die Welt der Aerodynamik hilft uns, die Kräfte an den Rotorblättern zu verstehen und zu berechnen. Besonderes Augenmerk legen wir auf die induzierte Abwindgeschwindigkeit des Rotors. Wir zeigen, dass es Kräfte gibt, die den Rotor antreiben und Kräfte, die ihn bremsen. In der Autorotation befindet sich der Rotor in einem Gleichgewicht, so dass die Rotordrehzahl weder zu- noch abnimmt. Mit den analytischen Formeln liefern wir ein Werkzeug zur Berechnung der Rotordrehzahl und der Sinkgeschwindigkeit abhängig von der Masse des Tragschraubers.

Folgende Fragen treiben uns dabei an:

Wie ergeben sich die Strömungsverhältnisse an einem Rotorblatt?
Wie können die Luftkräfte an einem Rotorblatt berechnet werden?
Warum dreht der Rotor ohne Antrieb?
Welche Bereiche des Rotors wirken antreibend, welche bremsend?
Wie groß ist die Rotordrehzahl abhängig von der Flugmasse?
Wie entsteht die induzierte Abwindgeschwindigkeit und wovon hängt sie ab?
Wie unterscheidet sich der Rotor des Tragschraubers von dem eines Windrads?

H. Duda, J. Seewald, *Flugphysik der Tragschrauber*,
DOI 10.1007/978-3-662-52834-1_2

Abb. 2.1 Ein Tragschrauber sinkt mit konstanter Geschwindigkeit senkrecht nach unten

Wir betrachten einen Tragschrauber, der sich mit der Sinkgeschwindigkeit V_{Sink} gegenüber der ruhenden Luft genau senkrecht nach unten bewegt, siehe Abb. 2.1. Der Rotor rotiert mit der Rotordrehzahl n_R linksherum, also von oben auf den Rotor geschaut entgegen dem Uhrzeigersinn. Die Sinkgeschwindigkeit V_{Sink} kann der Pilot bei Windstille in der senkrechten Autorotation, also bei Fluggeschwindigkeit Null, auf dem Variometer ablesen.

Uns interessiert zunächst nicht, wie es zu dieser Rotation kam, sondern wir fragen uns, warum der Rotor ohne Antriebsleistung weiterdreht. Die wesentliche Voraussetzung hierfür ist eine ausreichend starke Anströmung des Rotors von unten. Diese Voraussetzung ist erfüllt, wenn der Tragschrauber in ruhender Luft ausreichend schnell sinkt.

Um die Zusammenhänge greifbarer zu machen, verwenden wir als Basis einen Referenztragschrauber mit einer Flugmasse von $m = 392$ kg (siehe Anhang). Der Rotor dieses Tragschraubers trägt im senkrechten Sinkflug eine Gewichtskraft von:

$$m \cdot g = 392 kg \cdot 9{,}81 \text{m/s}^2 \approx 3.850 \text{N}.$$

Der Referenzrotor muss die gleiche Rotorkraft entgegensetzen, damit er die Gewichtskraft trägt:

$$F_R = m \cdot g \approx 3.850 \text{N}$$

Bei diesem Fluggewicht beträgt die Rotordrehzahl im senkrechten Sinkflug etwa

$$n_R \approx 311 \text{U/min}$$

und die Sinkgeschwindigkeit liegt konstant bei

$$V_{\text{sink}} \approx 7{,}7 \text{m/s}.$$

Diese Werte kennen wir aus Flugtests (siehe Anhang).

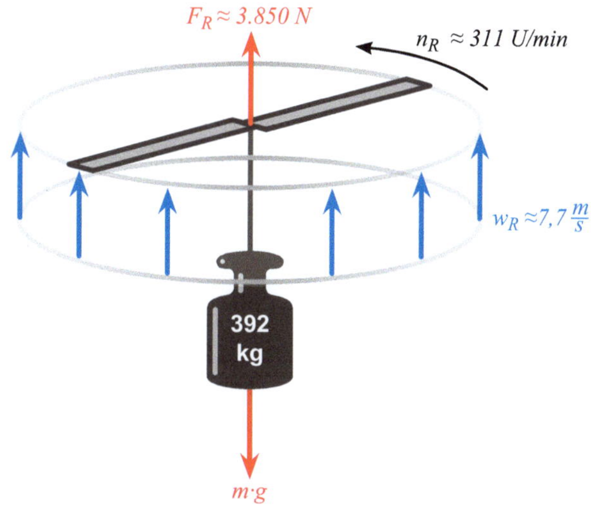

Abb. 2.2 Der Referenzrotor trägt im senkrechten Sinkflug eine Masse von etwa 392 kg

Für die Rotordrehebene fühlt es sich so an, als würde sie mit der Sinkgeschwindigkeit V_{Sink} von unten angeströmt. Die Anströmgeschwindigkeit beträgt damit

$$w_R = V_{Sink} \approx 7,7\text{m/s}.$$

Hinweis: Wir haben die Größe w_R eingeführt, weil wir sie auch für den Vorwärtsflug benötigen.

Abb. 2.2 zeigt die Verhältnisse des Referenzrotors im senkrechten Sinkflug. Dabei nehmen wir eine punktförmige Masse an und vernachlässigen den Einfluss des Rumpfes auf den Rotor.

Der Referenzrotor mit einem Radius von $r_R \approx 4,2\text{m}$ hat eine Rotorkreisfläche von:

$$S_R = \pi \cdot r_R^2 \approx 3,14 \cdot 4,2^2\,\text{m}^2 \approx 55\text{m}^2.$$

Zum Vergleich: Ein runder Fallschirm mit der gleichen Fläche, der eine Masse von $m \approx 392$ kg trägt, würde theoretisch mit $V_{Sink} \approx 9,7\text{m/s}$ sinken, also schneller als der Referenzrotor.

Nun kommen wir zurück zum Rotor und seiner hohen Effektivität, die wir verstehen wollen. Grundlage hierfür sind die Strömungsverhältnisse an den Rotorblättern.

2.1 Strömungsverhältnisse an den Rotorblättern

Im senkrechten Sinkflug können wir annehmen, dass sich gleiche Strömungsverhältnisse an beiden Rotorblättern ergeben. Die Anströmgeschwindigkeit an einem Rotorblatt steigt von Null an der Blattwurzel bis zur Blattspitzengeschwindigkeit V_S an der Blattspitze linear an, siehe Abb. 2.3.

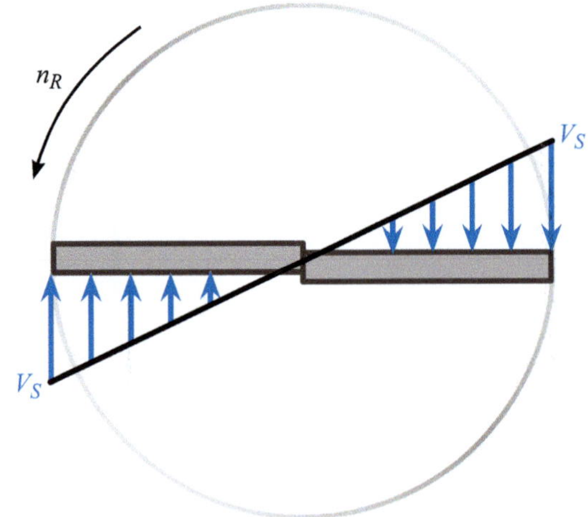

Abb. 2.3 Die Anströmgeschwindigkeit steigt linear nach außen an

Hinweis: Wir betrachten zur Vereinfachung zunächst nur den Anteil der Anströmgeschwindigkeit parallel zur Rotordrehebene.

Zur Berechnung der Blattspitzengeschwindigkeit V_S rechnen wir die Rotordrehzahl n_R in die Winkelgeschwindigkeit Ω_R um:

$$\Omega_R = n_R \cdot \frac{2 \cdot \pi}{60} = n_R \cdot \frac{\pi}{30}. \tag{2.1}$$

Die Rotordrehzahl von $n_R \approx 311\,\text{U/min}$ im senkrechten Sinkflug entspricht damit einer Winkelgeschwindigkeit von:

$$\Omega_R = 311\,\text{U/min} \cdot \frac{\pi}{30} \approx 32,5\,\text{rad/s}.$$

Die Blattspitzengeschwindigkeit beträgt:

$$V_S = \Omega_R \cdot r_R.$$

Für den Referenzrotor im senkrechten Sinkflug mit dem Rotorradius von $r_R \approx 4,2\,\text{m}$ erhalten wir:

$$V_S \approx 32,5\,\text{rad/s} \cdot 4,2\,\text{m} \approx 137\,\text{m/s}.$$

Die Geschwindigkeit in [km/h] erhalten wir durch Multiplikation mit dem Faktor 3,6:

$$V_S \approx 137\,\text{m/s} \cdot 3,6 \approx 493\,\text{km/h}.$$

▶ **Die Blattspitze des Referenzrotors wird im senkrechten Sinkflug mit nahezu 500 km/h von vorne angeströmt.**

2.1.1 Blattsegmente

Nachdem wir die Anströmgeschwindigkeit an der Blattspitze kennen, bewegen wir uns nach innen in Richtung Rotorwelle. Dafür teilen wir das Rotorblatt in 10 Segmente ein, siehe Abb. 2.4. Den Abstand des Flächenschwerpunkts eines Blattsegments von der Rotorwelle nennen wir r_{Bl}.

Für den Referenzrotor ergeben sich die Werte entsprechend Tab. 2.1.

Wir berücksichtigen den Abstand des Rotorblatts von der Rotorwelle, indem wir den Abstand des ersten Blattsegments auf $r_{Bl,1} = 0,4\text{m}$ legen.

Wir entwickeln nun eine Modellvorstellung, bei der an jedem dieser 10 Blattsegmente eine Luftkraft angreift. Wir betrachten hierzu den Rotor von der Seite, so dass wir das Rotorblattprofil sehen, siehe Abb. 2.5. Die Anströmgeschwindigkeit V_{Bl} teilen wir auf in einen Anteil

- parallel zur Rotordrehebene u_{Bl} und
- senkrecht zur Rotordrehebene w_{Bl}.

Die Rotordrehebene steht nach unserer Definition senkrecht zur Rotorwelle.

Hinweis: Im senkrechten Sinkflug ist die Rotordrehebene parallel zur Blattspitzenebene. Die Anströmgeschwindigkeit an einem Blattsegment beträgt:

$$V_{Bl} = \sqrt{u_{Bl}^2 + w_{Bl}^2}. \tag{2.2}$$

Dabei ist der Anteil der Anströmgeschwindigkeit parallel zur Rotordrehebene u_{Bl} deutlich größer als der senkrechte Anteil w_{Bl}. Dies gilt nicht an der Blattwurzel, aber dieser Bereich

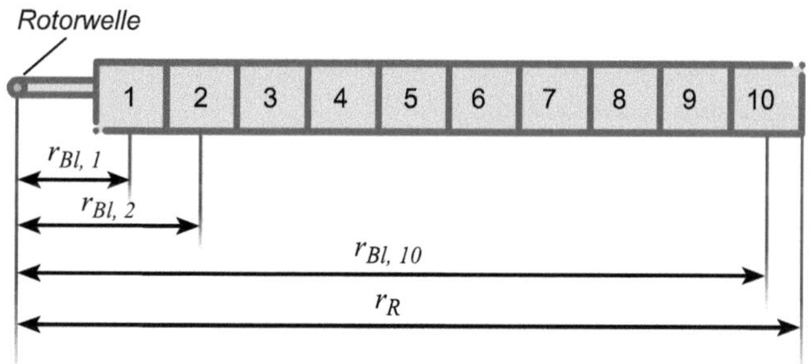

Abb. 2.4 Das Rotorblatt wird in 10 Segmente eingeteilt

Tab. 2.1 Abstand der Flächenschwerpunkte der 10 Blattsegmente von der Rotorwelle (Daten Referenzrotor)

Segment	1	2	3	4	5	6	7	8	9	10
r_{Bl} [m]	0,4	0,8	1,2	1,6	2,0	2,4	2,8	3,2	3,6	4,0

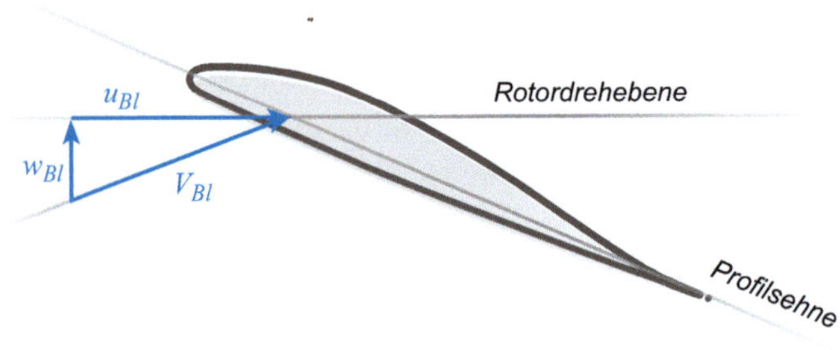

Abb. 2.5 Die Anströmgeschwindigkeit an einem Blattsegment wird in ihre Anteile parallel und senkrecht zur Rotordrehebene aufgeteilt

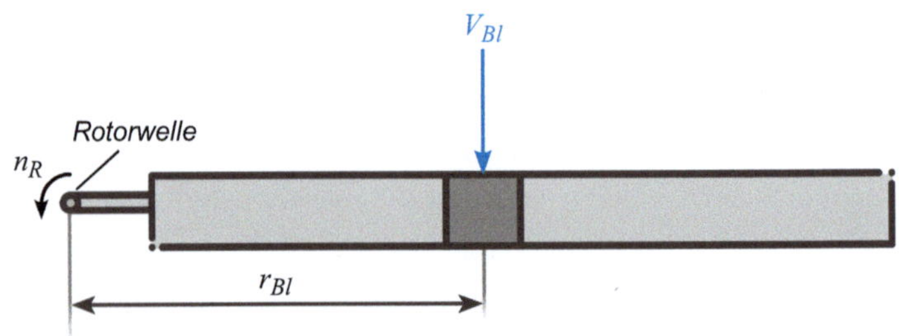

Abb. 2.6 Die Anströmgeschwindigkeit an einem Blattsegment hängt vom Abstand zur Rotorwelle und von der Rotordrehzahl ab

ist für die Rotorkraft aufgrund der kleinen Anströmgeschwindigkeiten praktisch unbedeutend. Wir nehmen damit vereinfacht an:

$$V_{Bl} \approx u_{Bl}. \tag{2.3}$$

Die Anströmgeschwindigkeit an einem Blattsegment ergibt sich wie folgt, siehe Abb. 2.6:

$$V_{Bl} = \Omega_R \cdot r_{Bl} = n_R \cdot \frac{\pi}{30} \cdot r_{Bl}. \tag{2.4}$$

Nun suchen wir die Anströmgeschwindigkeit senkrecht zur Rotordrehebene w_{Bl} an den 10 Blattsegmenten, kurz die Durchströmgeschwindigkeit.

2.1.2 Durchströmgeschwindigkeit

Man könnte auf die Idee kommen, dass die Durchströmgeschwindigkeit der Rotordrehebene w_{Bl} der Sinkgeschwindigkeit V_{Sink} entspricht. Tatsächlich ist die Durchströmgeschwindigkeit der Rotordrehebene w_{Bl} deutlich kleiner als die Sinkgeschwindigkeit, weil der Rotor einen Abwind induziert. Die induzierte Abwindgeschwindigkeit des Rotors w_{Ri} wirkt der Sinkgeschwindigkeit V_{Sink} entgegen, siehe Abb. 2.7.

In der senkrechten Autorotation fliegt der Rotor also in seinem eigenen Abwindfeld. Damit ergibt sich folgende Beziehung:

$$w_{Bl} = V_{Sink} - w_{Ri} = w_R - w_{Ri}. \tag{2.5}$$

Vom Hubschrauber kennt man diesen Effekt sehr gut. Wer einmal in der Nähe eines startenden Hubschraubers stand, weiß, was wir meinen, siehe Abb. 2.8.

Auch beim Tragschrauber wird dieser Effekt sichtbar, wenn man auf einer Graspiste landet und nach dem Anhalten auf die sich biegenden Grashalme achtet.

In Abb. 2.7 haben wir vereinfachend angenommen, die induzierte Abwindgeschwindigkeit w_{Ri} sei in der gesamten Rotorebene konstant. Obwohl dies in der Realität nicht ganz stimmt, bleiben wir zunächst bei dieser Vereinfachung. Damit ist die Anströmung senkrecht zur Rotordrehebene w_{Bi} an allen 10 Blattsegmenten gleich.

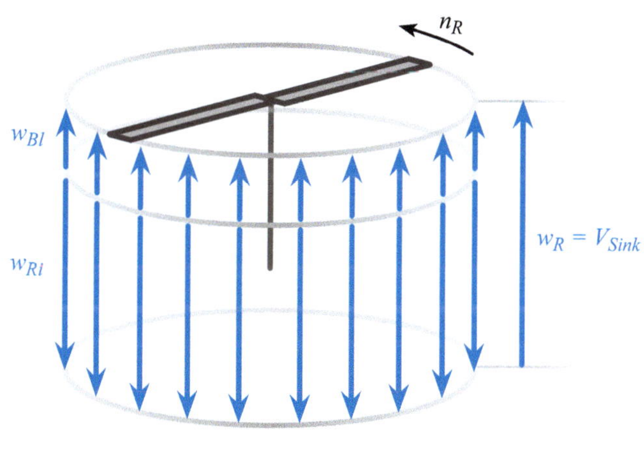

Abb. 2.7 Die induzierte Abwindgeschwindigkeit des Rotors wirkt der Sinkgeschwindigkeit entgegen

Abb. 2.8 Achtung, der induzierte Abwind kann die Frisur ziemlich durcheinander bringen

Wie entsteht die induzierte Abwindgeschwindigkeit?

Wir stellen uns das Rotorblatt als eine Maschine vor, die Luftmassen nach unten beschleunigt und dadurch eine Luftkraft nach oben erzeugt. Je schneller das Rotorblatt die Luft nach unten beschleunigt, desto größer ist die Luftkraft. Andersherum formuliert: Je größer die Luftkraft ist, desto größer ist die induzierte Abwindgeschwindigkeit.

Wie groß ist die induzierte Abwindgeschwindigkeit w_{Ri} des Referenzrotors?

Aus Flugtests wissen wir, dass der Referenzrotor bei einer Flugmasse von $m = 392$ kg mit etwa $V_{Sink} \approx 7{,}7\,\text{m/s}$ senkrecht nach unten sinkt (siehe Anhang). Die induzierte Abwindgeschwindigkeit w_{Ri} ist dabei praktisch nicht messbar. Wir nehmen an dieser Stelle an, die induzierte Abwindgeschwindigkeit läge bei $w_{Ri} \approx 6{,}5\,\text{m/s}$. In Abschn. 2.4 erklären wir, warum dieser Wert plausibel ist und wovon die induzierte Abwindgeschwindigkeit w_{Ri} abhängt.

Der Rotor wird zwar mit $w_R \approx 7{,}7\,\text{m/s}$ von unten angeströmt, die Durchströmgeschwindigkeit der Rotordrehebene beträgt aber nur

$$w_{Bl} = w_R - w_{Ri} \approx 7{,}7\,\text{m/s} - 6{,}5\,\text{m/s} \approx 1{,}2\,\text{m/s}.$$

Wir stellen also fest:

▶ Die induzierte Abwindgeschwindigkeit des Referenzrotors ist im senkrechten Sinkflug deutlich größer als die Durchströmgeschwindigkeit der Rotordrehebene.

2.1.3 Durchströmwinkel und Blattanstellwinkel

Der Durchströmwinkel φ_{Bl} ist definiert als der Winkel zwischen der anströmenden Luft und der Rotordrehebene an einem Blattsegment, siehe Abb. 2.9.

Der Durchströmwinkel φ_{Bl} ist elementar wichtig für das Verständnis der Autorotation. Es gilt folgende Beziehung:

$$\varphi_{Bl} = \arcsin \frac{w_{Bl}}{V_{Bl}}. \tag{2.6}$$

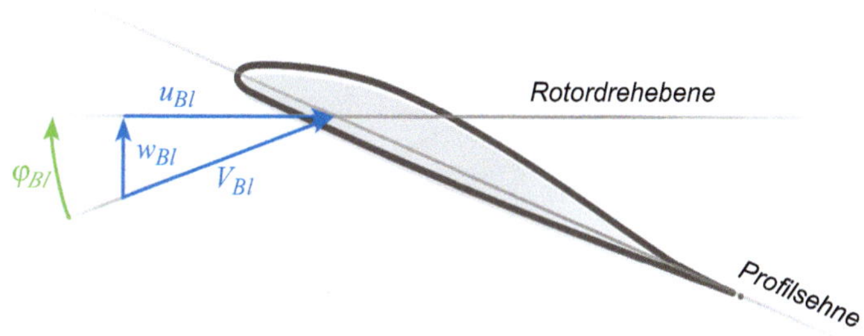

Abb. 2.9 Der Winkel zwischen der anströmenden Luft und der Rotordrehebene an einem Blattsegment wird als Durchströmwinkel bezeichnet

Um die Formel zu vereinfachen, wenden wir die Kleinwinkelnäherung aus der Mathematik an. Dabei ersetzen wir den Sinus oder Tangens durch den Winkel selbst und den Kosinus durch 1. Diese Näherung ist für kleine Winkel bis etwa 10° angemessen. Beispiel: Ein Winkel von 10° umgerechnet in Radiant ergibt

$$10° \cdot \frac{\pi}{180°} \approx 0{,}1745 \text{ rad}.$$

Der Sinus dieses Winkels beträgt

$$\sin 0{,}1745 \approx 0{,}1736.$$

Der Durchströmwinkel φ_{Bl} ist klein, da die Durchströmgeschwindigkeit w_{Bl} viel kleiner als die Anströmgeschwindigkeit V_{Bl} ist.

Hinweis: An der Blattwurzel gilt diese Näherung nicht mehr.

Mit diesem Wissen können wir Gl. 2.6 vereinfachen zu:

$$\varphi_{Bl} \approx \frac{w_{Bl}}{V_{Bl}}. \tag{2.7}$$

Zusammen mit dem konstruktiv vorgegebenen Blatteinstellwinkel ε_{Bl}, mit dem beide Rotorblätter an der Rotorbrücke befestigt sind, erhalten wir den lokalen Anstellwinkel an einem Blattsegment, kurz den Blattanstellwinkel:

$$\alpha_{Bl} = \varphi_{Bl} + \varepsilon_{Bl}. \tag{2.8}$$

Der Blattanstellwinkel α_{Bl} ist der Winkel zwischen der Profilsehne und der anströmenden Luft an einem Blattsegment, siehe Abb. 2.10. Der Blatteinstellwinkel ε_{Bl} dagegen beschreibt den Winkel zwischen der Profilsehne und der Rotordrehebene. Beim Referenzrotor liegt der Blatteinstellwinkel konstant bei $\varepsilon_{Bl} = 2{,}5°$.

Der Blattanstellwinkel hängt von der Sinkgeschwindigkeit V_{Sink}, der induzierten Abwindgeschwindigkeit w_{Ri}, der Winkelgeschwindigkeit des Rotors Ω_R, dem Abstand des Blattsegments von der Rotorwelle r_{Bl} sowie dem Blatteinstellwinkel ε_{Bl} ab:

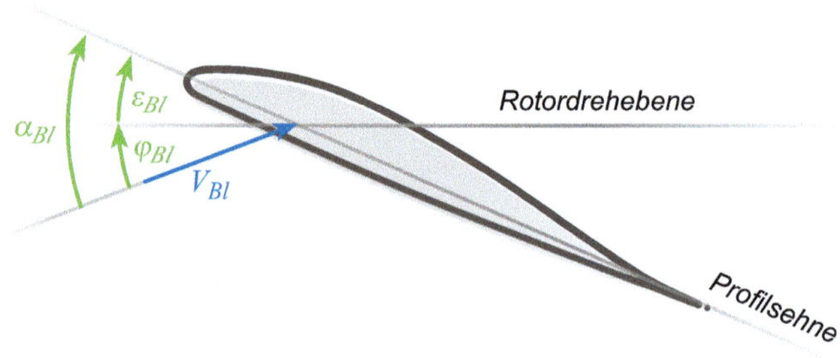

Abb. 2.10 Der Winkel zwischen der anströmenden Luft und der Profilsehne an einem Blattsegment wird als Blattanstellwinkel bezeichnet

$$\alpha_{Bl} = \frac{V_{Sink} - w_{Ri}}{\Omega_R \cdot r_{Bl}} + \varepsilon_{Bl}. \tag{2.9}$$

Mit den Formeln für die Anströmgeschwindigkeit (Gl. 2.4) und den Blattanstellwinkel (Gl. 2.9) wagen wir uns nun an die Berechnung der Luftkräfte.

2.2 Luftkräfte an den Rotorblättern

Zum Verständnis der wirkenden Luftkräfte machen wir einen winzigen Exkurs in die Welt der Aerodynamik und beginnen mit einem Gedankenexperiment. Wir stellen uns vor, dass wir die Hand aus dem Fenster eines fahrenden Autos halten. Wir halten die Hand zunächst horizontal. Nun drehen wir die offene Handfläche leicht nach oben und stellen fest, dass der ganze Arm von einer Kraft nach oben gezogen wird. Je weiter wir die Handfläche neigen, desto größer wird diese Kraft, bis sie ein bestimmtes Maximum erreicht. Neigen wir die Handfläche weiter, spüren wir verstärkt eine Kraft, die den Arm nach hinten zieht.

In diesem Experiment haben wir die an der Hand wirkende Luftkraft gedanklich in zwei Anteile aufgeteilt: Ein Anteil wirkt senkrecht und einer parallel zur Fahrtrichtung. Die Fahrtrichtung entspricht genau der entgegengesetzten Anströmrichtung. Den Kraftanteil senkrecht zur Anströmrichtung nennen die Aerodynamiker „Auftrieb“ und den parallelen Anteil „Widerstand“.

2.2.1 Auftrieb und Widerstand

Anstelle der Hand betrachten wir nun ein Blattsegment. Wir erhalten den Auftrieb A_{Bl} senkrecht zur Anströmrichtung und den Widerstand W_{Bl} parallel zur Anströmrichtung, siehe Abb. 2.11.

Wir bestimmen nun die Luftkräfte an den 10 Blattsegmenten. Auftrieb und Widerstand an einem Blattsegment hängen von folgenden Faktoren ab:

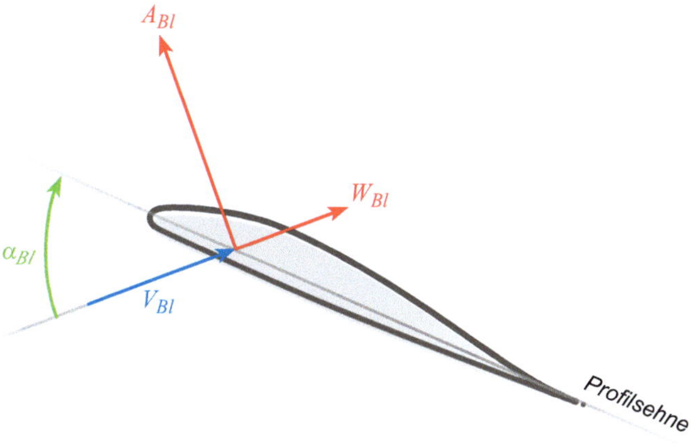

Abb. 2.11 Die Luftkraft wird in den Auftrieb senkrecht zur Anströmrichtung sowie den Widerstand parallel zur Anströmrichtung aufgeteilt

- Luftdichte ρ,
- Anströmgeschwindigkeit V_{Bl},
- Blattsegmentfläche S_{Bl},
- Auftriebsbeiwert C_{ABl},
- Widerstandsbeiwert C_{WBl}.

Die Formeln für den Auftrieb und Widerstand lauten:

$$A_{Bl} = \frac{\rho}{2} \cdot V_{Bl}^2 \cdot S_{Bl} \cdot C_{ABl}, \tag{2.10}$$

$$W_{Bl} = \frac{\rho}{2} \cdot V_{Bl}^2 \cdot S_{Bl} \cdot C_{WBl}\,. \tag{2.11}$$

In diesen Formeln wird die quadratische Abhängigkeit der Luftkräfte von der Anströmgeschwindigkeit deutlich. Bei doppelter Anströmgeschwindigkeit vervierfachen sich Auftrieb und Widerstand.

Wir betrachten jetzt die fünf Faktoren zur Berechnung von Auftrieb A_{Bl} und Widerstand W_{Bl}.

Die Luftdichte ρ ist entsprechend der Normatmosphäre abhängig von der Flughöhe (siehe Anhang). Auf Meereshöhe liegt die Luftdichte bei $\rho \approx 1{,}225$ kg/m^3.

Die Anströmgeschwindigkeit an einem Blattsegment V_{Bl} kennen wir aus Abschn. 2.1.

Die Blattsegmentfläche S_{Bl} berechnet sich aus der Blattsegmentlänge l_{Bl} und der Rotorblatttiefe t_{Bl}, siehe Abb. 2.12.

Für den Referenzrotor mit 10 Blattsegmenten ergibt sich eine Blattsegmentlänge von $l_{Bl} = 0{,}4\,\text{m}$. Mit der Rotorblatttiefe von $t_{Bl} = 0{,}2\,\text{m}$ ergibt sich eine Blattsegmentfläche von $S_{Bl} = 0{,}08\,\text{m}^2$. Die Blattsegmentfläche ist somit etwas größer als ein Blatt Papier im DIN A4 Format.

Jetzt fehlen uns nur noch die Beiwerte C_{ABl} und C_{WBl}. Dies bringt uns zur Profilpolare.

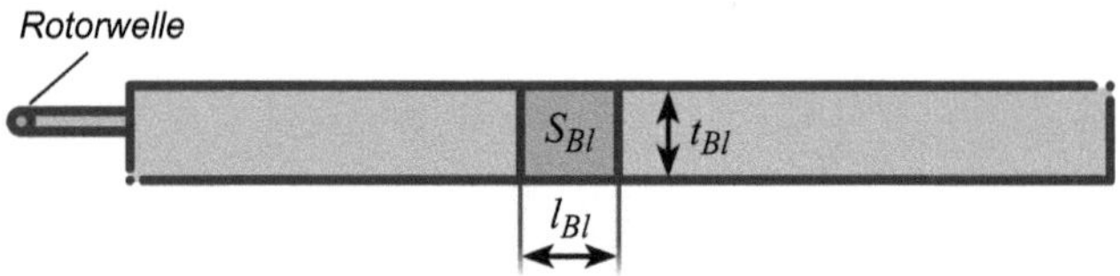

Abb. 2.12 Fläche eines Rotorblattsegments

2.2.2 Profilpolare

Der Auftriebsbeiwert C_{ABl} und Widerstandsbeiwert C_{WBl} an einem Blattsegment hängen vom Rotorblattprofil ab. Basierend auf Messungen im Windkanal und Berechnungen wurden von den Aerodynamikern Daten bereitgestellt, die in Form einer Profilpolare dargestellt werden können. Diese Darstellung wurde von Otto Lilienthal eingeführt und wird auch als „Lilienthalpolare“ bezeichnet. Eine Profilpolare liefert uns den Zusammenhang zwischen den aerodynamischen Beiwerten C_{ABl} und C_{WBl} sowie dem Blattanstellwinkelwinkel α_{Bl}, siehe Abb. 2.13.

Wir können folgende Erkenntnisse aus der Profilpolare ableiten:

- Punkt A und B: Im Bereich kleiner bis mittlerer Anstellwinkel α_{Bl} steigt der Auftriebsbeiwert C_{ABl} annähernd proportional mit dem Anstellwinkel. Dabei steigt auch der Widerstandsbeiwert C_{WBl} leicht an.
- Punkt C: Es gibt einen Anstellwinkel α_{Bl}, bei dem der maximale Auftriebsbeiwert $C_{ABl,\max}$ erreicht ist. Eine weitere Steigerung des Anstellwinkels α_{Bl} führt zu einer Verkleinerung des Auftriebsbeiwerts C_{ABl} und einer starken Vergrößerung des Widerstandsbeiwerts C_{WBl}.
- Punkt D: Eine weitere Vergrößerung des Anstellwinkels endet im Strömungsabriss, auch „Stall“ genannt. In diesem Fall liegt die Strömung an der Oberseite des Profils nicht mehr an. Der Ablösepunkt liegt kurz hinter der Profilnase, siehe Abb. 2.14.

Nach diesem winzigen Exkurs in die Welt der Profilpolaren im Allgemeinen wenden wir uns nun dem Rotorblattprofil des Referenztragschraubers zu. Es handelt sich um ein NACA 8-H-12 Profil, das bereits in der ersten Hälfte des letzten Jahrhunderts entwickelt

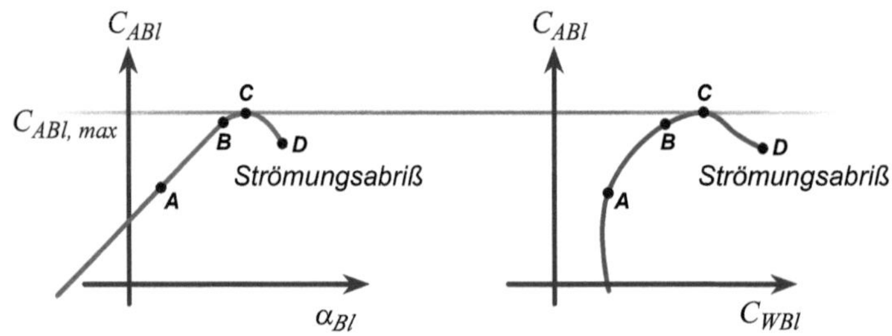

Abb. 2.13 Die Profilpolare stellt den Zusammenhang zwischen den aerodynamischen Beiwerten und dem Blattanstellwinkelwinkel her

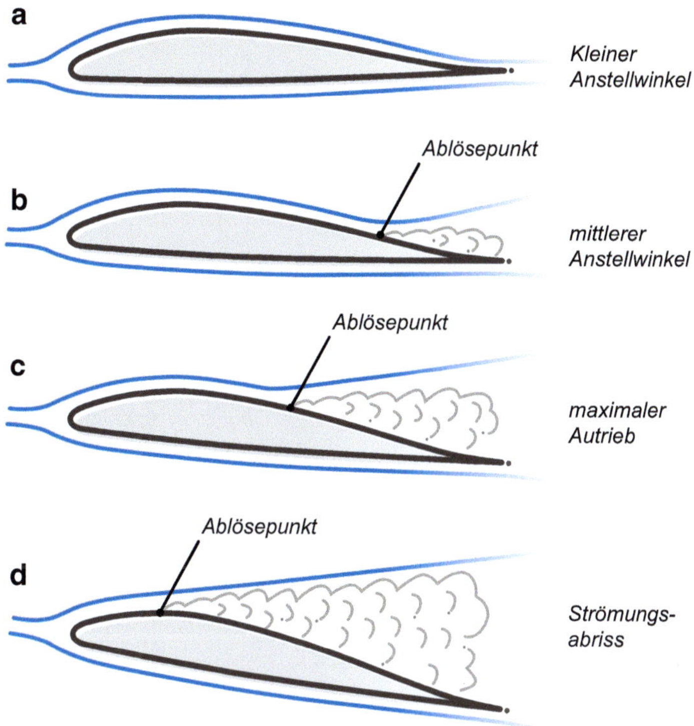

Abb. 2.14 Mit steigendem Anstellwinkel wandert der Ablösepunkt der Strömung in Richtung Profilnase

wurde. Trotz des hohen Alters ist dieses Profil sehr weit verbreitet. Für das NACA 8-H-12 Profil gibt es verschiedene Quellen für die Polare [1]. Abhängig von der Rechenmethode [2] oder der Messung im Windkanal [1] unterscheiden sich diese Polaren alle leicht voneinander (siehe Anhang). Abb. 2.15 zeigt die Profilpolare des NACA 8-H-12 Profils, wie sie beim DLR in der Simulation verwendet wird.

Aus der Polare des NACA 8-H-12 Profils erhalten wir folgende Informationen:

1. Bei einem Blattanstellwinkel von $\alpha_{Bl} = 0°$ liegt ein Auftriebsbeiwert von $C_{ABl} \approx 0{,}24$ vor. Wenn also die Anströmrichtung des Blattsegments parallel zur Profilsehne verläuft, dann wird bereits ein Auftrieb an diesem Blattsegment erzeugt. Bei einem zur Profilsehne symmetrischen Profil wäre der Auftrieb gleich Null.
2. Der maximale Auftriebsbeiwert $C_{ABl} \approx 1{,}25$ liegt bei einem Blattanstellwinkel von $\alpha_{Bl} \approx 12°$. Oberhalb dieses Blattanstellwinkels verkleinert sich der Auftrieb und die Strömung an dem Blattsegment reißt ab.
3. Mit steigendem C_{ABl} nimmt der Widerstandsbeiwert C_{WBl} zunächst nur leicht zu, in der Nähe des Strömungsabrisses steigt er deutlich.
4. Im Bereich kleiner Auftriebsbeiwerte $C_{ABl} < 0{,}2$ steigt der Widerstandsbeiwert C_{WBl} ebenfalls leicht an.

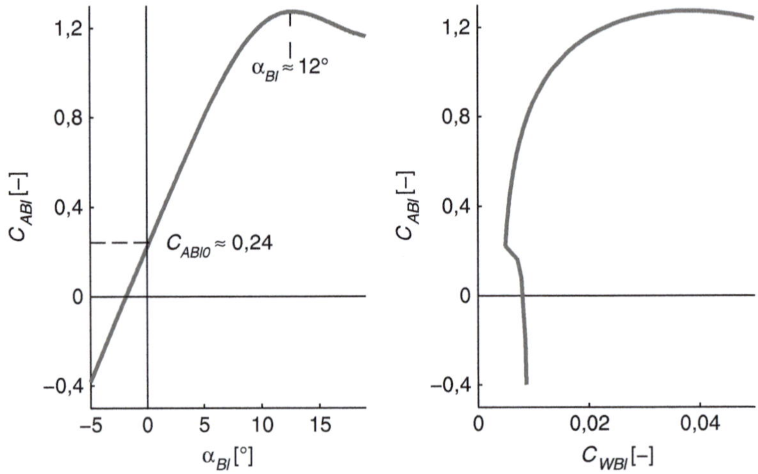

Abb. 2.15 Die Polare des NACA 8-H-12 Profils basiert auf Messungen und Berechnungen

Damit kennen wir den Zusammenhang zwischen dem Blattanstellwinkel α_{Bl} und den aerodynamischen Beiwerten C_{ABl} und C_{WBl}.

▶ Prof. Achtung weist darauf hin, dass die Profilpolare abhängig von weiteren Einflussgrößen wie der Reynoldszahl, der Machzahl und der Oberflächenrauigkeit ist. Der Angriffspunkt der Luftkraftresultierenden, kurz der Druckpunkt, muss betrachtet werden. Die Reduktion der gesamten Aerodynamik auf die Polare ist eine starke Vereinfachung.

Der Professor hat Recht, es handelt sich bei dieser vereinfachten Betrachtung um eine Näherung. Sie liefert allerdings sehr gute Ergebnisse, wie wir in den folgenden Ausführungen zeigen werden (siehe Kap. 4).

Jetzt vereinfachen wir die Polare noch weiter, indem wir sie durch zwei lineare Funktionen annähern, siehe Abb. 2.16.

Der Auftriebsbeiwert beträgt näherungsweise:

$$C_{ABl} \approx C_{ABl0} + C_{ABl\alpha} \cdot \alpha_{Bl}. \tag{2.12}$$

Der Nullauftriebsbeiwert ist definiert als Auftriebsbeiwert bei einem Anstellwinkel von Null. Beim NACA 8-H-12 Profil liegt er bei:

$$C_{ABl0} \approx 0,24.$$

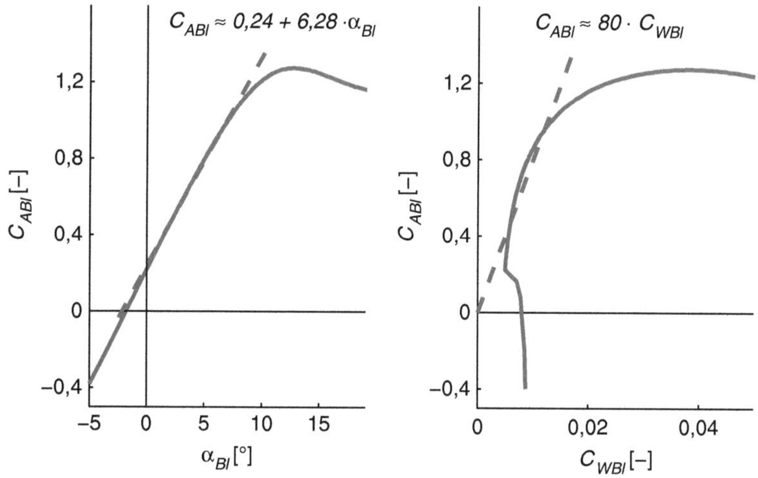

Abb. 2.16 Die Polare des NACA 8-H-12 Profils wird durch lineare Funktionen angenähert

Der Auftriebsgradient ist definiert als die Steigung des Auftriebsbeiwerts mit dem Anstellwinkel. Er kann wie folgt angenähert werden:

$$C_{ABla} \approx 2 \cdot \pi \approx 6{,}28.$$

Hinweis: Dieser Wert gilt theoretisch für eine ebene Platte in reibungsloser, inkompressibler Strömung bei unendlich großer Spannweite [3].

Damit lautet die Näherungsformel für den Auftriebsbeiwert des NACA 8-H-12 Profils:

$$C_{ABl} \approx 0{,}24 + 6{,}28 \cdot \alpha_{Bl}.$$

Der Widerstandsbeiwert beträgt näherungsweise:

$$C_{ABl} \approx n_{Gl} \cdot C_{WBl}. \tag{2.13}$$

Mit der mittleren Gleitzahl des NACA 8-H-12 Profils von $n_{Gl} \approx 80$ lautet die Näherungsformel:

$$C_{ABl} \approx 80 \cdot C_{WBl}.$$

Umgeformt:

$$C_{WBl} \approx \frac{1}{80} \cdot C_{ABl}.$$

Um dies etwas greifbarer zu machen, betrachten wir das folgende Beispiel:

Ein Blattsegment wird mit einer Geschwindigkeit $V_{Bl} = 360\,\text{km/h} = 100\,\text{m/s}$ und einem Blattanstellwinkel von $\alpha_{Bl} = 3°$ angeströmt. Damit ergibt sich ein Auftriebsbeiwert von:

$$C_{ABl} \approx 0{,}24 + 6{,}28 \cdot \alpha_{Bl} \approx 0{,}24 + 6{,}28 \cdot 3° \cdot \frac{\pi}{180°} \approx 0{,}57.$$

Der Widerstandsbeiwert beträgt dann:

$$C_{WBl} \approx \frac{1}{80} \cdot C_{ABl} \approx \frac{1}{80} \cdot 0{,}57 \approx 0{,}007.$$

Auftrieb und Widerstand des Blattsegments liegen dann entsprechend Gl. 2.10 und Gl. 2.11 bei:

$$A_{Bl} = \frac{\rho}{2} \cdot V_{Bl}^2 \cdot S_{Bl} \cdot C_{ABl} \approx \frac{1{,}225\,\mathrm{kg/m^3}}{2} \cdot 100^2\,\mathrm{m^2/s^2} \cdot 0{,}08\,\mathrm{m^2} \cdot 0{,}57 \approx 279\,\mathrm{N},$$

$$W_{Bl} = \frac{\rho}{2} \cdot V_{Bl}^2 \cdot S_{Bl} \cdot C_{WBl} \approx \frac{1{,}225\,\mathrm{kg/m^3}}{2} \cdot 100^2\,\mathrm{m^2/s^2} \cdot 0{,}08\,\mathrm{m^2} \cdot 0{,}007 \approx 3{,}5\,\mathrm{N}.$$

Unscharf formuliert wird das Blattsegment mit etwa „28 kg" nach oben und etwa „350 g" nach hinten gezogen.

▶ Beim NACA 8-H-12 Profil ist der Auftrieb eines Blattsegments A_{Bl} etwa achtzig Mal größer als der Widerstand W_{Bl}.

Der nach hinten wirkende Widerstand bremst das Blattsegment leicht ab. Dies führt uns zu der Frage, warum der Rotor im senkrechten Sinkflug ohne Antrieb dreht.

2.3 Rotation ohne Antrieb

Für eine Rotation ohne Antrieb der Rotorwelle müssen die antreibenden und bremsenden Anteile der Luftkräfte sich in einem Gleichgewicht befinden. Es gibt antreibende und bremsende Anteile der Luftkräfte, siehe Abb. 2.17.

Die bremsenden Anteile ergeben sich aus dem Widerstand.

Aber wie entstehen die antreibenden Anteile?

Um dies zu verstehen, betrachten wir die Neigung der Luftkraftresultierenden, kurz der Luftkraft, an einem Blattsegment.

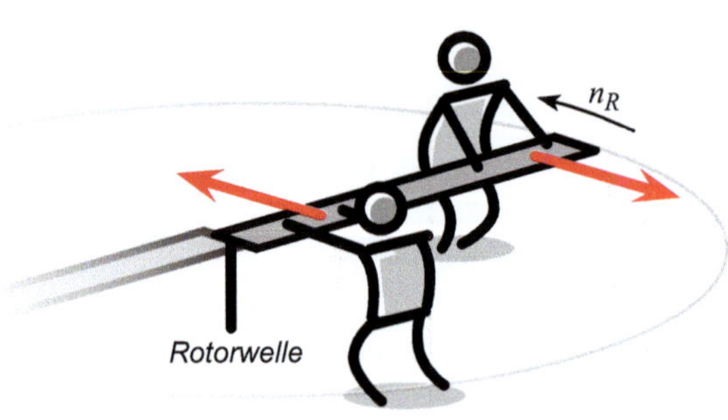

Abb. 2.17 Es gibt antreibende und bremsende „Kräfte" am Rotorblatt

2.3.1 Luftkraftneigung am Rotorblatt

Im senkrechten Sinkflug ist die Durchströmgeschwindigkeit des Rotors positiv:

$$w_{Bl} = w_R - w_{Ri} > 0.$$

Auch der Durchströmwinkel (Gl. 2.7) ist dann positiv:

$$\varphi_{Bl} \approx \frac{w_{Bl}}{V_{Bl}} > 0.$$

Damit ist der Auftrieb an dem entsprechenden Blattsegment A_{Bl} leicht nach vorne geneigt und wirkt in der Rotordrehebene nach vorne, also antreibend. Dagegen wirkt der Widerstand W_{Bl} in der Rotordrehebene nach hinten, also bremsend.

Wir fassen nun Auftrieb A_{Bl} und Widerstand W_{Bl} zur Luftkraft eines Blattsegments F_{Bl} zusammen, siehe Abb. 2.18.

Die Neigung der Luftkraft F_{Bl} gegenüber der Rotordrehebene hängt vom Durchströmwinkel φ_{Bl} ab: Wenn der Durchströmwinkel φ_{Bl} gleich Null ist, also keine senkrechte Durchströmung des Blattsegments vorliegt, dann ist die Luftkraft F_{Bl} gegenüber der Rotordrehebene leicht nach hinten geneigt. Der Grund hierfür ist der Widerstand W_{Bl}. Je größer der Durchströmwinkel φ_{Bl} wird, desto stärker neigt sich die Luftkraft gegenüber der Rotordrehebene nach vorne, siehe Abb. 2.19.

Es gibt einen Wert φ_{Bl}, bei dem die Luftkraft genau senkrecht zur Rotordrehebene steht. Bei weiterer Verkleinerung des Durchströmwinkels φ_{Bl} neigt sich die Luftkraft nach hinten und wirkt dann bremsend.

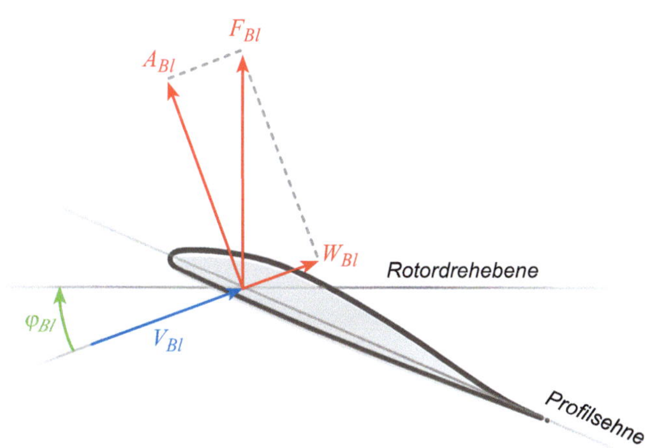

Abb. 2.18 Die Luftkraft an einem Blattsegment ergibt sich aus Auftrieb und Widerstand

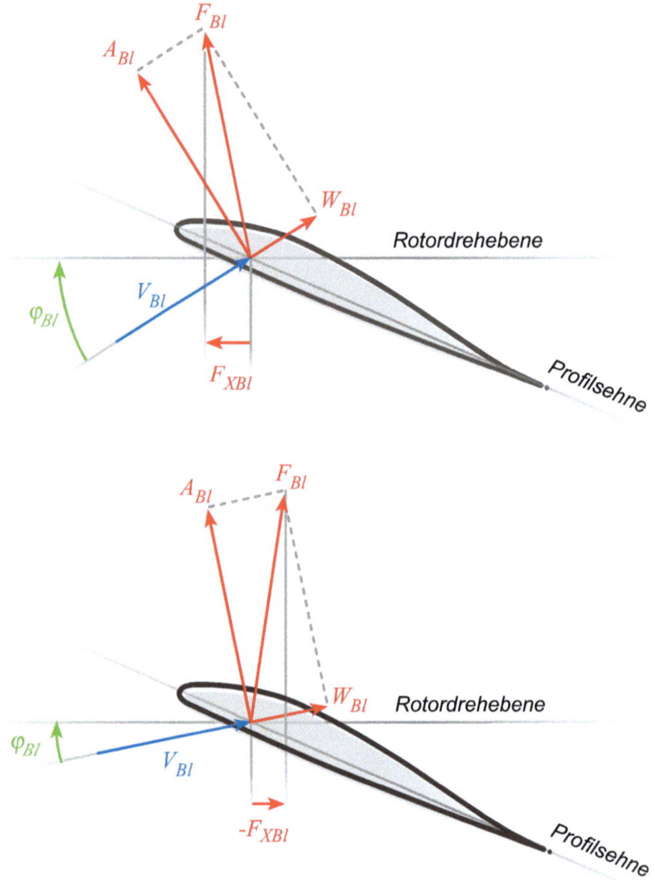

Abb. 2.19 Die Neigung der Luftkraft an einem Blattsegment ist abhängig vom Durchströmwinkel

► Prof. Achtung weist darauf hin, dass dies nicht mehr für den Strömungsabriss gilt. Durch den starken Widerstandsanstieg aufgrund der abgelösten Strömung neigt sich die Luftkraft auch bei einem großen Durchströmwinkel nach hinten.

Wir bedanken uns beim Professor für diesen überaus wichtigen Hinweis.

Der Anteil der Luftkraft parallel zur Rotordrehebene an einem Blattsegment ist die Tangentialkraft F_{XBl}. Sie kann wie folgt aus Auftrieb A_{Bl} und Widerstand W_{Bl} berechnet werden:

$$F_{XBl} = A_{Bl} \cdot \sin\varphi_{Bl} - W_{Bl} \cdot \cos\varphi_{Bl} \approx A_{Bl} \cdot \varphi_{Bl} - W_{Bl}. \tag{2.14}$$

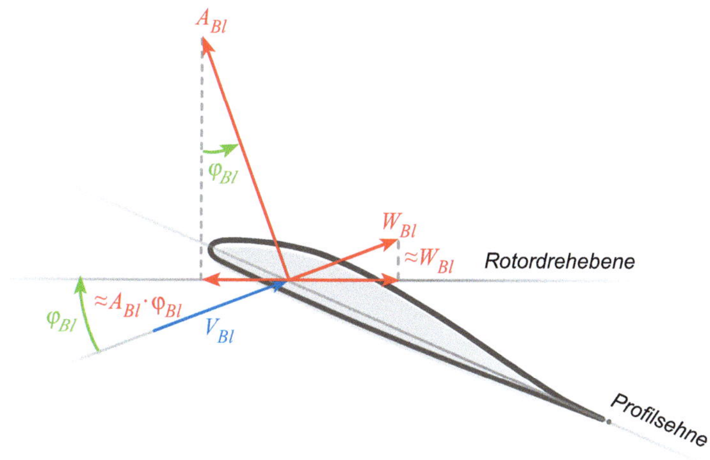

Abb. 2.20 Abhängig vom Durchströmwinkel erzeugt der Auftrieb eine antreibende Kraft, der Widerstand bremst

Die Vereinfachung ist für kleine Durchströmwinkel φ_{Bl} zulässig, siehe Abb. 2.20.

Wenn die Tangentialkraft F_{XBl} positiv ist, dann wirkt sie antreibend:

$$F_{XBl} \approx A_{Bl} \cdot \varphi_{Bl} - W_{Bl} > 0.$$

Aufgelöst nach dem Durchströmwinkel erhalten wir:

$$\varphi_{Bl} > \frac{W_{Bl}}{A_{Bl}}.$$

Das Verhältnis zwischen Widerstand und Auftrieb ergibt sich aus der linearen Näherung der Profilpolare zu (vgl. Abb. 2.16):

$$\frac{W_{Bl}}{A_{Bl}} \approx \frac{1}{80}.$$

Damit können wir den Durchströmwinkel berechnen, ab dem die Luftkraft an einem Blattsegment antreibend wirkt:

$$\varphi_{Bl} > \frac{1}{80} \cdot \frac{180°}{\pi} \approx 0{,}7°.$$

Die anströmende Luft muss also nur um den winzigen Winkel von 0,7° gegenüber der Rotordrehebene geneigt sein, damit die Luftkraft dieses Blattsegments antreibend wirkt.

Um das Ganze etwas greifbarer zu machen, berechnen wir nun den Durchströmwinkel der Rotordrehebene an den 10 Blattsegmenten des Referenzrotors. Im senkrechten Sinkflug liegt die Rotordrehzahl bei $n_R \approx 311\,\text{U/min}$. Die Winkelgeschwindigkeit des Rotors liegt dann bei:

$$\Omega_R \approx 311\,\text{U/min} \cdot \frac{\pi}{30} \approx 32{,}5\,\text{rad/s}.$$

Zur Berechnung der Durchströmwinkel an den 10 Blattsegmenten fassen wir alle Formeln und Werte des Referenzrotors zusammen:

Anströmgeschwindigkeit: $V_{Bl} = \Omega_R \cdot r_{Bl}$, mit $\Omega_R \approx 32{,}5\,\text{rad/s}$.

Durchströmwinkel: $\varphi_{Bl} \approx \frac{w_{Bl}}{V_{Bl}} \cdot \frac{180°}{\pi}$ mit $w_{Bl} = w_R - w_{Ri} \approx 7{,}7\,\text{m/s} - 6{,}5\,\text{m/s} \approx 1{,}2\,\text{m/s}$.

Die Ergebnisse der Berechnung zeigt Tab. 2.2.

Wir stellen fest, dass der Durchströmwinkel φ_{Bl} von der Blattwurzel zur Blattspitze hin abnimmt. Bei Blattsegment 8 wird der Wert $\varphi_{Bl} \approx 0{,}7°$ erreicht. Somit treiben die Blattsegmente 1 bis 7 an, Blattsegmente 8 bis 10 bremsen, siehe Abb. 2.21.

Wir können grob festhalten:

▶ Die Tangentialkräfte F_{XBl} treiben bis etwa 75 % des Rotorradius r_R an und die äußeren 25 % bremsen.

Jetzt berechnen wir die Rotorkraft F_R, indem wir die Luftkräfte aller 10 Blattsegmente bestimmen. Die Vertikalkraft eines Blattsegments resultierend aus Auftrieb A_{Bl} und Widerstand W_{Bl} ergibt sich zu:

$$F_{ZBl} = A_{Bl} \cdot \cos\varphi_{Bl} + W_{Bl} \cdot \sin\varphi_{Bl}. \quad (2.15)$$

Der Auftrieb A_{Bl} ist etwa achtzigmal so groß ist wie der Widerstand W_{Bl} und der Durchströmwinkel φ_{Bl} ist klein. Daher können wir die Formel wie folgt vereinfachen:

$$F_{ZBl} \approx A_{Bl} \quad (2.16)$$

Wir sind jetzt in der Lage, die Luftkräfte an den 10 Blattsegmenten zu berechnen. Wir fassen alle erforderlichen Formeln und Werte des Referenzrotors zusammen:

Tab. 2.2 Durchströmwinkel an den 10 Blattsegmenten im senkrechten Sinkflug (Daten Referenzrotor)

Segment	1	2	3	4	5	6	7	8	9	10
r_{Bl} [m]	0,4	0,8	1,2	1,6	2,0	2,4	2,8	3,2	3,6	4,0
V_{Bl} [m/s]	13	26	39	52	65	78	91	104	117	130
φ_{Bl} [°]	5,3	2,6	1,8	1,3	1,1	0,9	0,8	0,7	0,6	0,5

Abb. 2.21 Im senkrechten Sinkflug treiben die inneren 7 Blattsegmente an, die äußeren 3 Blattsegmente bremsen (Daten Referenzrotor)

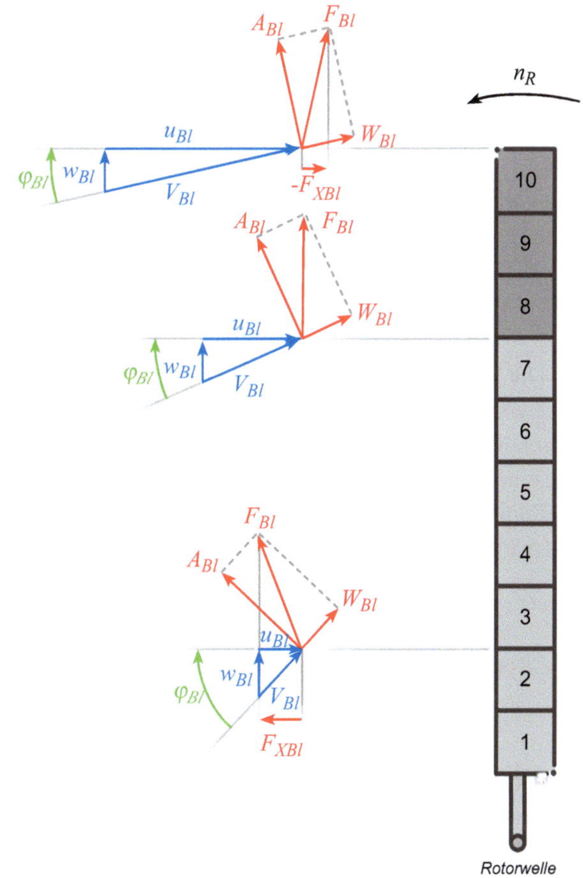

Mit den Werten aus Tab. 2.2 berechnen wir die Luftkräfte der 10 Blattsegmente des Referenzrotors im senkrechten Sinkflug, siehe Tab. 2.3.

Blattanstellwinkel:	$\alpha_{Bl} = \varphi_{Bl} + \varepsilon_{Bl}$ mit $\varepsilon_{Bl} = 2{,}5°$.
Auftriebsbeiwert:	$C_{ABl} = 0{,}24 + 2 \cdot \pi \cdot \alpha_{Bl}$.
Auftrieb:	$A_{Bl} = \frac{\rho}{2} \cdot V_{Bl}^2 \cdot S_{Bl} \cdot C_{ABl}$, mit $\rho \approx 1{,}225\ \mathrm{kg/m^3}$, $S_{Bl} = 0{,}08\,\mathrm{m}^2$.
Vertikalkraft:	$F_{ZBl} \approx A_{Bl}$.

Hinweis: An den Blattsegmenten 1 und 2 treten in Realität deutlich größere Blattanstellwinkel auf, die zu einer abgelöster Strömung führen (siehe Abschn. 4.1.2).

Tab. 2.3 Luftkräfte an den 10 Blattsegmenten im senkrechten Sinkflug (Daten Referenzrotor)

Segment	1	2	3	4	5	6	7	8	9	10	Summe
r_{Bl} [m]	*0,4*	*0,8*	*1,2*	*1,6*	*2,0*	*2,4*	*2,8*	*3,2*	*3,6*	*4,0*	
V_{Bl} [m/s]	*13*	*26*	*39*	*52*	*65*	*78*	*91*	*104*	*117*	*130*	
φ_{Bl} [°]	*5,3*	2,6	*1,8*	*1,3*	*1,1*	*0,9*	*0,8*	*0,7*	0,6	*0,5*	
α_{Bl} [°]	7,8	5,1	4,3	3,8	3,6	3,4	3,3	3,2	3,1	3,0	
C_{ABl} [–]	1,1	0,8	0,7	0,7	0,6	0,6	0,6	0,6	0,6	0,6	
F_{ZBl} [N]	9	27	53	87	130	182	242	311	388	474	**1.902**

Die Werte in kursiv stammen aus Tab. 2.2

Die Vertikalkraft an einem Blattsegment nimmt nach außen zu. Das äußere Blattsegment 10 erzeugt eine Vertikalkraft von $F_{ZBl} \approx 474\,\mathrm{N}$, also unscharf formuliert etwa „50 kg“. Ein beachtlicher Wert, wenn man bedenkt, dass die Blattsegmentfläche nur etwas größer als die eines DIN A4 Blatts ist.

Summieren wir die Vertikalkräfte F_{ZBl} der 10 Blattsegmente, so ergibt sich die Luftkraft eines Rotorblatts zu:

$$F_{ZBl,1} + F_{ZBl,2} + \ldots + F_{ZBl,10} \approx 1.902\,\mathrm{N}.$$

Die Rotorkraft F_R liegt beim Zweiblattrotor mit

$$F_R \approx 2 \cdot 1.902\,\mathrm{N} \approx 3.804\,\mathrm{N}$$

schon sehr nahe an dem erwarteten Wert von $F_R \approx 3.850$ N. Es spricht einiges dafür, dass unsere Eingangswerte für die Rotordrehzahl n_R, die Sinkgeschwindigkeit V_{Sink} und die induzierte Abwindgeschwindigkeit w_{Ri} schon ganz gut passen.

Jetzt beschäftigen wir uns mit dem Drehmoment um die Rotorwelle aufgrund der Luftkräfte, kurz das Rotordrehmoment.

2.3.2 Rotordrehmoment

Das Rotordrehmoment muss gleich Null sein, damit der Rotor ohne Antrieb mit konstanter Drehzahl rotiert.

Das Drehmoment eines Blattsegments M_{DBl} ergibt sich aus der Tangentialkraft F_{XBl} und dem zugehörigen Hebelarm r_{Bl} zu:

$$M_{DBl} = F_{XBl} \cdot r_{Bl}. \tag{2.17}$$

Abb. 2.22 zeigt die Tangentialkraft F_{XBl} und den zugehörigen Hebelarm r_{Bl}.

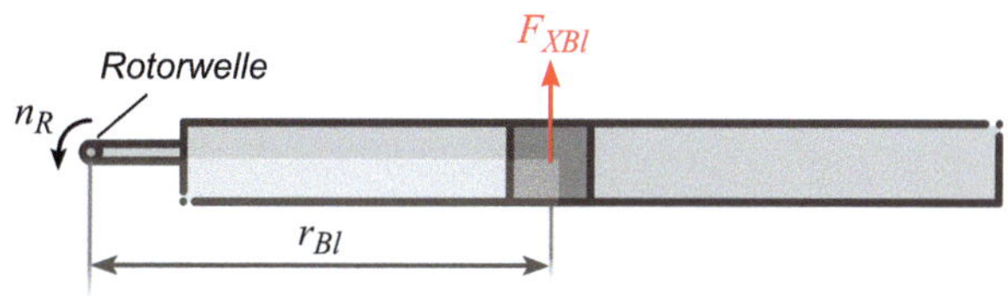

Abb. 2.22 Die Tangentialkraft bewirkt ein Drehmoment um die Rotorwelle

Zur Berechnung der Rotationsmomente fassen wir alle neuen Formeln und Werte des Referenzrotors zusammen:

Widerstand:	$W_{Bl} \approx \frac{1}{80} \cdot A_{Bl} \approx \frac{1}{80} \cdot F_{ZBl}.$
Tangentialkraft:	$F_{XBl} \approx A_{Bl} \cdot \varphi_{Bl} - W_{Bl}.$
Rotordrehmoment:	$M_{DBl} = F_{XBl} \cdot r_{Bl}.$

Mit den Werten aus Tab. 2.3 berechnen wir die Drehmomente der 10 Blattsegmente des Referenzrotors im senkrechten Sinkflug, siehe Tab. 2.4.

Summieren wir die Drehmomente der 10 Blattsegmente M_{DBl} auf, so ergibt sich das Drehmoment eines Rotorblatts um die Rotorwelle zu:

$$M_{DBl,1} + M_{DBl,2} + \ldots + M_{DBl,10} \approx -3{,}4 \text{ Nm} \approx 0 \text{ Nm}. \tag{2.18}$$

Es bleibt also ein kleines negatives Drehmoment übrig. Wir haben mit unseren Annahmen das Gleichgewicht nicht ganz getroffen, aber wir sind zufrieden. Es bestätigt sich, dass die inneren 7 Blattsegmente antreibend und die äußeren 3 Blattsegmente bremsend wirken, siehe Abb. 2.23.

Hinweis: Die induzierte Abwindgeschwindigkeit ist als konstant über dem Radius angenommen, daher wirken auch die inneren Blattsegmente 1 und 2 antreibend.

Eine Tangentialkraft F_{XBl} an einem Blattsegment nahe der Blattspitze erzeugt wegen des größeren Hebelarms r_{Bl} ein größeres Drehmoment M_{DBl} um die Rotorwelle als eine gleich große Tangentialkraft F_{XBl} in der Nähe der Blattwurzel. Als kleine Eselsbrücke denken wir uns ein Tauziehen, bei dem drei starke Typen gegen sieben Schwächere antreten. Es ergibt ein Unentschieden, siehe Abb. 2.24.

Wir beschäftigen uns nun intensiver mit der induzierten Abwindgeschwindigkeit, die wir bereits bei unserer bisherigen Betrachtung verwendet haben.

Tab. 2.4 Drehmomente der 10 Blattsegmente im senkrechten Sinkflug (Daten Referenzrotor)

Segment	1	2	3	4	5	6	7	8	9	10	Summe
r_{Bl} [m]	*0,4*	*0,8*	*1,2*	*1,6*	*2,0*	*2,4*	*2,8*	*3,2*	*3,6*	*4,0*	
V_{Bl} [m/s]	*13*	*26*	*39*	*52*	*65*	*78*	*91*	*104*	*117*	*130*	
φ_{Bl} [°]	*5,3*	*2,6*	*1,8*	*1,3*	*1,1*	*0,9*	*0,8*	*0,7*	*0,6*	*0,5*	
α_{Bl} [°]	*7,8*	*5,1*	*4,3*	*3,8*	*3,6*	*3,4*	*3,3*	*3,2*	*3,1*	*3,0*	
C_{ABl} [–]	*1,1*	*0,8*	*0,7*	*0,7*	*0,6*	*0,6*	*0,6*	*0,6*	*0,6*	*0,6*	
F_{ZBl} [N]	*9*	*27*	*53*	*87*	*130*	*182*	*242*	*311*	*388*	*474*	**1.902**
W_{Bl} [N]	0,1	0,3	0,7	1,1	1,6	2,3	3,0	3,9	4,8	5,9	
F_{XBl} [N]	0,7	0,9	1,0	0,9	0,8	0,5	0,2	–0,3	–0,9	–1,5	
M_{DBl} [Nm]	0,3	0,7	1,2	1,5	1,6	1,3	0,5	–1,0	–3,1	–6,2	**–3,4**

Die Werte in kursiv stammen aus Tab. 2.3

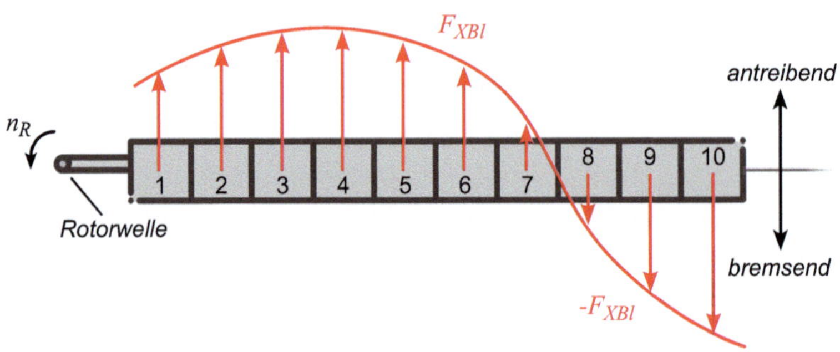

Abb. 2.23 Im senkrechten Sinkflug wirken die inneren 7 Blattsegmente antreibend und die äußeren 3 Blattsegmente bremsend (Daten Referenzrotor)

Abb. 2.24 Unentschieden: Drei starke Typen treten gegen sieben Schwächere beim Tauziehen an

2.4 Induzierte Abwindgeschwindigkeit

Die induzierte Abwindgeschwindigkeit des Rotors w_{Ri} entsteht aufgrund der Luftkraft des Rotors F_R. Die Rotorblätter beschleunigen Luftmassen nach unten und erzeugen so Luftkräfte nach oben. Wir verwenden bereits den Wert der induzierten Abwindgeschwindigkeit $w_{Ri} \approx 6,5\,\mathrm{m/s}$ des Referenzrotors in der senkrechten Autorotation.

Nun bringen wir die Erklärung hierfür. Aus Messungen mit dem Referenzrotor kennen wir folgende Eckwerte:

Rotorkraft bei einer Flugmasse von $m \approx 392\,\text{kg}$:	$F_R \approx 3.850\,\text{N}$.
Senkrechte Anströmgeschwindigkeit:	$w_R \approx 7,7\,\text{m/s}$.
Winkelgeschwindigkeit des Rotors bei $n_R \approx 311\,\text{U/min}$:	$\Omega_R \approx 32,5\,\text{rad/s}$.
Rotorblatttiefe:	$t_{Bl} = 0,2\,\text{m}$.
Rotorradius:	$r_R = 4,2\,\text{m}$.
Blatteinstellwinkel:	$\varepsilon_{Bl} \approx 2,5°$.
Luftdichte in Meereshöhe:	$\rho \approx 1,225\ \text{kg/m}^3$.

Die aerodynamischen Profileigenschaften sind aus Messungen und Berechnungen bekannt (vgl. Abb. 2.15).

Unter der Annahme einer induzierten Abwindgeschwindigkeit von $w_{Ri} \approx 6,5\,\text{m/s}$ haben wir eine Rotorkraft von $F_R \approx 3.804\,\text{N}$ in der senkrechten Autorotation berechnet. Damit sind wir sehr zufrieden, denn dieser Wert liegt dicht an dem Referenzwert von $F_R \approx 3.850\,\text{N}$. Auch die Rotordrehzahl von $n_R \approx 311\,\text{U/min}$ passt zur Referenz.

Der verwendete Wert der induzierten Abwindgeschwindigkeit w_{Ri} ist damit plausibel.

Nun beschäftigen wir uns mit der Frage, wie dieser Wert mit theoretischen Überlegungen übereinstimmt und welche weiteren Einflussgrößen eingehen. Hierzu wenden wir den „Impulssatz der Strömungslehre" an [4]. Dabei werden die Strömungsgeschwindigkeiten weit vor und hinter der Rotordrehebene betrachtet. Es werden keine Blattsegmente angenommen.

2.4.1 Rotor als Windrad

Zur besseren Vorstellung der Effekte drehen wir den Rotor um 90° und stellen ihn uns als Windrad vor. Die Windgeschwindigkeit w_1 weit vor dem Referenzrotor entspricht bei dieser Überlegung der Sinkgeschwindigkeit V_{Sink}, siehe Abb. 2.25.

Bei einer Windgeschwindigkeit von $w_1 = 7,7\,\text{m/s}$, also einer Windstärke von vier Beaufort, erzeugt der Referenzrotor eine Kraft von $F_R \approx 3.850\,\text{N}$. Der Rotor merkt nicht, ob er in ruhiger Luft nach unten sinkt, oder ob er an einem Mast befestigt ist und von unten vom Wind angeströmt wird.

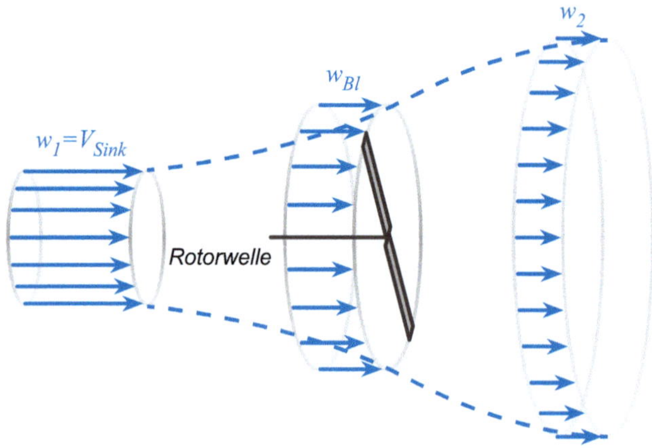

Abb. 2.25 Der Rotor als Windrad verzögert die anströmende Luft

Diese Rotorkraft entsteht allerdings nur dann, wenn die Rotorwelle frei drehen kann. Wenn der Rotor einen Generator antreibt, sinkt die Rotordrehzahl n_R bei gleicher Anströmgeschwindigkeit. Der Grund hierfür ist das Drehmoment des Generators, das den Rotor bremst. Auch die Rotorkraft F_R wird daraufhin sinken.

Wir betrachten nun vorübergehend ein „Referenzwindrad" mit dem gleichen Rotorradius r_R und der gleichen Blatttiefe t_{Bl} wie der Referenzrotor. Der Unterschied zum Referenzrotor liegt darin, dass wir den Blatteinstellwinkel auf einen negativen Wert $\varepsilon_{Bl} < 0$ reduziert haben und dass die Rotorwelle einen Generator antreibt. Die genaue Größe des Blatteinstellwinkels und das Antriebsmoment des Generators müssen uns nicht interessieren. Wir betrachten stattdessen die gesamte Rotorebene und wenden den „Impulssatz der Strömungslehre" [4] an. Damit können wir die Rotorkraft F_R des Referenzwindrads berechnen.

Der Rotor des Windrads verzögert die anströmende Luft und entzieht ihr so Energie. Die Strömungsgeschwindigkeit weit hinter dem Rotor w_2 ist kleiner als die Windgeschwindigkeit w_1.

Die Anwendung des Impulssatzes liefert zwei wichtige Erkenntnisse:

Die Durchströmgeschwindigkeit entspricht dem Mittelwert der Geschwindigkeiten weit vor und hinter dem Rotor:

$$w_{Bl} = \frac{1}{2} \cdot (w_1 + w_2). \tag{2.19}$$

Ein Windrad erzeugt dann die maximale Leistung, wenn die Luftströmung auf ein Drittel des Eingangswerts, in diesem Fall der Windgeschwindigkeit, verzögert wird:

$$w_2 = \frac{1}{3} \cdot w_1. \tag{2.20}$$

Man könnte meinen, dass die maximale Leistung erreicht würde, wenn die anströmende Luft durch das Windrad auf Null verzögert würde. In dem Fall würde aber weniger Luft durch die Rotorebene fließen. Deshalb liegt das Optimum bei einem Drittel.

Damit ergibt sich eine Durchströmgeschwindigkeit von:

$$w_{Bl} = \frac{1}{2} \cdot (w_1 + \frac{1}{3} \cdot w_1) = \frac{2}{3} \cdot w_1. \tag{2.21}$$

Die Windgeschwindigkeit w_1 entspricht bei diesem Vergleich der Sinkgeschwindigkeit V_{Sink}, die gleich der Anströmgeschwindigkeit der Rotordrehebene w_R ist:

$$w_1 = V_{Sink} = w_R. \tag{2.22}$$

Damit ergibt sich folgender Zusammenhang zwischen der Durchströmgeschwindigkeit und der Anströmgeschwindigkeit der Rotordrehebene:

$$w_{Bl} = \frac{2}{3} \cdot w_R. \tag{2.23}$$

Die induzierte Abwindgeschwindigkeit ergibt sich entsprechend Gl. 2.5 zu:

$$w_{Ri} = w_R - w_{Bl} = \frac{1}{3} \cdot w_R. \tag{2.24}$$

Für das Referenzwindrad erhalten wir

$$w_{Ri} \approx \frac{1}{3} \cdot 7{,}7\,\mathrm{m/s} \approx 2{,}6\,\mathrm{m/s}.$$

Es ergibt sich also ein deutlich kleinerer Wert als beim senkrechten Sinkflug des Referenzrotors. Hier liegt die induzierte Abwindgeschwindigkeit bei $w_{Ri} \approx 6{,}5\,\mathrm{m/s}$. Das Referenzwindrad erzeugt allerdings auch eine deutlich kleinere Rotorkraft F_R, die wir nun mit dem Impulssatz berechnen:

$$F_R = L_{MS} \cdot [w_1 - w_2]. \tag{2.25}$$

Der Luftmassenstrom durch die Rotordrehebene beträgt:

$$L_{MS} = \rho \cdot S_R \cdot w_{Bl}. \tag{2.26}$$

Die Durchströmgeschwindigkeit beträgt entsprechend Gl. 2.24 beim idealen Windrad:

$$w_{Bl} = w_R - w_{Ri} = 2 \cdot w_{Ri}. \tag{2.27}$$

Damit ergibt sich ein Luftmassenstrom durch die Rotordrehebene von:

$$L_{MS} = 2 \cdot \rho \cdot S_R \cdot w_{Ri}. \tag{2.28}$$

Jetzt können wir den Zusammenhang zwischen der Rotorkraft F_R und der induzierten Abwindgeschwindigkeit w_{Ri} herstellen:

$$\begin{aligned} F_R &= L_{MS} \cdot [w_1 - w_2] \\ &= 2 \cdot \rho \cdot S_R \cdot w_{Ri} \cdot [w_R - \frac{1}{3} \cdot w_R] \\ &= 2 \cdot \rho \cdot S_R \cdot w_{Ri} \cdot 2 \cdot w_{Ri} \\ &= 4 \cdot \rho \cdot S_R \cdot w_{Ri}^2. \end{aligned} \tag{2.29}$$

Mit den Referenzwerten ergibt sich eine Rotorkraft von:

$$F_R = 4 \cdot \rho \cdot S_R \cdot w_{Ri}^2 \approx 4 \cdot 1{,}225\,\text{kg/m}^3 \cdot 55\,\text{m}^2 \cdot 2{,}6^2\,\text{m}^2/\text{s}^2 \approx 1.821\,\text{N}.$$

Die Rotorkraft des Referenzwindrads ist deutlich kleiner als die des Referenzrotors im senkrechten Sinkflug, weil der Blatteinstellwinkel reduziert wurde und der Rotor vom Generator gebremst wird.

Wir lösen Gl. 2.29 nach der induzierten Abwindgeschwindigkeit auf und erhalten:

$$w_{Ri} = \frac{1}{2} \cdot \sqrt{\frac{F_R}{\rho \cdot S_R}} = 0{,}5 \cdot \sqrt{\frac{F_R}{\rho \cdot \pi \cdot r_R^2}}. \tag{2.30}$$

Mit dieser Formel können wir die induzierte Abwindgeschwindigkeit des Referenzwindrads bei einer Rotorkraft von $F_R \approx 3.850\,\text{N}$ berechnen:

$$w_{\text{Ri}} \approx 0{,}5 \cdot \sqrt{\frac{3.850\,\text{N}}{1{,}225\,\text{kg/m}^3 \cdot \pi \cdot 4{,}2^2\,\text{m}^2}} \approx 3{,}8\,\text{m/s}.$$

Die zugehörige Windgeschwindigkeit beträgt dann entsprechend Gl. 2.24:

$$w_1 = w_R = 3 \cdot w_{Ri} \approx 11{,}3\,\text{m/s}.$$

Übertragen auf den Tragschrauber entspricht dies einer Sinkgeschwindigkeit von $V_{\text{Sink}} \approx 11{,}3\,\text{m/s}$. Der Tragschrauber würde also deutlich schneller sinken, wenn das Referenzwindrad mit Generator als Rotor installiert wäre.

Soweit zur Theorie der Windräder, nun betrachten wir wieder den Referenzrotor, der mit $V_{Sink} \approx 7{,}7\,\text{m/s}$ sinkt.

2.4.2 Zurück zum Tragschrauber

Wir montieren den Rotor wieder auf den Tragschrauber. Wir vermuten, dass der Referenzrotor die anströmende Luft im senkrechten Sinkflug nicht genau auf ein Drittel verzögert, sondern stärker. Angenommen der Rotor würde die anströmende Luft genau auf Null verzögern:

$$w_2 = 0.$$

In diesem Fall wäre die Durchströmgeschwindigkeit entsprechend Gl. 2.19 gleich der halben Anströmgeschwindigkeit:

$$w_{Bl} = \frac{w_R}{2}.$$

Mit einem Luftmassenstrom entsprechend Gl. 2.26 ergäbe sich eine Rotorkraft von

$$F_R = L_{MS} \cdot [w_1 - w_2] = \rho \cdot S_R \cdot w_R \cdot \frac{w_R}{2} = 2 \cdot \rho \cdot S_R \cdot w_{Ri}^2. \tag{2.31}$$

Umgeformt ergäbe sich eine induzierte Abwindgeschwindigkeit von:

$$w_{Ri} = \frac{1}{\sqrt{2}} \cdot \sqrt{\frac{F_R}{\rho \cdot S_R}} \approx 0{,}707 \cdot \sqrt{\frac{F_R}{\rho \cdot \pi \cdot r_R^2}}. \tag{2.32}$$

Wir setzen wieder probeweise die Werte für den Referenzrotor ein und erhalten

$$w_{Ri} \approx 0{,}707 \cdot \sqrt{\frac{3.850\,\mathrm{N}}{1{,}225\,\mathrm{kg/m^3} \cdot \pi \cdot 4{,}2^2\,\mathrm{m^2}}} \approx 5{,}3\,\mathrm{m/s}.$$

Auch dieser Wert stimmt nicht mit dem Referenzwert von $w_{Ri} \approx 6{,}5\,\mathrm{m/s}$ überein. Wir sind aber schon etwas näher dran. Je stärker der Rotor die anströmende Luft verzögert, desto größer ist der Faktor vor der Wurzel.

Um den Referenzwert zu erreichen, müssen wir den Faktor vor der Wurzel auf den Wert 0,86 setzen:

$$w_{Ri} \approx 0{,}86 \cdot \sqrt{\frac{3.850\,\mathrm{N}}{1{,}225\,\mathrm{kg/m^3} \cdot \pi \cdot 4{,}2^2\,\mathrm{m^3}}} \approx 6{,}5\,\mathrm{m/s}.$$

Wir verwenden daher folgende Näherungsformel für die induzierte Abwindgeschwindigkeit im senkrechten Sinkflug:

$$w_{Ri} = K_{wRi} \cdot \sqrt{\frac{F_R}{\rho \cdot \pi \cdot r_R^2}} \tag{2.33}$$

mit dem Faktor

$$K_{wRi} \approx 0{,}86.$$

Zur Herleitung der Formel haben wir eine Kombination aus theoretischen Überlegungen und Messergebnissen verwendet. Der Wert $K_{wRi} \approx 0{,}86$ gilt dabei nur für den Referenzrotor, allerdings dürfte er sich für leicht abgewandelte Rotoren nicht stark verändern.

Die theoretischen Überlegungen beinhalten zahlreiche Vereinfachungen. Es besteht beispielsweis die Vorstellung, dass die in Abb. 2.25 dargestellte Strömung sich nicht mit der umgebenden Strömung vermischt. Es ist offensichtlich, dass weit hinter dem

Rotor in Wirklichkeit die gleiche Strömungsgeschwindigkeit herrscht wie weit vor dem Rotor.

> Prof. Achtung weist darauf hin, dass weitere komplexe Phänomene eine Rolle spielen. Bei der realen Durchströmung der Rotordrehebene kann keinesfalls von einer reibungsfreien Strömung ausgegangen werden. Außerdem ist die Vorstellung einer konstanten induzierten Abwindgeschwindigkeit höchst fraglich, denn in Wirklichkeit bilden sich komplexe Wirbelsysteme. Es gibt zudem komplexe Interaktionen zwischen den Rotorblättern.

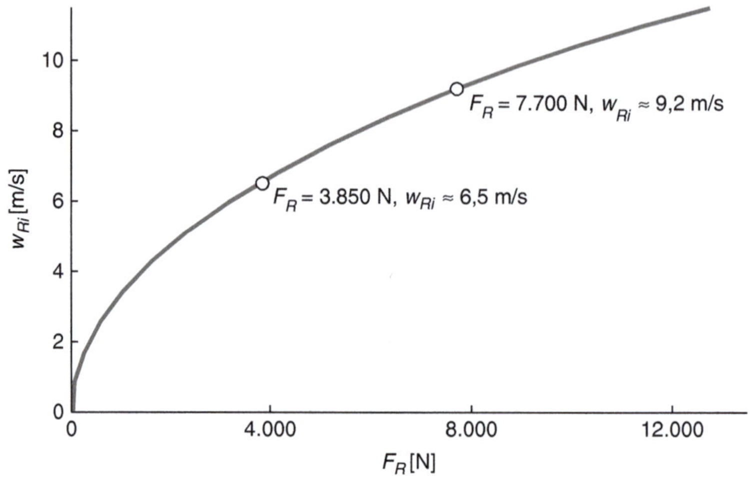

Abb. 2.26 Im senkrechten Sinkflug besteht ein quadratischer Zusammenhang zwischen Rotorkraft und induzierter Abwindgeschwindigkeit (Daten Referenzrotor)

Der Professor hat Recht. Der verwendete Impulssatz ist allerdings gut geeignet, die Einflussparameter auf die induzierte Abwindgeschwindigkeit zu verstehen. Diese sind:

- die Rotorkraft F_R,
- die Luftdichte ρ sowie
- die Rotorkreisfläche $S_R = \pi \cdot r_R^2$.

Mit der Formel für die induzierte Abwindgeschwindigkeit wird klar, dass bei gegebener Rotorkreisfläche S_R und Luftdichte ρ die induzierte Abwindgeschwindigkeit w_{Ri} proportional zur Wurzel der Rotorkraft F_R ist. Eine Verdopplung der Rotorkraft F_R führt zu einer Vergrößerung der induzierten Abwindgeschwindigkeit um den Faktor $\sqrt{2}$, also um etwa 40 %.

Abb. 2.26 zeigt den Zusammenhang zwischen Rotorkraft F_R und induzierter Abwindgeschwindigkeit w_{Ri} des Referenzrotors im senkrechten Sinkflug.

Damit haben wir ein Grundverständnis des Rotors im senkrechten Sinkflug aufgebaut. Wir befassen uns nun mit analytischen Formeln zur Berechnung.

2.5 Analytische Formeln

Wir verlassen nun die Denkweise der 10 Blattsegmente und verwenden analytisch hergeleitete Formeln zur Berechnung der Zusammenhänge zwischen der Anströmgeschwindigkeit w_{Bl}, der Rotordrehzahl n_R sowie der Rotorkraft F_R im senkrechten Sinkflug.

Die Herleitung der Formeln und die dabei angenommenen Vereinfachungen können bei Interesse im Anhang (siehe Anhang) nachvollzogen werden. Im Folgenden stellen wir die Formeln vor und besprechen die wesentlichen Zusammenhänge.

2.5.1 Zusammenhang zwischen Durchströmgeschwindigkeit und Rotordrehzahl

Die Durchströmgeschwindigkeit der Rotordrehebene w_{Bl} hängt wie folgt mit der Rotordrehzahl n_R zusammen:

$$w_{Bl} \approx K_{wBl} \cdot r_R \cdot \Omega_R = K_{wBl} \cdot r_R \cdot n_R \cdot \frac{\pi}{30} \tag{2.34}$$

Die Konstante K_{wBl} hängt ausschließlich von den Profileigenschaften sowie dem Blatteinstellwinkel ab. Ihre analytische Herleitung ist im Anhang (siehe Anhang) beschrieben. Für den Referenzrotor ergibt sich folgender Wert:

$$K_{wBl} \approx 0{,}0092.$$

Wir testen die Formel für den Referenzfall mit einer Rotordrehzahl von $n_R = 311\,\text{U/min}$:

$$w_{Bl} \approx K_{wBl} \cdot r_R \cdot n_R \cdot \frac{\pi}{30} \approx 0{,}0092 \cdot 4{,}2\,\text{m} \cdot 311\,\text{U/min} \cdot \frac{\pi}{30} \approx 1{,}26\,\text{m/s}.$$

Dieses Ergebnis bestätigt den Wert der Durchströmgeschwindigkeit, der bei der Methode mit den 10 Blattsegmenten verwendet wurde.

Die Formel verdeutlicht, dass ein linearer Zusammenhang zwischen der Rotordrehzahl n_R und der Durchströmgeschwindigkeit der Rotordrehebene w_{Bl} besteht. Das bedeutet, dass sich die Durchströmgeschwindigkeit w_{Bl} bei doppelter Rotordrehzahl n_R ebenfalls verdoppelt.

Mit bekannter Durchströmgeschwindigkeit können wir den Blattanstellwinkel α_{Bl} im senkrechten Sinkflug berechnen. Gl. 2.4 ergibt umgeformt:

$$\Omega_R = \frac{V_{Bl}}{r_{Bl}}. \tag{2.35}$$

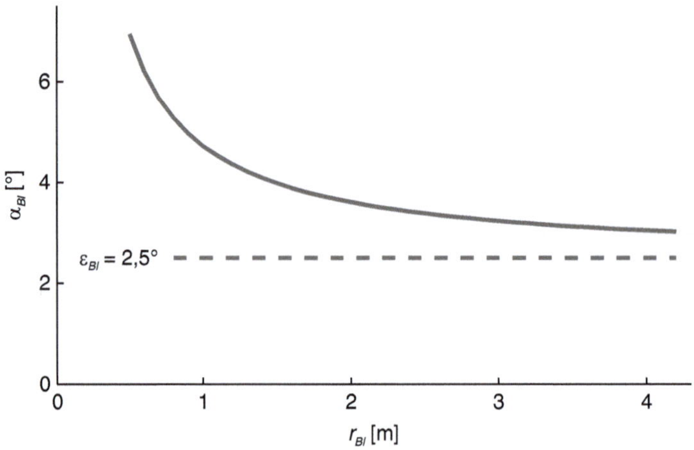

Abb. 2.27 Im senkrechten Sinkflug hängt der Blattanstellwinkel nur vom Abstand zur Rotorwelle ab (Daten Referenzrotor)

Eingesetzt in Gl. 2.34 erhalten wir:

$$w_{Bl} \approx K_{wBl} \cdot \Omega_R \cdot r_R \approx K_{wBl} \cdot V_{Bl} \cdot \frac{r_R}{r_{Bl}}. \tag{2.36}$$

Mit Gl. 2.7 ergibt sich der Durchströmwinkel zu:

$$\varphi_{Bl} \approx K_{wBl} \cdot \frac{r_R}{r_{Bl}}. \tag{2.37}$$

Der Blattanstellwinkel ergibt sich entsprechend Gl. 2.8 durch Addition des Blatteinstellwinkels ε_{Bl}:

$$\alpha_{Bl} = \varphi_{Bl} + \varepsilon_{Bl} \approx K_{wBl} \cdot \frac{r_R}{r_{Bl}} + \varepsilon_{Bl}. \tag{2.38}$$

Der Blattanstellwinkel α_{Bl} ist unabhängig von der Rotordrehzahl n_R, denn der Rotorradius r_R, der Blatteinstellwinkel ε_{Bl} sowie die Konstante K_{wBl} sind für einen gegebenen Rotor konstant. Somit hängt der Blattanstellwinkel in der senkrechten Autorotation nur vom Abstand zur Rotorwelle r_{Bl} ab, siehe Abb. 2.27.

▶ Prof. Achtung weist darauf hin, dass diese Näherung bei Berücksichtigung weiterer Effekte am Rotor nicht gilt. Es gibt einen Strömungsabriss nahe der Blattwurzel und die induzierte Abwindgeschwindigkeit nimmt nach außen zu. Außerdem gibt es komplexe Effekte aufgrund der Kompressibilität der Luft.

Wir bedanken uns beim Professor und weisen darauf hin, dass wir in Kap. 4 einige dieser Effekte betrachten.

2.5.2 Zusammenhang zwischen Rotorkraft und Rotordrehzahl

Die Rotorkraft F_R hängt wie folgt mit der Rotordrehzahl n_R zusammen:

$$F_R \approx K_{Z0} \cdot \rho \cdot t_{Bl} \cdot r_R^3 \cdot \left[n_R \cdot \frac{\pi}{30} \right]^2. \tag{2.39}$$

Die Konstante K_{Z0} hängt ausschließlich von den Profileigenschaften sowie dem Blatteinstellwinkel ab. Ihre analytische Herleitung ist im Anhang (siehe Anhang) beschrieben. Für den Referenzrotor ergibt sich folgender Wert:

$$K_{Z0} \approx 0{,}2.$$

Als Test setzen wir die Werte für den Referenzfall ein und erhalten

$$F_R \approx 0{,}2 \cdot 1{,}225\,\text{kg/m}^3 \cdot 0{,}2\,\text{m} \cdot 4{,}2^3\,\text{m}^3 \cdot \left[311\,\text{U/min} \cdot \frac{\pi}{30} \right]^2 \approx 3.850\,\text{N}.$$

Zur Berechnung der Rotordrehzahl bei gegebener Rotorkraft, also Flugmasse, stellen wir die Formel um:

$$n_R \approx \sqrt{\frac{F_R}{K_{Z0} \cdot \rho \cdot t_{Bl} \cdot r_R^3}} \cdot \frac{30}{\pi}. \tag{2.40}$$

Die Formel verdeutlicht, dass die Rotordrehzahl n_R um den Faktor $\sqrt{2}$ steigt, wenn sich die Rotorkraft F_R verdoppelt.

2.5.3 Zusammenhang zwischen Rotorkraft und Sinkgeschwindigkeit

Die Sinkgeschwindigkeit setzt sich aus dem Anteil der Durchströmgeschwindigkeit w_{Bl} und der induzierten Abwindgeschwindigkeit w_{Ri} zusammen:

$$V_{Sink} \approx \underbrace{K_{wBl} \cdot \sqrt{\frac{F_R}{K_{Z0} \cdot \rho \cdot t_{Bl} \cdot r_R}}}_{w_{Bl}} + \underbrace{K_{wRi} \cdot \sqrt{\frac{F_R}{\rho \cdot \pi \cdot r_R^2}}}_{w_{Ri}}. \tag{2.41}$$

Die Konstanten K_{wBl} und K_{Z0} hängen ausschließlich von den Profileigenschaften sowie dem Blatteinstellwinkel ab. Ihre analytische Herleitung ist im Anhang (siehe Anhang) beschrieben. Für den Referenzrotor ergeben sich folgende Werte:

$$K_{wBl} \approx 0{,}0092 \text{ und } K_{Z0} \approx 0{,}2.$$

Die Konstante K_{wRi} wurde aus Flugmessdaten abgeleitet (siehe Abschn. 2.4.2).

$$K_{wRi} \approx 0{,}86\,.$$

Als Test setzen wir die Referenzwerte ein und erhalten:

$$V_{\mathrm{Sink}} \approx 0{,}0092 \cdot \sqrt{\frac{3.850\,\mathrm{N}}{0{,}2 \cdot 1{,}225\,\mathrm{kg/m^3} \cdot 0{,}2\,\mathrm{m} \cdot 4{,}2\,\mathrm{m}}} + 0{,}86 \cdot \sqrt{\frac{3.850\,\mathrm{N}}{1{,}225\,\mathrm{kg/m^3} \cdot \pi \cdot 4{,}2^2\,\mathrm{m}^2}} \approx 7{,}7\,\mathrm{m/s}.$$

Die Formel verdeutlicht, dass die Sinkgeschwindigkeit V_{Sink} um den Faktor $\sqrt{2}$ steigt, wenn sich die Rotorkraft F_R verdoppelt.

2.5.4 Antreibende und bremsende Bereiche

Auch der Übergang vom antreibenden zum bremsenden Bereich kann analytisch berechnet werden. Der Radius, an dem das Drehmoment eines Blattsegments M_{DBl} theoretisch gleich Null ist, kann mit folgender Formel berechnet werden:

$$r_{Bl0} \approx K_{rBl0} \cdot r_R\,. \tag{2.42}$$

Die Konstante K_{rBl0} hängt ausschließlich von den Profileigenschaften sowie dem Blatteinstellwinkel ab. Ihre analytische Herleitung ist im Anhang (siehe Anhang) beschrieben. Für den Referenzrotor ergibt sich folgender Wert:

$$K_{rBl0} \approx 0{,}74.$$

Dieses Ergebnis bestätigt die Berechnung mit den 10 Blattsegmenten, wo der Übergang zwischen antreibenden und bremsenden Anteilen zwischen Blattsegment Nr. 7 und 8, also bei etwa 75 % des Rotorradius liegt, siehe Tab. 2.4.

Für den Sonderfall „symmetrisches Profil ohne Blatteinstellwinkel“, also $C_{ABl0} = 0$ und $\varepsilon_{Bl} = 0°$, ergäbe sich folgender Wert:

$$K_{rBl0} \approx \frac{2}{3} \approx 0{,}66.$$

In diesem theoretischen Fall würden demnach Zweidrittel des Rotorblatts innen antreiben, das äußere Drittel würde bremsen. Wir merken uns:

▶ Eine Vergrößerung des Blatteinstellwinkels ε_{Bl} verschiebt den Übergang vom antreibenden zum bremsenden Bereich nach außen.

Damit haben wir die erste Etappe erfolgreich absolviert und grundlegende Zusammenhänge des Rotors im senkrechten Sinkflug anhand von Näherungsbetrachtungen erläutert. Wir fassen kurz zusammen.

2.6 Zusammenfassung

Wir haben anhand des Referenzrotors gezeigt, dass es ein Gleichgewicht der Drehmomente um die Rotorwelle aufgrund der Luftkräfte gibt. Die inneren Blattsegmente treiben an, die äußeren Blattsegmente bremsen. Elementar wichtig für die Autorotation ist die Qualität des Rotorblattprofils. Im Falle des NACA 8-H-12 liegt das Verhältnis zwischen Auftrieb und Widerstand im Mittel bei etwa 80 zu 1.

Die Rotordrehzahl ist entsprechend der Näherungsbetrachtung proportional zur Wurzel der Flugmasse des Tragschraubers. Eine Vervierfachung der Flugmasse würde demnach eine Verdoppelung der Rotordrehzahl bewirken. Aber gilt dieses Gesetz ohne Grenzen? Nein, denn die wichtigen Machzahleffekte wurden noch nicht berücksichtigt (siehe Kap. 4).

Die induzierte Abwindgeschwindigkeit ist in erster Näherung proportional zur Wurzel der Rotorkraft. Sie ist beim Referenzrotor deutlich größer als die Durchströmgeschwindigkeit der Rotordrehebene. Bei gleicher Geometrie und gleicher Anströmgeschwindigkeit erzeugt der Rotor des Tragschraubers eine deutlich größere induzierte Abwindgeschwindigkeit als der Rotor eines Windrads. Das Windrad wird allerdings von einem Generator gebremst, rotiert langsamer und erzeugt eine kleinere Rotorkraft.

Analytische Formeln liefern den Zusammenhang zwischen Flugmasse, Rotordrehzahl und Sinkgeschwindigkeit. Die Sinkgeschwindigkeit wird in erster Linie durch die Kreisflächenbelastung, also das Verhältnis aus Flugmasse und Rotorkreisfläche, beeinflusst. Bei Verdopplung von Rotorradius und Blatttiefe sowie konstanter Flugmasse halbiert sich theoretisch die Sinkgeschwindigkeit.

Literatur

1. Schaefer R, Smith HA (1949) Aerodynamic Characteristics of the NACA 8-H-12 Airfoil. NACA TN 1998, Langley
2. Drela M (1989) XFOIL: an analysis and design system for low Reynolds number airfoils. MIT Dept. of Aeronautics and Astronautics, Cambridge
3. Schlichting H, Truckenbrodt E (2000) Aerodynamik des Flugzeuges: Erster Band: Grundlagen aus der Strömungstechnik Aerodynamik des Tragflügels (Teil I), Bd 1. Springer, Berlin/Heidelberg/New York
4. Betz A (1926) Wind-Energie und ihre Ausnutzung durch Windmühlen. Vandenhoeck & Ruprecht, Göttingen

Der Rotor im Vorwärtsflug

3

Im Vorwärtsflug wird der Rotor nicht nur von unten angeströmt, sondern auch von vorne. Damit ergibt sich eine unsymmetrische Anströmung beider Rotorblätter und es ist von Bedeutung, an welcher Position sich das Rotorblatt über den Umlauf gesehen befindet, z. B. vorne, hinten, links oder rechts. Dies macht die Strömungsverhältnisse an den Rotorblättern deutlich komplizierter als im senkrechten Sinkflug.

Die entscheidende Frage ist, warum der Rotor auch im Vorwärtsflug ohne Antrieb rotiert, zumal er gegenüber der Flugrichtung kaum angestellt ist. Um dies zu verstehen, ist die Schlagbewegung des Rotors elementar wichtig. Sie beschreibt die Bewegung des Rotors um das zentrale Schlaggelenk. Das Schlaggelenk ermöglicht dem vorlaufenden Rotorblatt, zum Ausgleich der größeren Anströmgeschwindigkeit, nach oben auszuweichen.

Anhand der berechneten Luftkräfte an den 10 Blattsegmenten des Referenzrotors zeigen wir, dass es eine Auftriebsasymmetrie zwischen vor- und rücklaufendem Rotorblatt gibt. Die Rotorkraft variiert im Vorwärtsflug zweimal pro Rotorumdrehung.

Die induzierte Abwindgeschwindigkeit des Rotors verändert sich mit der Fluggeschwindigkeit. Damit wird klar, warum der Rotor im schnellen Vorwärtsflug gegenüber der anströmenden Luft kaum nach hinten geneigt ist.

Mit Hilfe der analytischen Formeln erklären wir den Einfluss der Fluggeschwindigkeit auf die Rotordrehzahl, den Schlagwinkel, den Rotoranstellwinkel, die Schwankung der Rotorkraft sowie den Rotorwiderstand.

Basierend auf den Ausführungen in Kap. 2 lassen wir uns von folgenden Fragestellungen leiten:

Wie funktioniert die Autorotation im Vorwärtsflug?
Warum schwankt die Rotorkraft über den Umlauf?
Warum steigt die Rotordrehzahl mit der Fluggeschwindigkeit?
Wie groß ist die Auftriebsasymmetrie zwischen vor- und rücklaufendem Rotorblatt?

H. Duda, J. Seewald, *Flugphysik der Tragschrauber*,
DOI 10.1007/978-3-662-52834-1_3

Wie entsteht die Schlagbewegung und wie wirkt sie sich auf den Rotor aus?
Wie verändert sich die induzierte Abwindgeschwindigkeit mit der Fluggeschwindigkeit?
Von welchen Einflussgrößen hängen Schlagwinkel und Rotoranstellwinkel ab?
Wie groß ist der Rotorwiderstand?

Wir beginnen mit einer Modellvorstellung des Rotors als eine Scheibe, die mit der Fluggeschwindigkeit V horizontal fliegt. Die Blattspitzenebene, wir nennen sie „Rotorkreisebene", ist gegenüber der anströmenden Luft um den Rotoranstellwinkel α_R geneigt, siehe Abb. 3.1.

Den wichtigen Unterschied zwischen der „Rotorkreisebene" und der „Rotordrehebene" erklären wir in Abschn. 3.1.2.

Wir starten mit der Beschreibung der Strömungsverhältnisse an den Rotorblättern.

3.1 Strömungsverhältnisse an den Rotorblättern

Im Vorwärtsflug ergibt sich die Anströmgeschwindigkeit an einem Rotorblatt aus einer Überlagerung der Anteile der Dreh- und der Vorwärtsbewegung. Bei einem linksdrehenden Rotor wird vom vorlaufenden Rotorblatt gesprochen, wenn sich das Rotorblatt rechts befindet. Wenn es sich links befindet, sprechen wir vom rücklaufenden Rotorblatt.

3.1.1 Überlagerung von Dreh- und Vorwärtsbewegung

Beim vorlaufenden Rotorblatt addieren sich die Anteile der Geschwindigkeiten resultierend aus der Rotation und der Fluggeschwindigkeit. Beim rücklaufenden Rotorblatt ist der Anteil der Fluggeschwindigkeit vom Anteil der Rotation abzuziehen, siehe Abb. 3.2.

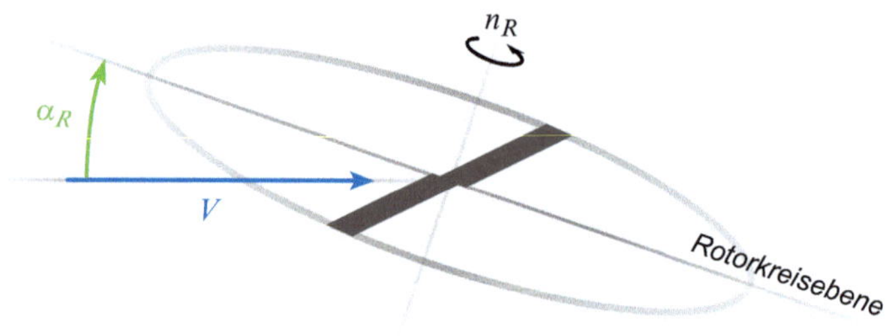

Abb. 3.1 Im Vorwärtsflug ist die Rotorkreisebene gegenüber der Anströmrichtung um den Rotoranstellwinkel geneigt

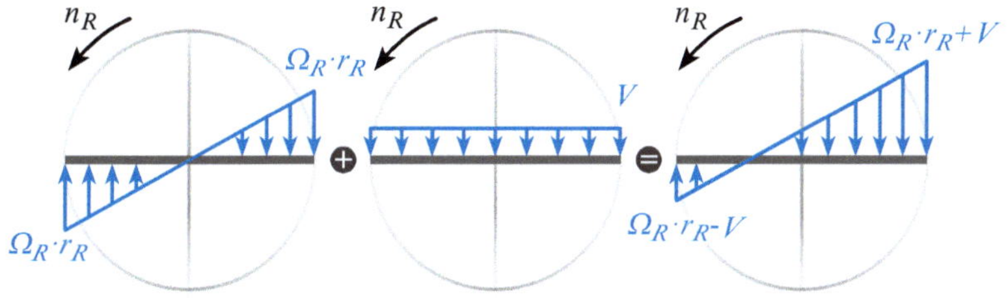

Abb. 3.2 Im Vorwärtsflug ergeben sich unterschiedliche Strömungsverhältnisse an beiden Rotorblättern

Wir betrachten die Blattspitzengeschwindigkeit:

- Vorlaufendes Rotorblatt: $V_s \approx \Omega_R \cdot r_R + V.$
- Rücklaufendes Rotorblatt: $V_s \approx \Omega_R \cdot r_R - V.$

Damit ergeben sich unterschiedliche Strömungsverhältnisse an beiden Rotorblättern und unsere schöne Symmetrie vom senkrechten Sinkflug gibt es nicht mehr. Daher verwenden wir für die weitere Betrachtung den Azimutwinkel des Rotorblatts ψ_{Bl}, der wie folgt definiert ist, siehe Abb. 3.3:

- Position „Rotorblatt hinten" ($\psi_{Bl} = 0°$),
- Position „Rotorblatt rechts" ($\psi_{Bl} = 90°$),
- Position „Rotorblatt vorne" ($\psi_{Bl} = 180°$),
- Position „Rotorblatt links" ($\psi_{Bl} = 270°$).

Kleine Eselsbrücke zum Wert $\psi_{Bl} = 0°$ an der Position „Rotorblatt hinten": Jeder kennt die Warteschlange beim Einkaufen. Nach längerem Überlegen wird erst die falsche Reihe gewählt und dann muss man sich auch noch hinten anstellen. Bei der Definition der Rotorblattposition ist es genauso: Wer hinten steht, ist eine Null.

Jetzt interessieren uns die unterschiedlichen Anströmgeschwindigkeiten abhängig vom Azimutwinkel ψ_{Bl}. Die Blattspitzengeschwindigkeit beträgt:

$$V_S \approx \underbrace{\Omega_R \cdot r_R}_{\text{Anteil Rotation}} + \underbrace{V \cdot \sin\psi_{Bl}}_{\text{Anteil Fluggeschwindigkeit}} . \qquad (3.1)$$

Der Referenzrotor rotiert im Vorwärtsflug etwas schneller als im senkrechten Sinkflug und zwar mit:

$$n_R \approx 324\,\text{U/min}.$$

Die etwas größere Rotordrehzahl erklären wir in Abschn. 3.3. Mit der Winkelgeschwindigkeit von

$$\Omega_R = n_R \cdot \frac{\pi}{30} \approx 34\,\text{rad/s}.$$

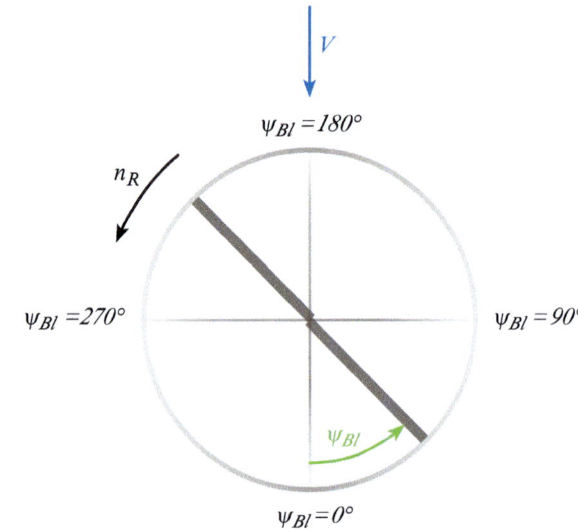

Abb. 3.3 Der Azimutwinkel des Rotorblatts definiert die Position eines Rotorblatts über den Umlauf

können wir zusammen mit dem Rotorradius $r_R = 4{,}2\,\text{m}$ die Blattspitzengeschwindigkeit bei einer Fluggeschwindigkeit von $V = 100\,\text{km/h} \approx 28\,\text{m/s}$ bestimmen:

- Position „Rotorblatt hinten" ($\psi_{Bl} = 0°$): $V_S \approx 143\,\text{m/s} \approx 514\,\text{km/h}$.
- Position „Rotorblatt rechts" ($\psi_{Bl} = 90°$): $V_S \approx 171\,\text{m/s} \approx 614\,\text{km/h}$.
- Position „Rotorblatt vorne" ($\psi_{Bl} = 180°$): $V_S \approx 143\,\text{m/s} \approx 514\,\text{km/h}$.
- Position „Rotorblatt links" ($\psi_{Bl} = 270°$): $V_S \approx 115\,\text{m/s} \approx 414\,\text{km/h}$.

Abb. 3.4 zeigt die Werte der Blattspitzengeschwindigkeit V_s des Referenzrotors bei einer Fluggeschwindigkeit von $V = 100\,\text{km/h}$.

Nun arbeiten wir uns von der Blattspitze in Richtung Blattwurzel vor. Hierfür betrachten wir die 10 Blattsegmente (vgl. Abschn. 2.1).

Wir suchen die Anströmgeschwindigkeit an einem Blattsegment V_{Bl} und den entsprechenden Blattanstellwinkel α_{Bl}. Wir nehmen an, dass wir die Fluggeschwindigkeit V, die Rotordrehzahl n_R sowie den Rotoranstellwinkel α_R kennen. Der Rotoranstellwinkel α_R ist definiert als der Winkel zwischen anströmender Luft und Rotorkreisebene.

Jetzt betrachten wir die Rotorkreisebene von der Seite und bestimmen den Anteil der Fluggeschwindigkeit V senkrecht zur Rotorkreisebene w_R, siehe Abb. 3.5.

Die Anströmgeschwindigkeit senkrecht zur Rotorkreisebene beträgt:

$$w_R \approx V \cdot \sin\alpha_R \approx V \cdot \alpha_R. \tag{3.2}$$

Hinweis: Im senkrechten Sinkflug entspricht w_R der Sinkgeschwindigkeit V_{Sink} (siehe Kap. 2).

Zur Berechnung der Luftkräfte an den Rotorblättern brauchen wir die Anströmgeschwindigkeit V_{Bl} und den Blattanstellwinkel α_{Bl} an einem Blattsegment. Beide

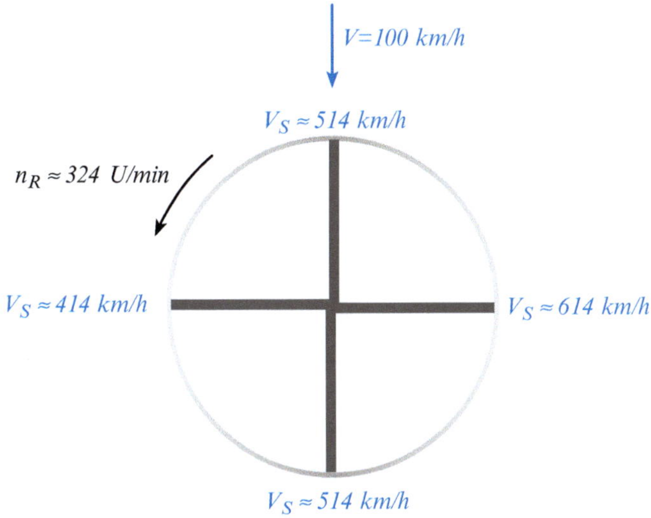

Abb. 3.4 Die Blattspitzengeschwindigkeit variiert im Vorwärtsflug während einer Umdrehung (Daten Referenzrotor, Fluggeschwindigkeit 100 km/h)

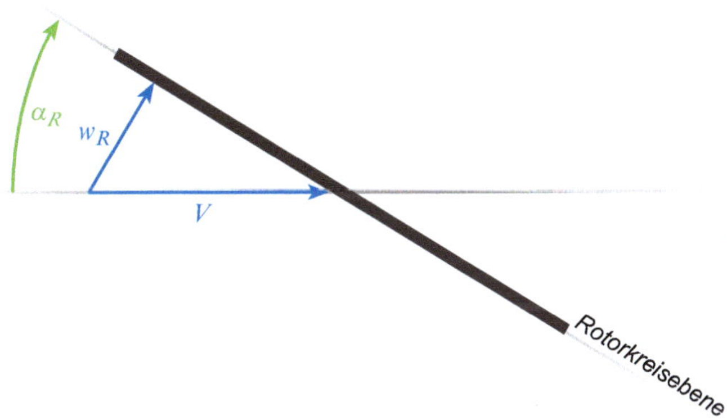

Abb. 3.5 Die Anströmgeschwindigkeit senkrecht zur Rotorkreisebene ergibt sich aus der Fluggeschwindigkeit und dem Rotoranstellwinkel

variieren im Vorwärtsflug signifikant über den Umlauf. Um das zu verstehen, beschäftigen wir uns zunächst mit der Schlagbewegung des Rotors.

3.1.2 Schlagbewegung

Im Vorwärtsflug erfährt das vorlaufende Rotorblatt durch die Überlagerung der Dreh- und Vorwärtsbewegung eine deutlich höhere Anströmgeschwindigkeit als das rücklaufende Rotorblatt. Ohne eine Ausgleichsmöglichkeit durch ein Schlaggelenk würde der linksdrehende Rotor auf der rechten Seite eine deutlich größere Luftkraft erzeugen und daher stark nach links ziehen. Die Konstrukteure gaben dem Rotor daher einen weiteren Freiheitsgrad, der den Rotorblättern eine „Schlagbewegung" ermöglicht.

In der Mitte der Rotorbrücke befindet sich das zentrale Schlaggelenk, über das der Rotor mit dem Schlaggelenksbolzen, auf Englisch „Teeter Bolt" (TB), am Rotorkopf gelagert ist, siehe Abb. 3.6.

Das Schlaggelenk ermöglicht ein „Wippen" des Rotors um den Schlaggelenksbolzen (TB), ohne dass sich der Rotorkopf bewegt, siehe Abb. 3.7. Es bietet dem Rotor eine weitere wichtige Bewegungsfreiheit.

Hinweis: Wir bezeichnen in allen folgenden Ausführungen das Schlaggelenk als TB.

Die Schlagbewegung der Rotorblätter ist erforderlich und vollkommen unkritisch, solange sie in den vorgesehenen Grenzen erfolgt. Eine extrem starke Schlagbewegung kann zum Erreichen der Anschläge führen und im Extremfall bis zum Totalschaden. Dieses sogenannte „Bladeflapping" kann auftreten, wenn z. B. die Rotordrehzahl beim Start zu klein ist (siehe Abschn. 6.4).

Im Vorwärtsflug weicht das vorlaufende Rotorblatt nach oben aus und gleicht damit den größeren Auftrieb aus. Durch diese Aufwärtsbewegung wird der effektive Anstellwinkel

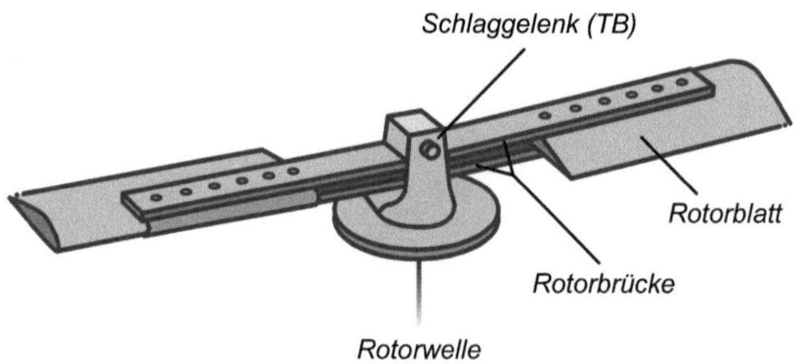

Abb. 3.6 Beide Rotorblätter sind über eine Rotorbrücke miteinander verbunden und über ein zentrales Schlaggelenk am Rotorkopf gelagert

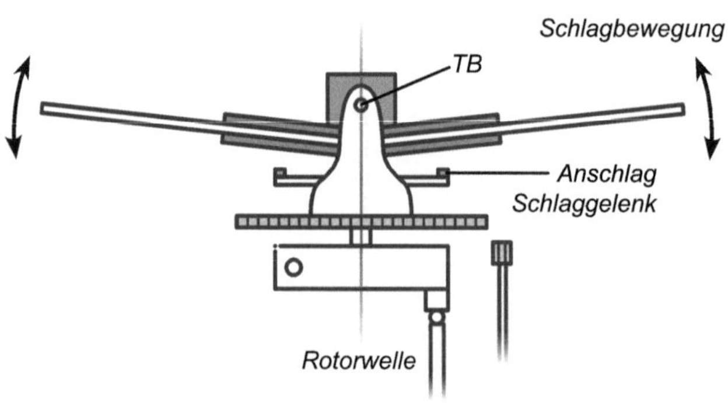

Abb. 3.7 Der Rotor kann um den Schlaggelenksbolzen TB (Teeter Bolt) wippen

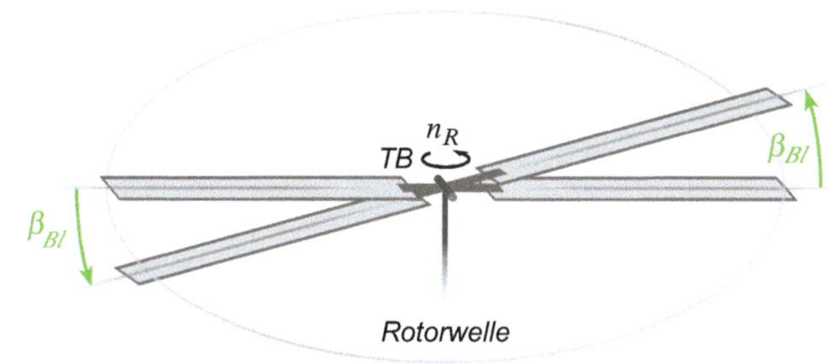

Abb. 3.8 Der Winkel, um den beide Rotorblätter gegenüber dem Schlaggelenk geneigt sind, wird als Schlagwinkel bezeichnet

des Profils gegenüber der anströmenden Luft kleiner. Der Auftrieb des vorlaufenden Rotorblatts passt sich so an den des rücklaufenden Rotorblatts an, dass ein Gleichgewicht der Momente um das Schlaggelenk entsteht. Durch diese Ausweichbewegung entsteht der Schlagwinkel β_{Bl}. Dies ist der Winkel, um den beide Rotorblätter um das Schlaggelenk geneigt sind. Beim Zweiblattrotor weicht das eine Blatt nach oben aus und das andere Blatt um den gleichen Betrag nach unten, siehe Abb. 3.8.

Wir betrachten nun den Schlagwinkel β_{Bl} während einer Umdrehung abhängig von der Position des Rotorblatts:

- Position „Rotorblatt hinten" ($\psi_{Bl} = 0°$): $\beta_{Bl} = -\beta_{Blc}$.
- Position „Rotorblatt rechts" ($\psi_{Bl} = 90°$): $\beta_{Bl} = 0$.
- Position „Rotorblatt vorne" ($\psi_{Bl} = 180°$): $\beta_{Bl} = \beta_{Blc}$.
- Position „Rotorblatt links" ($\psi_{Bl} = 270°$): $\beta_{Bl} = 0$.

Der Schlagwinkel kann näherungsweise durch folgende Funktion dargestellt werden:

$$\beta_{Bl}\left(\psi_{Bl}\right) \approx -\beta_{Blc} \cdot \cos\psi_{Bl}. \tag{3.3}$$

Hinweis: Bei einer Fluggeschwindigkeit von $V = 100\,\text{km/h}$ liegt der maximale Schlagwinkel bei $\beta_{Blc} \approx 2{,}4°$.

Abb. 3.9 zeigt den Schlagwinkel eines Rotorblatts während einer Umdrehung.

▶ Prof. Achtung weist darauf hin, dass es sich dabei um eine Näherung handelt. Es kann eine Phasenverschiebung auftreten, so dass das Maximum nicht genau vorne liegt. Außerdem gibt es Effekte höherer Ordnung, die zu überlagerten Schwingungen führen. Diese Effekte gewinnen bei größeren Fluggeschwindigkeiten zunehmend an Bedeutung.

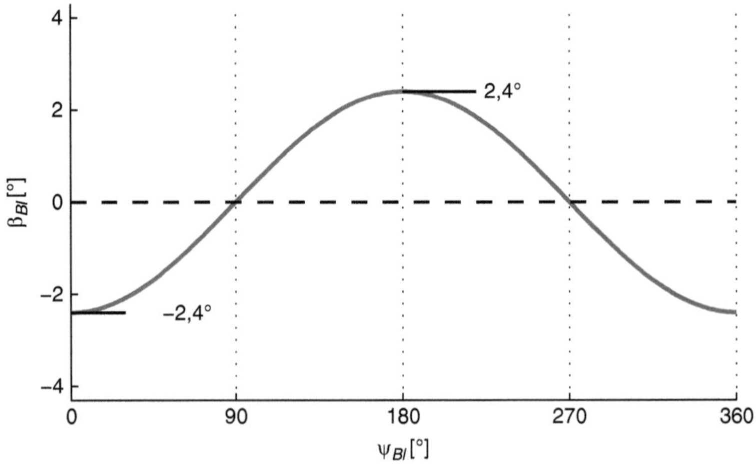

Abb. 3.9 Der Schlagwinkel eines Rotorblatts variiert während einer Umdrehung (Daten Referenzrotor, Fluggeschwindigkeit 100 km/h)

Wir bedanken uns für den Hinweis und werden uns mit diesem Thema in Kap. 4 genauer beschäftigen. Für die weitere Betrachtung in diesem Kapitel gehen wir davon aus, dass der Schlagwinkel sein Maximum an der Position „Rotorblatt vorne" erreicht.

Der Begriff „Schlagen" trifft das tatsächliche Verhalten nicht ganz, denn der Rotor läuft von der Seite betrachtet ruhig. Man könnte stattdessen sagen, dass sich die Blattspitzenebene eine neue Lage im Raum sucht, die „Rotorkreisebene". Für das Verständnis der folgenden Ausführungen ist die genaue Definition der zwei Ebenen elementar wichtig, siehe Abb. 3.10.

- Die Rotordrehebene steht senkrecht auf der Rotorwelle.
- Die Rotorkreisebene ist um den Winkel β_{Blc} gegenüber der Rotordrehebene geneigt.

Die Rotorkreisebene ist im Vorwärtsflug um den Rotoranstellwinkel α_R gegenüber der anströmenden Luft geneigt.

Hinweis: Im senkrechten Sinkflug liegt die Rotorkreisebene genau in der Rotordrehebene. Der Schlagwinkel ist in diesem Fall gleich Null.

Die Bedeutung der Schlagbewegung für die Flugphysik des Rotors wird deutlich, indem wir uns klar machen, wie schnell ein Rotorblatt bei einem Umlauf nach oben bzw. nach unten schlägt. Wir meinen damit die Schlagwinkelgeschwindigkeit $\dot{\beta}_{Bl}(\psi_{Bl})$, also die Änderung des Schlagwinkels mit der Zeit.

Hinweis: Der Punkt über dem Symbol beschreibt die Ableitung des Schlagwinkels nach der Zeit.

Ausgehend von dem Referenzrotor mit einer Rotordrehzahl von $n_R \approx 324\,\text{U/min}$ dauert eine Umdrehung etwa 0,2 Sekunden, eine Viertelumdrehung also etwa 5 hundertstel Sekunden, siehe Abb. 3.11.

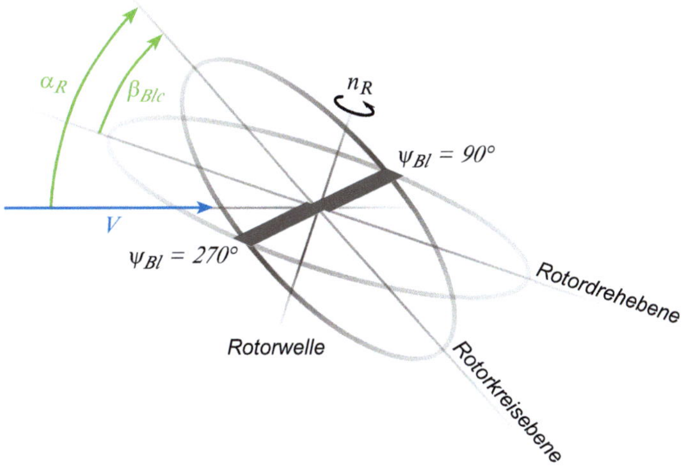

Abb. 3.10 Die Rotorkreisebene ist gegenüber der Rotordrehebene um den maximalen Schlagwinkel nach hinten geneigt

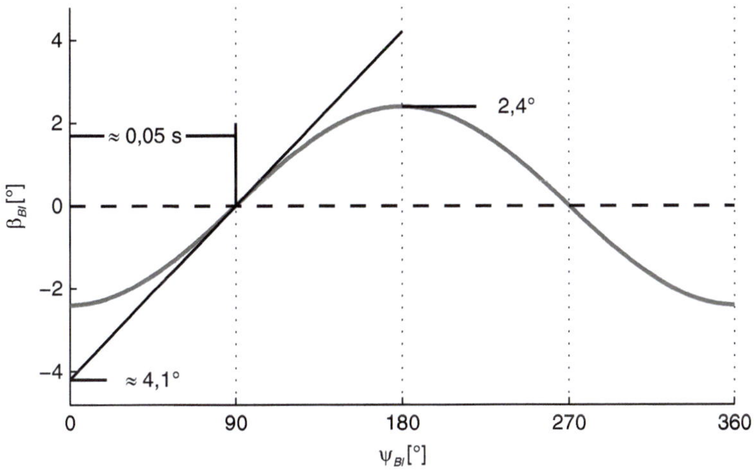

Abb. 3.11 Die Schlagwinkelgeschwindigkeit ist an der Position „Rotorblatt rechts" maximal (Daten Referenzrotor, Fluggeschwindigkeit 100 km/h)

Legen wir an der Position „Rotorblatt rechts", also bei $\psi_{Bl} = 90°$ eine Tangente an die Cosinuskurve, so trifft diese die y-Achse bei einem Wert von $\beta_{Bl} \approx -4{,}1°$. Bezogen auf die Zeit hat die Cosinus Funktion hier eine Steigung von:

$$\dot{\beta}_{Bl}\left(\psi_{Bl} = 90°\right) \approx \frac{4{,}1°}{0{,}05\,s} \approx 82\,°/\text{s}.$$

Das vorlaufende Rotorblatt schlägt also mit einer maximalen Schlagwinkelgeschwindigkeit von $\dot{\beta}_{Bl} \approx 82°/s$ gegenüber der Rotordrehebene nach oben. Das rücklaufende Rotorblatt schlägt mit der gleichen Geschwindigkeit nach unten.

Mit dem Verständnis der Schlagbewegung können wir nun den Blattanstellwinkel α_{Bl} an den 10 Blattsegmenten bestimmen:

$$\alpha_{Bl} \approx \frac{w_{Bl}}{V_{Bl}} + \varepsilon_{Bl}. \tag{3.4}$$

Da der Blatteinstellwinkel ε_{Bl} und die Anströmgeschwindigkeit V_{Bl} bekannt sind, suchen wir nun die Durchströmgeschwindigkeit w_{Bl}. Aus Abschn. 3.1 kennen wir den Anteil der Anströmgeschwindigkeit senkrecht zur Rotorkreisebene (siehe Gl. 3.2). Bei einem Rotoranstellwinkel von $\alpha_R \approx 6{,}5°$ und einer Fluggeschwindigkeit $V = 100\,\text{km/h} \approx 28\,\text{m/s}$ ergibt sich eine Anströmgeschwindigkeit senkrecht zur Rotorkreisebene von:

$$w_R \approx 28\,\text{m/s} \cdot 6{,}5° \cdot \frac{\pi}{180°} \approx 3{,}2\,\text{m/s}.$$

Zur Bestimmung des Blattanstellwinkels α_{Bl} betrachten wir drei Positionen des Rotorblatts:

- Position „Rotorblatt vorne" ($\psi_{Bl} = 180°$): $\beta_{Bl} = \beta_{Blc}$, $\dot{\beta}_{Bl}(\psi_{Bl}) = 0$.
- Position „Rotorblatt rechts" ($\psi_{Bl} = 90°$): $\beta_{Bl} = 0$, $\dot{\beta}_{Bl}(\psi_{Bl}) = \beta_{Blc} \cdot \Omega_R$.
- Position „Rotorblatt links" ($\psi_{Bl} = 270°$): $\beta_{Bl} = 0$, $\dot{\beta}_{Bl}(\psi_{Bl}) = -\beta_{Blc} \cdot \Omega_R$.

Wir nehmen vereinfachend an, das Rotorblatt habe an den Positionen vorne und hinten die gleichen Anströmverhältnisse.

▶ Prof. Achtung weist darauf hin, dass es durchaus Unterschiede zwischen den Positionen „Rotorblatt vorne" und „Rotorblatt hinten" gibt. Gründe hierfür sind der Konuswinkel und die Queranströmung der Rotorblätter, ganz zu schweigen von den aerodynamischen Interaktionen zwischen Rumpf, Leitwerken und Rotor.

Der Professor hat Recht, den Einfluss des Konuswinkels betrachten wir in Kap. 4 genauer.

Rotorblatt vorne

Wir haben hier eine ähnliche Situation wie im Fall der senkrechten Autorotation. Die Schlagwinkelgeschwindigkeit ist gleich Null und die Anströmgeschwindigkeit ergibt sich bei Vernachlässigung der Queranströmung ausschließlich aus dem Anteil der Rotation:

$$V_{Bl} = \Omega_R \cdot r_{Bl}. \tag{3.5}$$

Die Durchströmgeschwindigkeit an einem Blattsegment liegt bei:

$$w_{Bl} = w_R - w_{Ri} = V \cdot \alpha_R - w_{Ri}. \tag{3.6}$$

Vorlaufendes Rotorblatt

Nun betrachten wir das vorlaufende Rotorblatt und hier wird es aufgrund der Schlagbewegung etwas komplizierter. Die Anströmgeschwindigkeit an einem Blattsegment beträgt:

$$V_{Bl} = \Omega_R \cdot r_{Bl} + V. \tag{3.7}$$

Die Durchströmgeschwindigkeit w_{Bl} setzt sich zusammen aus Anteilen

- des Rotoranstellwinkels $w_{Bl}(\alpha_R)$ und
- der Schlagwinkelgeschwindigkeit $w_{Bl}\left(\dot{\beta}_{Bl}\right)$.

Ihr Wert ergibt sich aus der Summe beider Anteile abzüglich der induzierten Abwindgeschwindigkeit:

$$w_{Bl} = w_{Bl}\left(\alpha_R\right) + w_{Bl}\left(\dot{\beta}_{Blc}\right) - w_{Ri}. \tag{3.8}$$

Zur Berechnung des Anteils $w_{Bl}(\alpha_R)$ müssen wir gegenüber der Position „Rotorblatt vorne" den maximalen Schlagwinkel β_{Blc} abziehen, weil der Schlagwinkel an der Position „Rotorblatt rechts" gleich Null ist:

$$w_{Bl}\left(\alpha_R\right) = V \cdot \left(\alpha_R - \beta_{Blc}\right). \tag{3.9}$$

Ein Beispiel zur Verdeutlichung: Wir nehmen an, bei einer Fluggeschwindigkeit von $V \approx 150\,\text{km/h}$ sei der Rotorkopf des Referenzrotors in etwa horizontal ausgerichtet. Der Rotoranstellwinkel ergibt sich dann ausschließlich aufgrund des Schlagwinkels und es gilt:

$$\alpha_R\left(V = 150\,\text{km/h}\right) \approx \beta_{Blc}\left(V = 150\,\text{km/h}\right).$$

Wenn sich das Rotorblatt vorne befindet, erfährt es eine positive Anströmung von unten mit dem Betrag $\beta_{Blc} \cdot V$. Wenn sich das Rotorblatt links oder rechts befindet, dann ist dieser Anteil der Anströmung gleich Null.

Bei dieser Betrachtung haben wir die Schlagwinkelgeschwindigkeit $\dot{\beta}_{Bl}$ zunächst außen vor gelassen. Dies holen wir jetzt nach:

In der vorlaufenden Position ($\psi_{Bl} = 90°$) schlägt das Rotorblatt mit der maximalen Schlagwinkelgeschwindigkeit von

$$\dot{\beta}_{Bl}\left(\psi_{Bl} = 90°\right) = \beta_{Blc} \cdot \Omega_R$$

nach oben. Wir versuchen uns, in die Lage eines Blattsegments zu versetzen. Für ein Blattsegment fühlt es sich so an, als würde eine Anströmung von oben, also eine negative Anströmgeschwindigkeit, entstehen. Daher ergibt sich an einem Blattsegment mit dem Abstand r_{Bl} vom Schlaggelenk folgender Anteil der Anströmung:

$$w_{Bl}\left(\dot{\beta}_{Bl}\right) = -\beta_{Blc} \cdot \Omega_R \cdot r_{Bl}. \tag{3.10}$$

Abb. 3.12 zeigt die Durchströmung am vor- und rücklaufenden Rotorblatt aufgrund der Schlagwinkelgeschwindigkeit.

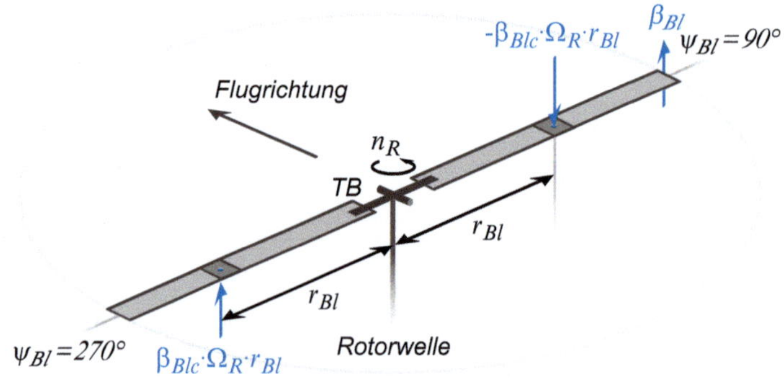

Abb. 3.12 Aufgrund der Schlagwinkelgeschwindigkeit entsteht am vorlaufenden Rotorblatt eine Durchströmung von oben und am rücklaufenden Rotorblatt eine Durchströmung von unten

Dies führt dazu, dass die Durchströmgeschwindigkeit an der Position „Rotorblatt rechts" signifikant reduziert wird:

$$w_{Bl} = \underbrace{V \cdot (\alpha_R - \beta_{Blc})}_{\text{I.Anteil Rotoranstellwinkel}} - \underbrace{\beta_{Blc} \cdot \Omega_R \cdot r_{Bl}}_{\text{II. Anteil Schlagwinkelgeschwindigkeit}} - w_{Ri}. \tag{3.11}$$

Um dies zu verdeutlichen, betrachten wir die Zahlenwerte des Referenzrotors bei einer Fluggeschwindigkeit von $V = 100\,\text{km/h}$ und einer Rotordrehzahl von etwa $n_R \approx 324\,\text{U/min}$, also:

$$V \approx 28\,\text{m/s}, \ \alpha_R \approx 6{,}5°, \ \beta_{Blc} \approx 2{,}4° \ \text{und} \ \Omega_R \approx 34\,\text{rad/s}.$$

Der Anteil des Rotoranstellwinkels beträgt:

$$w_{Bl}(\alpha_R) = V \cdot (\alpha_R - \beta_{Blc}) \approx 28\ \text{m/s} \cdot (6{,}5° - 2{,}4°) \cdot \frac{\pi}{180°} \approx 1{,}9\ \text{m/s}.$$

Der Anteil der Schlagwinkelgeschwindigkeit am äußeren Blattsegment mit $r_{Bl} \approx 4\,\text{m}$ beträgt:

$$w_{Bl}\left(\dot{\beta}_{Bl}\right) = -\beta_{Blc} \cdot \Omega_R \cdot r_{Bl} \approx -2{,}4° \cdot \frac{\pi}{180°} \cdot 34\ \text{rad/s} \cdot 4{,}0\ \text{m} \approx -5{,}7\,\text{m/s}.$$

▶ **Der Anteil der Schlagwinkelgeschwindigkeit an der Durchströmgeschwindigkeit ist im äußeren Bereich des vorlaufenden Rotorblatts deutlich größer als der Anteil, der sich aus dem Rotoranstellwinkel ergibt.**

Rücklaufendes Rotorblatt

Nun wenden wir die gleichen Überlegungen für das rücklaufende Rotorblatt an. Die Anströmgeschwindigkeit an einem Blattsegment ergibt sich hier zu:

$$V_{Bl} = \Omega_R \cdot r_{Bl} - V. \tag{3.12}$$

Die Durchströmgeschwindigkeit ergibt sich wie beim vorlaufenden Rotorblatt aus den Anteilen des Rotoranstellwinkels und der Schlagwinkelgeschwindigkeit. Das Rotorblatt schlägt nach unten, der Anteil der Schlagwinkelgeschwindigkeit geht daher positiv ein:

$$w_{Bl} = \underbrace{V \cdot (\alpha_R - \beta_{Blc})}_{\text{I.Anteil aus Rotoranstellwinkel}} + \underbrace{\beta_{Blc} \cdot \Omega_R \cdot r_{Bl}}_{\text{II. Anteil aus Schlagwinkelgeschwindigkeit}} - w_{Ri}. \tag{3.13}$$

Wenn wir uns auch hier wieder in die Lage eines Blattsegments versetzen, fühlt es sich so an, als würde eine zusätzliche Anströmung von unten erfolgen. In diesem Fall addieren sich die beiden Anteile aus dem Rotoranstellwinkel und der Schlagwinkelgeschwindigkeit, siehe Abb. 3.12.

▶ Die Schlagbewegung führt auf der rücklaufenden Seite zu größeren Blattanstellwinkeln als auf der vorlaufenden Seite.

Mit diesen Erklärungen haben wir die Anströmverhältnisse an einem Blattsegment an den drei Positionen des Rotorblatts bestimmt und können endlich Luftkräfte berechnen.

3.2 Luftkräfte an den Rotorblättern

Zusammen mit der Profilpolaren (siehe Abschn. 2.2.2) und den Näherungsformeln können wir die Luftkräfte an den 10 Blattsegmenten berechnen. Wir fassen die Formeln und Zahlenwerte für den Referenzrotor zusammen:

Fluggeschwindigkeit: $V = 100\,\text{km/h} \approx 28\,\text{m/s}.$

Winkelgeschwindigkeit des Rotors: $\Omega_R = n_R \cdot \frac{\pi}{30} \approx 324\,\text{U/min} \cdot \frac{\pi}{30} \approx 34\,\text{rad/s}.$

Rotoranstellwinkel: $\alpha_R \approx 6{,}5° \approx 0{,}11\,\text{rad}.$

Maximaler Schlagwinkel: $\beta_{Blc} \approx 2{,}4° \approx 0{,}042\,\text{rad}.$

Induzierte Abwindgeschwindigkeit: $w_{Ri} \approx 1{,}8\,\text{m/s}.$

Rotorblatt vorne ($\psi_{Bl} = 180°$): $V_{Bl} \approx \Omega_R \cdot r_{Bl},\ w_{Bl} = V \cdot \alpha_R - w_{Ri}.$

Rotorblatt rechts ($\psi_{Bl} = 90°$): $V_{Bl} = \Omega_R \cdot r_{Bl} + V,$

$w_{Bl} = V \cdot (\alpha_R - \beta_{Blc}) - \beta_{Blc} \cdot \Omega_R \cdot r_{Bl} - w_{Ri}.$

Rotorblatt links ($\psi_{Bl} = 270°$): $V_{Bl} = \Omega_R \cdot r_{Bl} - V,$

$w_{Bl} = V \cdot (\alpha_R - \beta_{Blc}) + \beta_{Blc} \cdot \Omega_R \cdot r_{Bl} - w_{Ri}.$

Durchströmwinkel: $\varphi_{Bl} \approx \frac{w_{Bl}}{V_{Bl}} \cdot \frac{180°}{\pi}.$

Blattanstellwinkel: $\alpha_{Bl} = \varphi_{Bl} + \varepsilon_{Bl}$, mit $\varepsilon_{Bl} = 2{,}5°.$

Auftriebsbeiwert: $C_{ABl} = C_{ABl0} + 2 \cdot \pi \cdot \alpha_{Bl}$, mit $C_{ABl0} = 0{,}24.$

Vertikalkraft eines Blattsegments: $F_{ZBl} \approx A_{Bl} = \frac{\rho}{2} \cdot V_{Bl}^2 \cdot S_{Bl} \cdot C_{ABl}$, mit $\rho \approx 1{,}225\,\text{kg/m}^3$,

$S_{Bl} = 0{,}08\,\text{m}^2.$

Tab. 3.1 Anströmverhältnisse und Kräfte an den 10 Blattsegmenten für drei Positionen des Rotorblatts (Daten Referenzrotor, Fluggeschwindigkeit 100 km/h)

Segment	1	2	3	4	5	6	7	8	9	10	Summe
r_{Bl} [m]	0,4	0,8	1,2	1,6	2,0	2,4	2,8	3,2	3,6	4,0	
Position „Rotorblatt vorne" ($\psi_{Bl} = 180°$)											
V_{Bl} [m/s]	14	27	41	54	68	82	95	109	122	136	
w_{Bl} [m/s]	1,4	1,4	1,4	1,4	1,4	1,4	1,4	1,4	1,4	1,4	
φ_{Bl} [°]	5,8	2,9	1,9	1,5	1,2	1,0	0,8	0,7	0,6	0,6	
α_{Bl} [°]	8,3	5,4	4,4	4,0	3,7	3,5	3,3	3,2	3,1	3,1	
C_{ABl}[–]	1,15	0,83	0,73	0,67	0,64	0,62	0,60	0,59	0,58	0,58	
F_{ZBl} [N]	10	30	59	98	145	202	269	344	429	523	**2.111**
Position „Rotorblatt rechts" ($\psi_{Bl} = 90°$)											
V_{Bl} [m/s]	42	55	69	82	96	110	123	137	150	164	
w_{Bl} [m/s]	–0,4	–0,9	–1,5	–2,1	–2,6	–3,2	–3,8	–4,3	–4,9	–5,5	
φ_{Bl} [°]	–0,5	–1,0	–1,3	–1,4	–1,6	–1,7	–1,8	–1,8	–1,9	–1,9	
α_{Bl} [°]	2,0	1,5	1,2	1,1	0,9	0,8	0,7	0,7	0,6	0,6	
C_{ABl}[–]	0,46	0,41	0,38	0,36	0,34	0,33	0,32	0,31	0,31	0,30	
F_{ZBl} [N]	39	61	87	118	154	194	239	288	342	400	**1.924**
Position „Rotorblatt links" ($\psi_{Bl} = 270°$)											
V_{Bl} [m/s]	–14	–1	13	26	40	54	67	81	94	108	
w_{Bl} [m/s]	*	*	1,9	2,5	3,1	3,6	4,2	4,8	5,3	5,9	
φ_{Bl} [°]	*	*	8,6	5,4	4,4	3,9	3,6	3,4	3,2	3,1	
α_{Bl} [°]	*	*	11,1	7,9	6,9	6,4	6,1	5,9	5,7	5,6	
C_{ABl}[–]	*	*	1,45	1,11	0,99	0,94	0,91	0,88	0,87	0,86	
F_{ZBl} [N]	*	*	12	38	78	132	200	283	379	490	**1.613**

*: *Die Blattsegmente 1 und 2 im rückangeströmten Bereich wurden nicht ausgewertet*

Die Auswertung der Formeln ist in Tab. 3.1 dargestellt. Die Blattsegmente 1 und 2 des rücklaufenden Rotorblatts befinden sich im rückangeströmten Bereich, den wir nicht weiter berücksichtigen.

Diese vielen Zahlen müssen wir erstmal verdauen. Wir sehen uns nur einige interessante Ergebnisse dieser Auswertung an.

3.2.1 Variable Rotorkraft

Wir beginnen mit der Position „Rotorblätter vorne/hinten", siehe Abb. 3.13. Dabei ergibt sich eine Rotorkraft F_R von:

$$F_R = 2.111\,\text{N} + 2.111\,\text{N} = 4.222\,\text{N}.$$

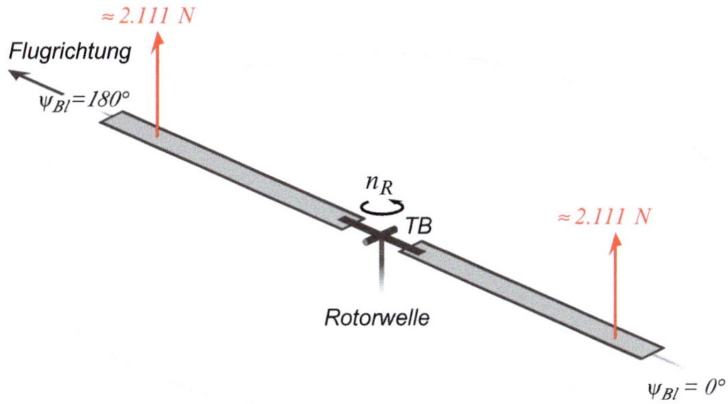

Abb. 3.13 An der Position „Rotorblätter vorne/hinten" sind die Luftkräfte beider Rotorblätter theoretisch gleich (Daten Referenzrotor, Fluggeschwindigkeit 100 km/h)

Die Rotorkraft ist etwas größer als in der senkrechten Autorotation. Hier haben wir eine Rotorkraft von $F_R = 3.850\,\mathrm{N}$ angesetzt. Dass der Rotor in diesem Fall eine größere Kraft als in der senkrechten Autorotation erzeugt, ist offensichtlich, denn die Durchströmgeschwindigkeit von $w_{Bl} \approx 1{,}4\,\mathrm{m/s}$ und die Rotordrehzahl von $n_R \approx 324\,\mathrm{U/min}$ sind größer als im senkrechten Sinkflug.

Warum ist das so?

Um diese Frage zu beantworten, betrachten wir die Position „Rotorblätter links/rechts", also das vor- und rücklaufende Rotorblatt, siehe Abb. 3.14. Hier ergibt sich eine Rotorkraft von:

$$F_R = 1.924\,\mathrm{N} + 1.613\,\mathrm{N} = 3.537\,\mathrm{N}.$$

Die resultierende Rotorkraft ist kleiner als in der senkrechten Autorotation.

Bilden wir den Mittelwert der Positionen „Rotorblätter vorne/hinten" und „Rotorblätter links/rechts", so erhalten wir:

$$F_R = \frac{4.222\,\mathrm{N} + 3.537\,\mathrm{N}}{2} \approx 3.880\,\mathrm{N}.$$

Der Wert liegt sehr nahe an dem Referenzwert von 3.850 N.

Die Rotorkraft F_R ist im Vorwärtsflug nicht konstant, sondern sie schwankt zweimal pro Umdrehung mit einer Amplitude von:

$$dF_R = \frac{4.222\,\mathrm{N} - 3.537\,\mathrm{N}}{2} \approx 343\,\mathrm{N}.$$

Abb. 3.15 zeigt die Schwingung der Rotorkraft F_R während einer Umdrehung.

Die Rotorkraft schwankt zweimal pro Umdrehung, weil der Referenzrotor zwei Blätter hat.

Hinweis: Ein Vierblattrotor würde viermal pro Umdrehung schwanken, allerdings mit deutlich kleinerem Ausschlag.

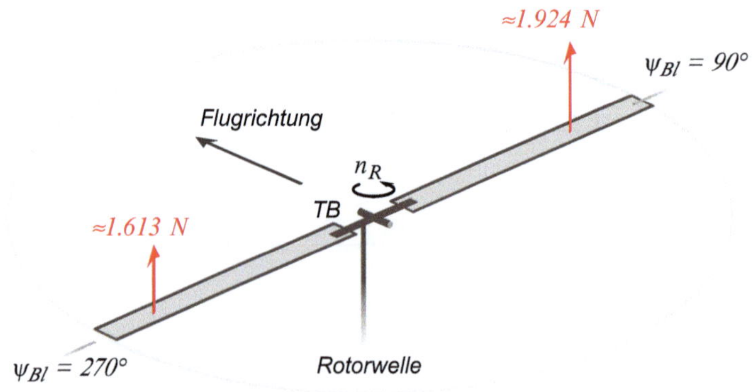

Abb. 3.14 An der Position „Rotorblätter links/rechts" sind die Luftkräfte beider Rotorblätter unterschiedlich (Daten Referenzrotor, Fluggeschwindigkeit 100 km/h)

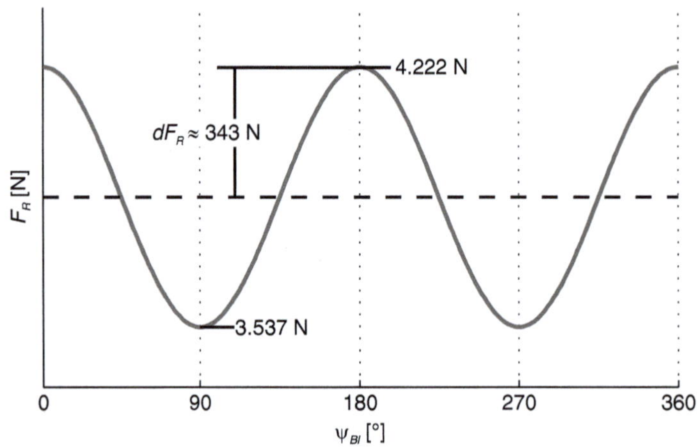

Abb. 3.15 Die Rotorkraft schwankt zweimal pro Umdrehung (Daten Referenzrotor, Fluggeschwindigkeit 100 km/h)

Die Rotorkraftschwankung ist im Vorwärtsflug als eine Vibration mit einer Frequenz von etwa 10–12 Hz zu spüren. Diese Vibration ist in der senkrechten Autorotation nahezu vollständig verschwunden, weil die Anströmverhältnisse unabhängig von der Position der Rotorblätter theoretisch immer gleich sind.

▶ Prof. Achtung weist darauf hin, dass die Rotorblätter sich aufgrund der unterschiedlichen Luftkräfte elastisch verformen. Dies verändert die Anströmverhältnisse und damit die Luftkräfte an den Rotorblättern. Abhängig von der Elastizität der Rotorblätter wird diese Rotorkraftschwankung mehr oder weniger stark auf die Zelle übertragen.

Tab. 3.2 Vergleich der Positionen „Rotorblatt vorne" und „Rotorblatt rechts" für das äußere Blattsegment (Daten Referenzrotor, Fluggeschwindigkeit 100 km/h)

	Rotorblatt	
	vorne	rechts
V_{Bl} [m/s]	136	164
w_{Bl} [m/s]	1,4	–5,5
α_{Bl} [°]	3,1	0,5
C_{ABl} [–]	0,58	0,30
F_{ZBl} [N]	523	400
V_{Bl} [m/s]	136	164

Wir bedanken uns beim Professor, allerdings betrachten wir keine Elastizität der Rotorblätter.

Die Rotorkraft F_R ist also an der Position „Rotorblatt vorne" ($\psi_{Bl} = 180°$) größer als an der Position „Rotorblatt rechts" ($\psi_{Bl} = 90°$). Dieses etwas überraschende Ergebnis sehen wir uns einmal genauer an. Dazu vergleichen wir die beiden Positionen für das Blattsegment 10 mit einem Abstand von $r_{Bl} = 4{,}0\,\text{m}$ zur Rotorwelle, siehe Tab. 3.2.

Der Auftrieb eines Blattsegments hängt vom Quadrat der Anströmgeschwindigkeit V_{Bl}^2 und dem Auftriebsbeiwert C_{ABl} ab. In der Nähe der Blattspitze ist die Anströmgeschwindigkeit V_{Bl} an der vorlaufenden Position „Rotorblatt rechts" etwa 22 % größer als an der Position „Rotorblatt vorne". Aufgrund des sehr kleinen Anstellwinkels verringert sich der Auftriebsbeiwert C_{ABl} allerdings um 48 %. Damit verringert sich das für den Auftrieb verantwortliche Produkt $C_{ABl} \cdot V_{Bl}^2$ und damit auch die Luftkraft an diesem Blattsegment.

Unscharf formuliert können wir festhalten:

▶ Der Verlust des Anstellwinkels gegenüber der Position „Rotorblatt vorne" wiegt beim vorlaufenden Rotorblatt stärker als der Gewinn an Anströmgeschwindigkeit. Deshalb ist die Rotorkraft an der Position „Rotorblätter vorne/hinten" maximal.

Die starke Reduktion des Blattanstellwinkels beim vorlaufenden Rotorblatt ist durch die große Schlagwinkelgeschwindigkeit von $\dot{\beta} \approx 82°/s$ zu erklären.

Aber warum schlägt das Rotorblatt so schnell nach oben?

Zur Beantwortung dieser Frage betrachten wir das Schlagmoment aufgrund der Luftkräfte beider Rotorblätter.

3.2.2 Auftriebsasymmetrie

Gibt es eine Auftriebsasymmetrie zwischen vor- und rücklaufendem Rotorblatt?

Ja, es gibt sie!

Die Luftkräfte beider Rotorblätter sind links und rechts unterschiedlich:

- Position „Rotorblatt rechts" ($\psi_{Bl} = 90°$): $F_{ZBl,1} + \ldots + F_{ZBl,10} \ldots 1.924\,\text{N}$.
- Position „Rotorblatt links" ($\psi_{Bl} = 270°$): $F_{ZBl,1} + \ldots + F_{ZBl,10} \ldots 1.613\,\text{N}$.

Es muss ein Gleichgewicht der Momente um das Schlaggelenk (TB) vorliegen.

Abb. 3.16 Eine Wippe ist im Gleichgewicht, wenn der Leichtere weiter außen sitzt

Die Luftkräfte der Rotorblätter links und rechts müssen unterschiedliche Abstände zum Schlaggelenk (TB) haben, damit sich ein Gleichgewicht der Momente ergibt.

Zur Verdeutlichung stellen wir uns eine Wippe mit zwei unterschiedlich schweren Menschen vor, siehe Abb. 3.16.

Wir wollen nicht wippen, sondern uns mit dem Schlagmoment aufgrund der Luftkräfte beschäftigen.

3.2.3 Schlagmoment aufgrund der Luftkräfte

Das Schlagmoment aufgrund der Luftkräfte M_{SR} setzt sich aus den Schlagmomenten der 10 Blattsegmente beider Rotorblätter zusammen:

$$M_{SR} = \left[M_{SBl,1} + \ldots + M_{SBl,10}\right]_{Blatt1} - \left[M_{SBl,1} + \ldots + M_{SBl,10}\right]_{Blatt2}. \tag{3.14}$$

Der Anteil eines Blattsegments beträgt, siehe Abb. 3.17:

$$M_{SBl} = F_{ZBl} \cdot r_{Bl}. \tag{3.15}$$

Da das Schlaggelenk kein Moment übertragen kann, muss gelten:

$$M_{SR} = 0.$$

Also:

$$\left[M_{SBl,1} + \ldots + M_{SBl,10}\right]_{Blatt1} = \left[M_{SBl,1} + \ldots + M_{SBl,10}\right]_{Blatt2}.$$

Die Summen der Schlagmomente aller Blattsegmente beider Rotorblätter müssen gleich groß sein. Tab. 3.3 zeigt die Auswertung für den Referenzrotor bei einer Fluggeschwindigkeit von $V = 100\,\text{km/h}$.

Die Schlagmomente beider Rotorblätter sind annähernd gleich groß:

- Vorlaufende Position „Rotorblatt rechts“ ($\psi_{Bl} = 90°$): 5.557 Nm,
- Rücklaufende Position „Rotorblatt links“ ($\psi_{Bl} = 270°$): 5.399 Nm.

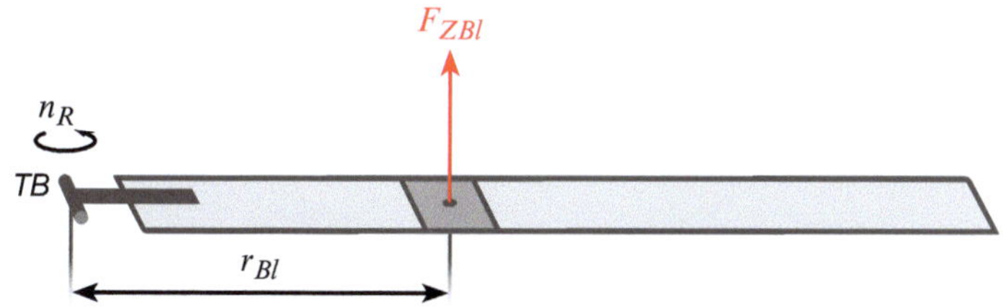

Abb. 3.17 Das Schlagmoment eines Blattsegments ergibt sich aus der Luftkraft und dem Hebelarm

Tab. 3.3 Die Schlagmomente des vor- und rücklaufenden Rotorblatts sind annähernd gleich groß (Daten Referenzrotor, Fluggeschwindigkeit 100 km/h)

Segment	1	2	3	4	5	6	7	8	9	10	Summe
r_{Bl} [m]	0,4	0,8	1,2	1,6	2,0	2,4	2,8	3,2	3,6	4,0	
Vorlaufende Position „Rotorblatt rechts" ($\psi_{Bl} = 90°$)											
F_{ZBl} [N]	39	61	87	118	154	194	239	288	342	400	**1.924**
M_{SBl} [Nm]	16	49	105	190	308	466	669	922	1231	1602	**5.557**
Rücklaufende Position „Rotorblatt links" ($\psi_{Bl} = 270°$)											
F_{ZBl} [N]	*	*	12	38	78	132	200	283	379	490	**1.613**
M_{SBl} [Nm]	*	*	14	60	156	317	561	905	1365	1959	**5.339**

*: *Die Blattsegmente 1 und 2 im rückangeströmten Bereich wurden nicht ausgewertet*

Obwohl beim vor- und rücklaufenden Rotorblatt unterschiedliche Luftkräfte auftreten, ist das Schlagmoment in etwa gleich Null. Dies können wir damit erklären, dass die resultierende Luftkraft des rücklaufenden Rotorblatts zwar kleiner ist, aber weiter außen angreift als beim vorlaufenden Rotorblatt.

Die Angriffspunkte und die zugehörigen Hebelarme der angreifenden Luftkräfte können wir mit der folgenden Formel bestimmen:

$$r_{FBl} = \frac{M_{SBl,1} + \ldots + M_{SBL,2}}{F_{ZBl,1} + \ldots + F_{ZBl,1}}. \tag{3.16}$$

Für die beiden Rotorblattpositionen ergibt sich:

- Position „Rotorblatt rechts" ($\psi_{Bl} = 90°$): $r_{FBl} = \frac{5.557\,\text{Nm}}{1.924\,\text{N}} \approx 2{,}89\,\text{m}$.
- Position „Rotorblatt links" ($\psi_{Bl} = 270°$): $r_{FBl} = \frac{5.339\,\text{Nm}}{1.613\,\text{N}} \approx 3{,}31\,\text{m}$.

Abb. 3.18 zeigt das Gleichgewicht der Momente um das Schlaggelenk (TB).

Wir haben jetzt die Luftkräfte an den Rotorblättern verstanden und wenden uns nun der Frage zu:

Warum dreht sich der Rotor im Vorwärtsflug ohne Antrieb?

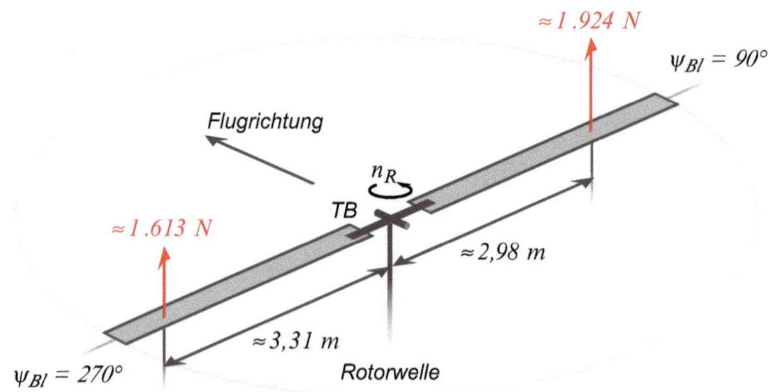

Abb. 3.18 Die Hebelarme der Luftkräfte des vor- und rücklaufenden Rotorblatts zum Schlaggelenk (TB) sind unterschiedlich (Daten Referenzrotor, Fluggeschwindigkeit 100 km/h)

3.3 Rotation ohne Antrieb

Um die Frage zu beantworten, warum sich der Rotor auch im Vorwärtsflug ohne Antrieb dreht, machen wir uns auf die Suche nach den dafür verantwortlichen Kräften.

3.3.1 Luftkraftneigung am Rotorblatt

Die Luftkraftneigung am Rotorblatt kann mit dem Durchströmwinkel φ_{Bl} erklärt werden, der definiert ist als der Winkel zwischen anströmender Luft und der Rotordrehebene an einem Blattsegment:

$$\varphi_{Bl} \approx \frac{w_{Bl}}{V_{Bl}}. \tag{3.17}$$

Wenn der Durchströmwinkel den Grenzwert

$$\varphi_{Bl} > \frac{1}{n_{Gl}} \tag{3.18}$$

überschreitet, so wirkt die Luftkraft des entsprechenden Blattsegments antreibend (siehe Abschn. 2.3).

Bei einer Gleitzahl des NACA 8-H-12 Profils von $n_{Gl} \approx 80$ entspricht dies einem Wert von:

$$\varphi_{Bl} > \frac{1}{80} \cdot \frac{180°}{\pi} \approx 0{,}7°.$$

Die Tangentialkraft ergibt sich aus Auftrieb A_{Bl} und Widerstand W_{Bl} eines Blattsegments sowie dem Durchströmwinkel zu:

$$F_{XBl} \approx A_{Bl} \cdot \varphi_{Bl} - W_{Bl}. \tag{3.19}$$

Mit der Näherung, dass der Auftrieb etwa achtzigmal so groß wie der Widerstand ist, ergibt sich die Tangentialkraft abhängig von Auftrieb A_{Bl} und Durchströmwinkel φ_{Bl} an einem Blattsegment zu:

$$F_{XBl} \approx A_{Bl} \cdot \left[\varphi_{Bl} - \frac{1}{80} \right]. \tag{3.20}$$

Das Moment um die Rotorwelle beträgt:

$$M_{DBl} = F_{XBl} \cdot r_{Bl}. \tag{3.21}$$

Mit diesen Formeln und den Werten aus Tab. 3.1 können wir nun die Durchströmwinkel φ_{Bl}, die Tangentialkräfte F_{XBl} und die Drehmomente M_{DBl} an den 10 Blattsegmenten berechnen, siehe Tab. 3.4:

Die Durchströmwinkel φ_{Bl} sind an allen 10 Blattsegmenten des vorlaufenden Rotorblatts negativ. Das bedeutet, dass die resultierenden Luftkräfte aller 10 Blattsegmente nach hinten zeigen. Die Tangentialkräfte F_{XBl} aller 10 Blattsegmente des vorlaufenden Rotorblatts sind negativ und wirken daher bremsend. Dies ergibt in Summe ein Drehmoment um die Rotorwelle von −243 Nm. Das Rotorblatt bremst also den Rotor massiv ab.

Anders beim rücklaufenden Rotorblatt. Hier sind die Durchströmwinkel φ_{Bl} der äußeren 8 Blattsegmente größer als der Grenzwert $\varphi_{Bl} \approx 0{,}7°$. Diese Blattsegmente wirken daher antreibend. Die inneren beiden Segmente 1 und 2 befinden sich im rückangeströmten

Tab. 3.4 Drehmomente der 10 Blattsegmente um die Rotorwelle für drei Positionen des Rotorblatts (Daten Referenzrotor, Fluggeschwindigkeit 100 km/h)

Segment	1	2	3	4	5	6	7	8	9	10	Summe
r_{Bl} [m]	0,4	0,8	1,2	1,6	2,0	2,4	2,8	3,2	3,6	4,0	
Position „Rotorblatt vorne" ($\psi_{Bl} = 180°$)											
φ_{Bl} [°]	5,8	2,9	1,9	1,5	1,2	1,0	0,8	0,7	0,6	0,6	
F_{XBl} [N]	0,9	1,2	1,3	1,3	1,1	0,9	0,5	0,1	−0,5	−1,2	**5**
M_{DBl} [Nm]	0,4	0,9	1,5	2,0	2,3	2,1	1,5	0,2	−1,9	−4,9	**4**
Vorlaufende Position „Rotorblatt rechts" ($\psi_{Bl} = 90°$)											
φ_{Bl} [°]	−0,5	−1,0	−1,3	−1,4	−1,6	−1,7	−1,8	−1,8	−1,9	−1,9	
F_{XBl} [N]	−0,8	−1,8	−3,0	−4,5	−6,2	−8,1	−10,3	−12,8	−15,5	−18,4	**−81**
M_{DBl} [Nm]	−0,3	−1,4	−3,6	−7,1	−12,3	−19,5	−28,9	−40,8	−55,6	−73,6	**−243**
Rücklaufende Position „Rotorblatt links" ($\psi_{Bl} = 270°$)											
φ_{Bl} [°]	*	*	8,6	5,4	4,4	3,9	3,6	3,4	3,2	3,1	
F_{XBl} [N]	*	*	1,6	3,1	5,0	7,3	10,0	13,1	16,7	20,6	**78**
M_{DBl} [Nm]	*	*	1,9	4,9	9,9	17,5	28,0	42,0	60,1	82,6	**247**

*: *Die Blattsegmente 1 und 2 im rückangeströmten Bereich wurden nicht ausgewertet*

Bereich, den wir nicht betrachten. Das rücklaufende Rotorblatt erzeugt ein antreibendes Drehmoment von 247 Nm. Damit ergibt sich ein Rotordrehmoment von

$$M_{DR} = -243\,\text{Nm} + 247\,\text{Nm} = 4\,\text{Nm} \approx 0.$$

Es bleibt demnach ein kleines positives Drehmoment übrig. Wir haben also nicht genau das Gleichgewicht getroffen. Dies soll uns aber in unserer Näherungsbetrachtung nicht weiter stören.

▶ Prof. Achtung weist darauf hin, dass der rückangeströmte Bereich nahe der Blattwurzel des rücklaufenden Rotorblatts vernachlässigt wurde. Dieser Bereich gewinnt mit steigender Fluggeschwindigkeit zunehmend an Bedeutung für die Rotoraerodynamik. Zur genaueren Berechnung müsste eine 360°-Polare des Rotorblattprofils verwendet werden.

Wir bedanken uns beim Professor für diesen wertvollen Hinweis und verweisen auf Kap. 4.

3.3.2 Luftkraft parallel zur Rotordrehebene

Summieren wir die Tangentialkräfte beider Rotorblätter auf, so erhalten wir an der Position „Rotorblatt rechts" eine Kraft von etwa −81 N, die entgegen der Flugrichtung wirkt. An der Position „Rotorblatt links" erhalten wir etwa 78 N, die ebenfalls entgegen der Flugrichtung wirken, siehe Abb. 3.19. Es entsteht somit eine Luftkraft des Rotors parallel zur Rotordrehebene, die entgegen der Flugrichtung wirkt. Wir nennen sie kurz „X-Kraft" F_{XR}.

Die X-Kraft des Rotors erreicht ihr Maximum, wenn die Rotorblätter sich links und rechts befinden.

$$F_{XR} \approx 159\,\text{N}.$$

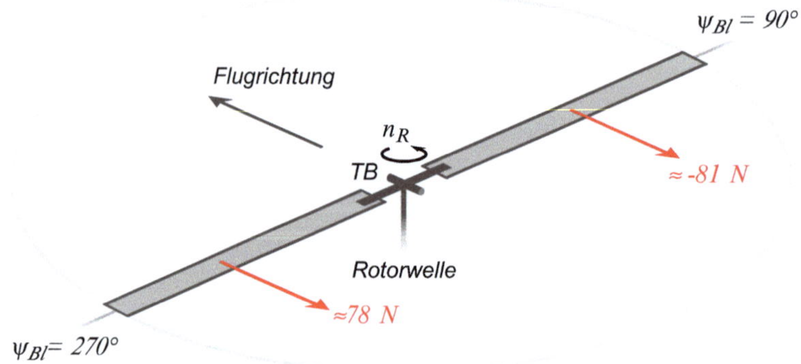

Abb. 3.19 An der Position „Rotorblätter links/rechts" wirkt eine Luftkraft parallel zur Rotordrehebene, die „X-Kraft" (Daten Referenzrotor, Fluggeschwindigkeit 100 km/h)

Wenn die Rotorblätter sich vorne und hinten befinden, wirkt theoretisch keine X-Kraft des Rotors.

Hinweis: Der Widerstand des Rotorkopfes wird hier zunächst vernachlässigt.

Wir haben es also mit einer Kraft zu tun, die zweimal pro Umdrehung um einen mittleren Wert von etwa 80 N schwankt, siehe Abb. 3.20.

Die X-Kraft ist neben der Rotorkraftschwankung eine Ursache für die Vibration im Vorwärtsflug (vgl. Abschn. 3.2.1).

Wir haben die Anströmverhältnisse im Vorwärtsflug verstanden und daraus die Luftkräfte bestimmt. Fassen wir kurz zusammen, wo wir stehen:

- Die vertikale Luftkraft des vorlaufenden Rotorblatts ist größer als die des rücklaufenden Rotorblatts. Dies bezeichnen wir als „Auftriebsasymmetrie".
- Trotz der unterschiedlichen vertikalen Luftkräfte zwischen vor- und rücklaufendem Rotorblatt liegt ein Gleichgewicht der Momente um das Schlaggelenk vor.
- Die Rotorkraft schwankt zweimal pro Umdrehung. Sie erreicht ihr Maximum, wenn sich die Rotorblätter vorne und hinten befinden.
- Das rücklaufende Rotorblatt treibt an, das vorlaufende Rotorblatt bremst.

Bevor wir nun euphorisch werden, bringt uns Prof. Achtung leider wieder auf den Boden der Tatsachen zurück.

▶ Prof. Achtung gibt zu bedenken, dass die Zahlenwerte für den maximalen Schlagwinkel, den Rotoranstellwinkel, die Rotordrehzahl und die induzierte Abwindgeschwindigkeit nicht berechnet wurden. Es wurde lediglich gezeigt, dass sich mit diesen Werten und den Daten des NACA 8-H-12 Profils eine Autorotation ergibt und die Rotorkraft dem Referenzwert entspricht.

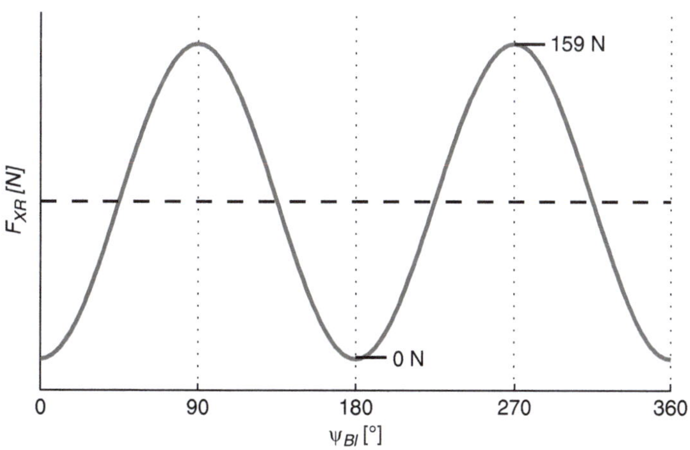

Abb. 3.20 Die X-Kraft schwankt zweimal pro Umdrehung (Daten Referenzrotor, Fluggeschwindigkeit 100 km/h)

Der Professor hat natürlich Recht, aber alle messbaren Werte stimmen vergleichsweise gut mit den Flugtests überein (siehe Anhang). Der Wert der induzierten Abwindgeschwindigkeit von $w_{Ri} \approx 1{,}8\,\mathrm{m/s}$ bei einer Fluggeschwindigkeit von $V \approx 100\,\mathrm{km/h}$ wurde nicht gemessen, aber mit unseren Überlegungen bestätigt. Die induzierte Abwindgeschwindigkeit ist also deutlich kleiner als im senkrechten Sinkflug, hier lag sie bei $w_{Ri} \approx 6{,}5\,\mathrm{m/s}$ (siehe Abschn. 2.4). Es scheint einen großen Einfluss der Fluggeschwindigkeit zu geben, den wir nun genauer betrachten.

3.4 Induzierte Abwindgeschwindigkeit

Wir wollen wissen, warum die induzierte Abwindgeschwindigkeit w_{Ri} mit steigender Fluggeschwindigkeit V bei konstanter Rotorkraft F_R sinkt. Hierzu stellen wir uns den Rotor im Vorwärtsflug als einen kreisförmigen Flügel vor, der die von vorne anströmende Luft nach unten beschleunigt. Der Flügel erzeugt eine Impulsänderung der Luftmassen, die direkt mit der Luftkraft zusammenhängt. Wenn dieser Flügel schneller fliegt, müssen die Luftmassen anscheinend weniger stark umgelenkt werden, um die gleiche Luftkraft zu erzeugen.

Zur besseren Vorstellung versetzen wir uns dabei in die Lage eines Autofahrers. Das Umlenken der Luftmassen ist vergleichbar mit einer Änderung der Fahrtrichtung. Wir biegen ab oder fahren eine Kurve. Je schneller wir fahren, desto größer wird die Querkraft, unsere Körper werden nach außen gedrückt. Andersherum gedacht, müssten wir bei größerer Geschwindigkeit weniger scharf abbiegen, um die gleiche Querkraft zu erzeugen.

Was hat das mit dem Rotor zu tun?

Wenn der Rotor schneller fliegt, müssen die Luftmassen weniger umgelenkt werden, um die gleiche Kraft zu erzeugen.

3.4.1 Rotor als Tragflügel

Wir betrachten den Rotor nun als kreisförmigen Tragflügel mit der Spannweite b_R, siehe Abb. 3.21.

Die Spannweite beträgt:

$$b_R = 2 \cdot r_R. \tag{3.22}$$

Die Formel von Kutta-Joukowski [1] stellt den Zusammenhang zwischen Auftrieb A_R und Zirkulation Γ_R her:

$$A_R = \frac{\pi}{2} \cdot \rho \cdot r_R \cdot V \cdot \Gamma_R. \tag{3.23}$$

Bei gegebener Fluggeschwindigkeit V ist der Auftrieb A_R proportional zur Zirkulation Γ_R. Die Luftdichte ρ und den Rotorradius r_R nehmen wir als konstant an.

Abb. 3.22 veranschaulicht die Modellvorstellung, die hinter der Formel von Kutta-Joukowski steckt.

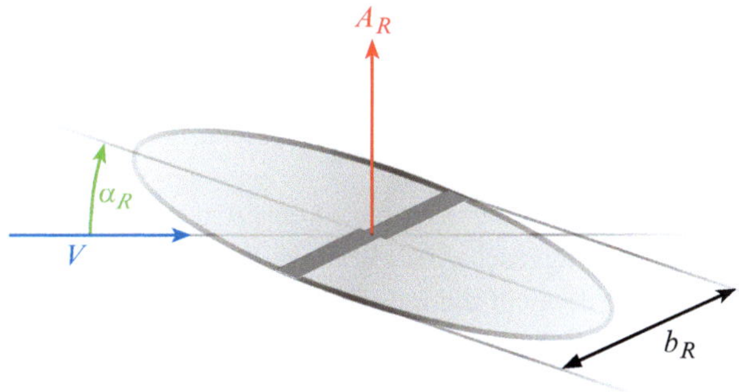

Abb. 3.21 Der Rotor wird als kreisförmiger Tragflügel betrachtet

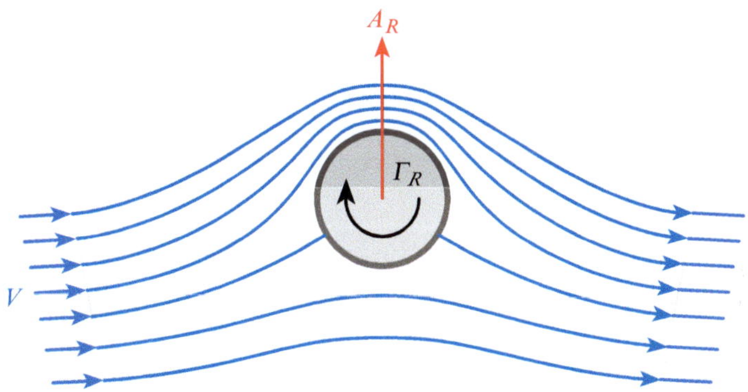

Abb. 3.22 Die Überlagerung der parallelen Anströmung und der Zirkulation führt zum Auftrieb (Satz von Kutta-Joukowski)

Mit der Annahme, dass der Auftrieb A_R etwa gleich der Rotorkraft F_R ist, können wir die Zirkulation bestimmen:

$$\Gamma_R = \frac{2 \cdot F_R}{\pi \cdot \rho \cdot r_R} \cdot \frac{1}{V}. \tag{3.24}$$

Für den Referenzrotor liegt die Zirkulation bei einer Rotorkraft von $F_R \approx 3.850\,\mathrm{N}$ und einer Fluggeschwindigkeit von $V = 100\,\mathrm{km/h} \approx 28\,\mathrm{m/s}$ bei etwa:

$$\Gamma_R = \frac{2 \cdot 3.850\ \mathrm{N}}{\pi \cdot 1{,}225\ \mathrm{kg/m^3} \cdot 4{,}2\ \mathrm{m}} \cdot \frac{1}{28\ \mathrm{m/s}} \approx 17\,\mathrm{m^2/s}.$$

Dieser abstrakte Zahlenwert lässt sich umrechnen in eine induzierte Geschwindigkeit, die mit dem Abstand zum Wirbelkern r_Γ abnimmt:

$$w_\Gamma = \frac{\Gamma_R}{2 \cdot \pi \cdot r_\Gamma}. \tag{3.25}$$

Bei einem Wirbelkernabstand von $r_\Gamma = 1{,}54\,\text{m}$ ergibt sich eine induzierte Geschwindigkeit von:

$$w_\Gamma = \frac{17\,\text{m}^2/\text{s}^2}{2 \cdot \pi \cdot 1{,}54\,\text{m}} \approx 1{,}8\,\text{m/s}.$$

Dies entspricht unserem Erwartungswert der induzierten Abwindgeschwindigkeit w_{Ri} des Referenzrotors bei einer Fluggeschwindigkeit von $V = 100\,\text{km/h}$.

Hinweis: Im Flugtest wurde nicht die induzierte Abwindgeschwindigkeit w_{Ri} gemessen, sondern der Rotoranstellwinkel α_R (siehe Anhang).

Das Verhältnis zwischen dem angenommenen Abstand vom Wirbelkern und dem Rotorradius beträgt:

$$\frac{r_\Gamma}{r_R} = \frac{1{,}54\,\text{m}}{4{,}2\,\text{m}} \approx 0{,}37.$$

Also:

$$r_\Gamma \approx 0{,}37 \cdot r_R.$$

Mit $w_\Gamma = w_{Ri}$ kann die Formel für die Zirkulation des Referenzrotors (Gl. 3.25) umgeformt werden zu:

$$\Gamma_R = 2 \cdot \pi \cdot r_\Gamma \cdot w_\Gamma = 2 \cdot \pi \cdot 0{,}37 \cdot r_R \cdot w_{Ri}.$$

Gleichsetzen mit Gl. 3.24 ergibt die induzierte Abwindgeschwindigkeit von:

$$w_{Ri} = \underbrace{\frac{1}{0{,}37 \cdot \pi}}_{\approx 0{,}86} \cdot \frac{F_R}{\rho \cdot \pi \cdot r_R^2} \cdot \frac{1}{V}.$$

Wir erhalten somit den gleichen Faktor $K_{wRi} \approx 0{,}86$ wie im Fall des senkrechten Sinkflugs (siehe Abschn. 2.4):

$$w_{Ri} \approx K_{wRi} \cdot \frac{F_R}{\rho \cdot \pi \cdot r_R^2} \cdot \frac{1}{V}. \tag{3.26}$$

Die induzierte Abwindgeschwindigkeit ist bei konstanter Rotorkraft F_R umgekehrt proportional zur Fluggeschwindigkeit V. Bei konstanter Fluggeschwindigkeit V ist die induzierte Abwindgeschwindigkeit proportional zur Rotorkraft F_R.

3.4.2 Einfluss der Fluggeschwindigkeit

Abb. 3.23 zeigt die induzierte Abwindgeschwindigkeit im Vorwärtsflug bei Fluggeschwindigkeiten von $V \approx 40...170\,\text{km/h}$. Dieser Geschwindigkeitsbereich entspricht für den Referenzrotor in etwa dem Gültigkeitsbereich von Gl. 3.26.

Es wird deutlich, dass die induzierte Abwindgeschwindigkeit w_{Ri} mit zunehmender Fluggeschwindigkeit abnimmt.

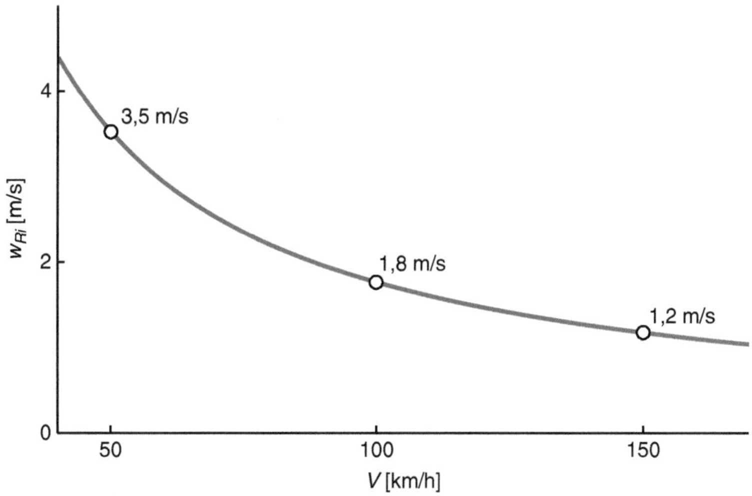

Abb. 3.23 Die induzierte Abwindgeschwindigkeit nimmt mit der Fluggeschwindigkeit ab (Daten Referenzrotor)

Wir verlassen nun den Denkansatz der 10 Blattsegmente und widmen uns den analytischen Formeln zur Berechnung des Rotors im Vorwärtsflug.

3.5 Analytische Formeln

Die Herleitung der analytischen Formeln ist im Anhang zu finden (siehe Anhang). Wir untersuchen hier die wesentlichen Zusammenhänge zwischen Fluggeschwindigkeit V, Rotordrehzahl n_R, maximalem Schlagwinkel β_{Blc}, Rotoranstellwinkel α_R, Rotorkraftschwankung dF_R sowie der Rotorkraft F_R im Vorwärtsflug.

Für die folgenden Betrachtungen verwenden wir den Fortschrittsgrad.

3.5.1 Fortschrittsgrad

Der Fortschrittsgrad ist definiert als das Verhältnis von der Fluggeschwindigkeit V zum Produkt aus der Winkelgeschwindigkeit des Rotors Ω_R und dem Rotorradius r_R, siehe Abb. 3.24:

$$\mu_R = \frac{V}{\Omega_R \cdot r_R}. \tag{3.27}$$

Ein Fortschrittsgrad von $\mu_R = 1$ bedeutet, dass an der Blattspitze des rücklaufenden Rotorblatts die Anströmgeschwindigkeit Null vorliegt. In dem Fall wird das gesamte rücklaufende Rotorblatt von hinten angeströmt.

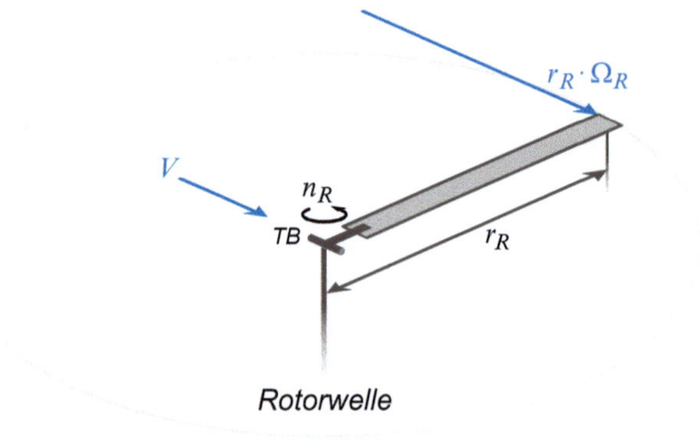

Abb. 3.24 Der Fortschrittsgrad ist definiert als das Verhältnis zwischen Fluggeschwindigkeit und Anströmgeschwindigkeit an der Blattspitze aufgrund der Rotation

Der Fortschrittgrad ermöglicht es, unterschiedliche Rotoren zu vergleichen. Der Fortschrittsgrad μ_R ändert sich nicht bei Verdoppelung des Radius und Halbierung der Rotordrehzahl.

Wir betrachten Fortschrittsgrade von $\mu_R \approx 0{,}1...0{,}3$. Dies entspricht Fluggeschwindigkeiten von $V \approx 50...150\,\text{km/h}$ für den Referenzrotor.

3.5.2 Zusammenhang zwischen Rotordrehzahl und Fluggeschwindigkeit

Der Zusammenhang zwischen der Rotordrehzahl n_R und der Fluggeschwindigkeit V ist wie folgt:

$$n_R \approx \sqrt{\frac{F_R}{\rho \cdot t_{Bl} \cdot r_R^3 \cdot \left[K_{Z0} + K_{Z1} \cdot \mu_R + K_{Z2} \cdot \mu_R^2\right]}} \cdot \frac{30}{\pi}. \qquad (3.28)$$

Die Konstanten K_{Z0}, K_{Z1} und K_{Z2} hängen ausschließlich von den Profileigenschaften sowie dem Blatteinstellwinkel ab. Ihre analytische Herleitung ist im Anhang (siehe Anhang) beschrieben. Für den Referenzrotor ergeben sich folgende Werte:

$$K_{Z0} \approx 0{,}2,\; K_{Z1} \approx -0{,}019 \text{ und } K_{Z2} \approx -0{,}32.$$

Die Konstante K_{Z0} entspricht dem Wert des senkrechten Sinkflugs bei einem Fortschrittsgrad von $\mu_R = 0$. Auch für diesen Sonderfall ist diese Formel anwendbar.

Die negativen Werte der Konstanten K_{Z1} und K_{Z2} führen dazu, dass mit steigendem Fortschrittsgrad $\mu_R > 0$, also mit steigender Fluggeschwindigkeit V, der Nenner kleiner wird. Die Rotordrehzahl steigt daher mit der Fluggeschwindigkeit leicht an. Dies passt hervorragend zu unserem bisherigen Verständnis, denn dieses Verhalten kennen wir von der Betrachtung der 10 Blattsegmente und aus den Flugtests (siehe Anhang).

Wir werten die Formel beispielhaft für den Referenzrotor bei $V = 100\,\text{km/h} \approx 28\,\text{m/s}$ aus. Die Rotordrehzahl liegt in diesem Fall bei $n_R \approx 324\,\text{U/min}$. Die Winkelgeschwindigkeit des Rotors beträgt $\Omega_R \approx 34\,\text{rad/s}$ und damit ergibt sich ein Fortschrittsgrad von:

$$\mu_R = \frac{V}{r_R \cdot \Omega_R} \approx \frac{28\,\text{m/s}}{4{,}2\,\text{m} \cdot 34\,\text{rad/s}} \approx 0{,}19.$$

Mit der Rotorkraft von $F_R \approx 3.850\,\text{N}$ ergibt sich eine Rotordrehzahl von:

$$n_R \approx \sqrt{\frac{3.850\,\text{N}}{1{,}225\,\text{kg/m}^3 \cdot 0{,}2\,\text{m} \cdot 4{,}2^3\,\text{m}^3 \cdot \left[0{,}2 - 0{,}019 \cdot 0{,}19 - 0{,}32 \cdot 0{,}19^2\right]}} \cdot \frac{30}{\pi} \approx 324\,\text{U/min}.$$

Es ergibt sich der gleiche Wert für die Rotordrehzahl wie im Fall der 10 Blattsegmente.

Der Vorgabewert für die Formel ist der Fortschrittsgrad μ_R. Daher werten wir die Formel nun für drei Fortschrittsgrade aus und erhalten entsprechend drei unterschiedliche Rotordrehzahlen:

- $\mu_R = 0{,}10$: $n_R \approx 315\,\text{U/min}$,
- $\mu_R = 0{,}19$: $n_R \approx 324\,\text{U/min}$,
- $\mu_R = 0{,}28$: $n_R \approx 338\,\text{U/min}$.

Durch Umstellen von Gl. 3.27 erhalten wir die Fluggeschwindigkeit abhängig vom Fortschrittsgrad:

$$V = \mu_R \cdot r_R \cdot \Omega_R = \mu_R \cdot r_R \cdot n_R \cdot \frac{\pi}{30}. \tag{3.29}$$

Es ergeben sich folgende Fluggeschwindigkeiten:

- $\mu_R = 0{,}10$: $n_R \approx 315\,\text{U/min}$, $V \approx 14\,\text{m/s} \approx 50\,\text{km/h}$,
- $\mu_R = 0{,}19$: $n_R \approx 324\,\text{U/min}$, $V \approx 28\,\text{m/s} \approx 100\,\text{km/h}$.
- $\mu_R = 0{,}28$: $n_R \approx 338\,\text{U/min}$, $V \approx 42\,\text{m/s} \approx 150\,\text{km/h}$.

Mit dieser Methode können wir die Rotordrehzahl n_R abhängig von der Fluggeschwindigkeit V bestimmen, siehe Abb. 3.25.

Hinweis: Im senkrechten Sinkflug ist der Fortschrittsgrad gleich Null und die Drehzahl des Referenzrotors liegt bei $n_R = 311\,\text{U/min}$.

Die Zunahme der Rotordrehzahl n_R im Vorwärtsflug gegenüber dem senkrechten Sinkflug haben wir in Abschn. 3.2 im Zusammenhang mit den 10 Blattsegmenten erklärt. Die Rotordrehzahl nimmt aus folgenden Gründen zu:

- Die Rotorkraft F_R schwankt. Sie erreicht ihr Maximum an der Position „Rotorblätter vorne/hinten".
- Die Anstellwinkel der 10 Blattsegmente α_{Bl} des vorlaufenden Rotorblatts werden aufgrund der Schlagbewegung nach oben stark reduziert. Damit sinken die Luftkräfte an der Position „Rotorblätter links/rechts".

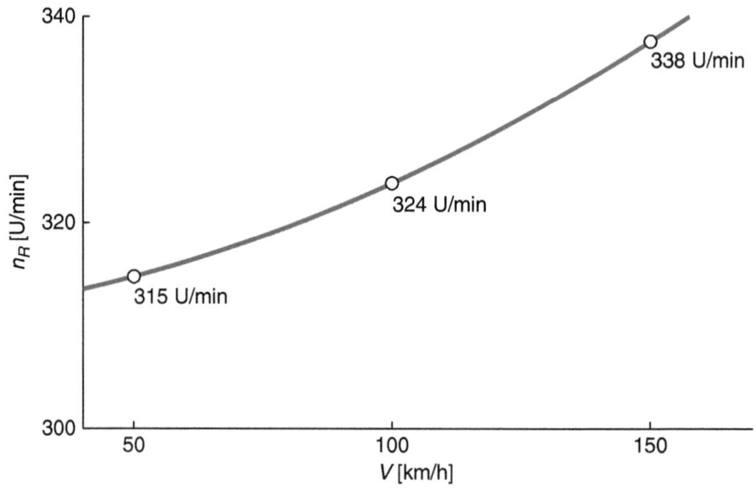

Abb. 3.25 Die Rotordrehzahl steigt mit der Fluggeschwindigkeit (Daten Referenzrotor, analytische Formel)

Der Rotor rotiert daher im Vorwärtsflug etwas schneller, um die gleiche Rotorkraft von $F_R \approx 3.850\,\text{N}$ zu erzeugen.

3.5.3 Zusammenhang zwischen Schlagwinkel und Fluggeschwindigkeit

Die analytische Formel für den maximalen Schlagwinkel lautet:

$$\beta_{Blc} \approx K_{\beta 0} + K_{\beta 1} \cdot \mu_R. \tag{3.30}$$

Die Konstanten $K_{\beta 0}$ und $K_{\beta 1}$ hängen ausschließlich von den Profileigenschaften sowie dem Blatteinstellwinkel ab. Ihre analytische Herleitung ist im Anhang (siehe Anhang) beschrieben. Für den Referenzrotor ergeben sich folgende Werte:

$$K_{\beta 0} \approx 0{,}006, K_{\beta 1} \approx 0{,}18.$$

Die Formel ist überraschend einfach. In den Schlagwinkel β_{Blc} gehen weder der Rotorradius r_R noch die Rotorkraft F_R ein, sondern ausschließlich der Fortschrittsgrad μ_R. Um dies besser zu begreifen, hier zwei Beispiele:

1. Eine Verdoppelung des Rotorradius zusammen mit einer Halbierung der Rotordrehzahl ergäbe bei unveränderter Fluggeschwindigkeit den gleichen Fortschrittsgrad μ_R. Der doppelt so große Rotor würde den gleichen Schlagwinkel β_{Blc} aufbauen.
2. Bei Verdoppelung der Rotorkraft F_R würde der Rotor bei konstantem Fortschrittsgrad μ_R den gleichen Schlagwinkel β_{Blc} aufbauen. Allerdings würde die Rotordrehzahl und damit die zum Fortschrittsgrad gehörige Fluggeschwindigkeit um den Faktor $\sqrt{2}$ steigen.

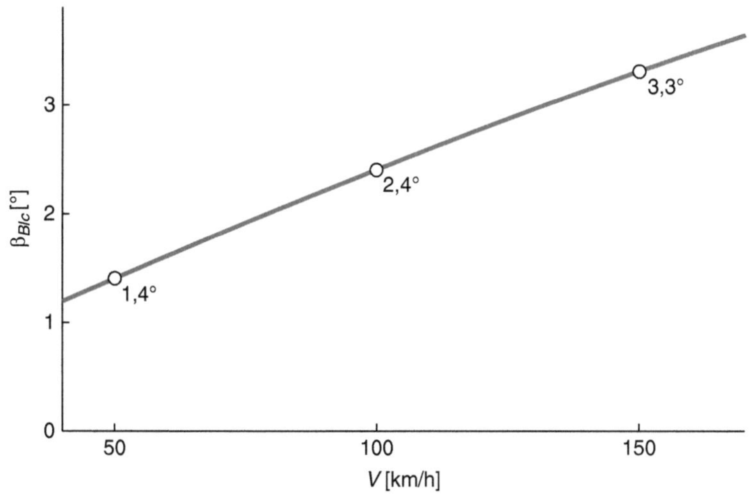

Abb. 3.26 Der Schlagwinkel steigt mit der Fluggeschwindigkeit (Daten Referenzrotor, analytische Formel)

Nun betrachten wir den maximalen Schlagwinkel des Referenzrotors abhängig von der Fluggeschwindigkeit, siehe Abb. 3.26.

Hinweis: Der Schlagwinkel steigt näherungsweise linear mit dem Fortschrittsgrad μ_R, daher ist die Auftragung über der Fluggeschwindigkeit V keine exakte Gerade.

Diese Näherung ist gültig für Fortschrittsgrade von:

$$\mu_R \approx 0{,}1 \ldots 0{,}3.$$

3.5.4 Zusammenhang zwischen Rotoranstellwinkel und Fluggeschwindigkeit

Die analytische Formel für den Rotoranstellwinkel ist überraschend einfach:

$$\alpha_R \approx \frac{t_{Bl}}{r_R} \cdot \left[K_{\alpha 0} + \frac{K_{\alpha 2}}{\mu_R^2} \right] + \frac{K_{\alpha 1}}{\mu_R}. \tag{3.31}$$

Die Konstanten $K_{\alpha 0}$, $K_{\alpha 1}$ und $K_{\alpha 2}$ hängen ausschließlich von den Profileigenschaften sowie dem Blatteinstellwinkel ab. Ihre analytische Herleitung ist im Anhang (siehe Anhang) beschrieben. Für den Referenzrotor ergeben sich folgende Werte:

$$K_{\alpha 0} \approx -0{,}089, \; K_{\alpha 1} \approx 0{,}0092, \; K_{\alpha 2} \approx 0{,}055.$$

Der Rotoranstellwinkel α_R ist entsprechend dieser Formel unabhängig von der Luftdichte ρ und der Rotorkraft F_R. Um dies besser greifbar zu machen, steigen wir mit dem Referenzrotor zu einem Höhenflug auf. Hier sinkt die Luftdichte ρ und damit steigt die Rotordrehzahl n_R um den Faktor:

$$n_R(\rho) = n_R(\rho_0) \cdot \sqrt{\frac{\rho_0}{\rho}}. \tag{3.32}$$

Der Wert der Luftdichte auf Meereshöhe beträgt: $\rho_0 \approx 1{,}225\,\mathrm{kg/m^3}$. In 3.000 m Höhe liegt die Luftdichte bei etwa $\rho \approx 0{,}91\,\mathrm{kg/m^3}$ (siehe Anhang). Wir betrachten für den Referenzrotor einen Fortschrittsgrad von:

$$\mu_R = 0{,}19.$$

Dies entspricht in Bodennähe etwa einer Fluggeschwindigkeit von $V \approx 100\,\mathrm{km/h}$ und einer Rotordrehzahl von $n_R \approx 324\,\mathrm{U/min}$. In 3.000 m Höhe steigt die Rotordrehzahl auf den Wert:

$$n_R(\rho) = n_R(\rho_0) \cdot \sqrt{\frac{\rho_0}{\rho}} \approx 324\,\mathrm{U/min} \cdot \sqrt{\frac{1{,}225\,\mathrm{kg/m^3}}{0{,}91\,\mathrm{kg/m^3}}} \approx 376\,\mathrm{U/min}.$$

Bei konstantem Fortschrittsgrad μ_R steigt die Fluggeschwindigkeit:

$$V(\rho) = V(\rho_0) \cdot \frac{n_R(\rho)}{n_R(\rho_0)} = 100\,\mathrm{km/h} \cdot \frac{376\,\mathrm{U/min}}{324\,\mathrm{U/min}} \approx 116\,\mathrm{km/h}.$$

Tab. 3.5 fasst die Ergebnisse dieser Untersuchung zusammen.

Unabhängig von der Flughöhe beträgt der Rotoranstellwinkel $\alpha_R \approx 6{,}4°$ und stimmt somit sehr gut mit dem angenommenen Wert bei den 10 Blattsegmenten überein.

Nun betrachten wir den Rotoranstellwinkel α_R abhängig von der Fluggeschwindigkeit V, siehe Abb. 3.27.

Wie erwartet nimmt der Rotoranstellwinkel α_R mit zunehmender Fluggeschwindigkeit ab.

Bei einer Fluggeschwindigkeit von $V \approx 150\,\mathrm{km/h}$ liegt der Rotoranstellwinkel bei $\alpha_R \approx 3{,}5°$ und der maximale Schlagwinkel bei $\beta_{Blc} \approx 3{,}3°$. Damit ist der Rotorkopf nur noch um 0,2° nach hinten geneigt, also quasi horizontal ausgerichtet.

Tab. 3.5 Der Rotoranstellwinkel ist bei konstantem Fortschrittsgrad unabhängig von der Flughöhe (Daten Referenzrotor, analytische Formel)

Flughöhe [m]	0	3.000
μ_R [-]	0,19	0,19
α_R [°]	6,4	6,4
ρ [kg/m³]	1,225	0,91
n_R [U/min]	324	376
V [km/h]	100	116*

*: Der Fahrtmesser zeigt in 3.000 m etwa 100 km/h an, sofern er richtig kalibriert ist.

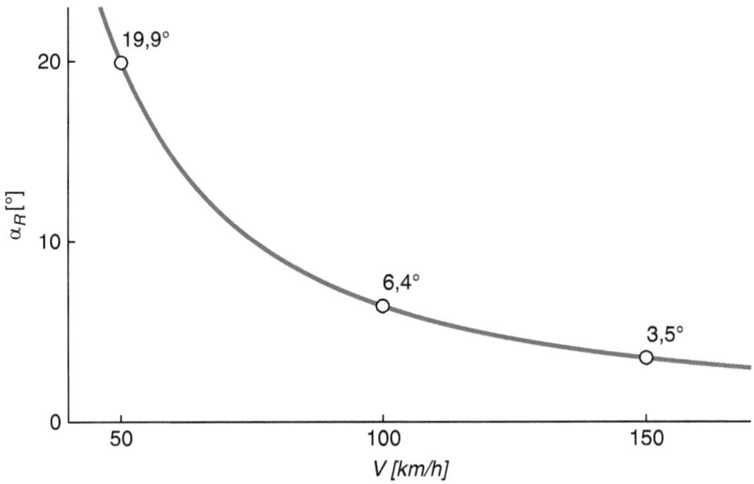

Abb. 3.27 Der Rotoranstellwinkel nimmt mit der Fluggeschwindigkeit ab (Daten Referenzrotor, analytische Formel)

3.5.5 Zusammenhang zwischen Rotorkraftschwankung und Fluggeschwindigkeit

Die Rotorkraft F_R schwankt zweimal pro Umdrehung mit der Amplitude dF_R um den Mittelwert (vgl. Abb. 3.15):

$$F_R\left(\Psi_{Bl}\right) \approx F_R + dF_R \cdot \cos\left(2 \cdot \Psi_{Bl}\right). \tag{3.33}$$

Die analytische Formel für die Rotorkraftschwankung lautet:

$$dF_R \approx \rho \cdot t_{Bl} \cdot r_R^3 \cdot \Omega_R^2 \cdot \left[K_{dF1} \cdot \mu_R + K_{dF2} \cdot \mu_R^2\right]. \tag{3.34}$$

Die Konstanten K_{dF1} und K_{dF2} hängen ausschließlich von den Profileigenschaften sowie dem Blatteinstellwinkel ab. Ihre analytische Herleitung ist im Anhang (siehe Anhang) beschrieben. Für den Referenzrotor ergeben sich folgende Werte:

$$K_{dF1} \approx 0{,}019, K_{dF2} \approx 0{,}32.$$

Abb. 3.28 zeigt die Amplitude der Rotorkraftschwankung dF_R abhängig von der Fluggeschwindigkeit des Referenzrotors.

Die Amplitude der Rotorkraftschwankung dF_R steigt mit der Fluggeschwindigkeit V an. Sie ist bei einer Fluggeschwindigkeit von $V = 150\,\text{km/h}$ etwa sieben Mal so groß wie bei $V = 50\,\text{km/h}$. Dies wirkt sich ungünstig auf den Flugkomfort aus. Mit steigender Fluggeschwindigkeit vibriert der Tragschrauber deutlich stärker. Ein Vergleich zu der

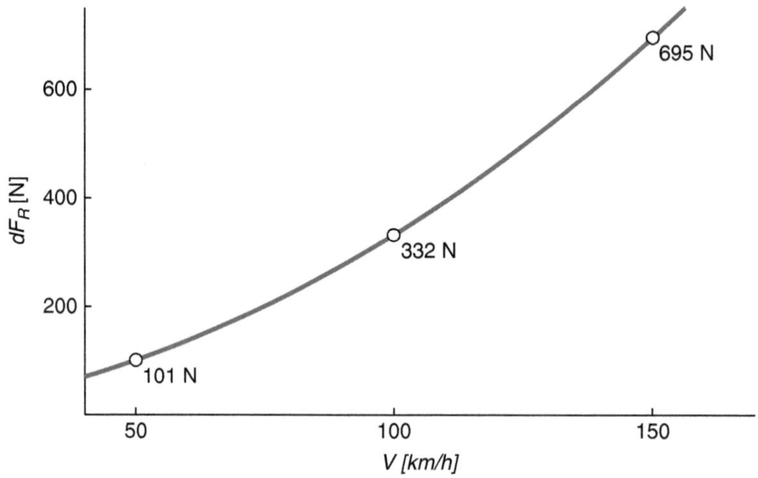

Abb. 3.28 Die Rotorkraftschwankung nimmt mit der Fluggeschwindigkeit zu (Daten Referenzrotor, analytische Formel)

Betrachtung mit den 10 Blattsegmenten (vgl. Abb. 3.15) zeigt eine gute Übereinstimmung bei einer Fluggeschwindigkeit von $V = 100\,\text{km/h}$:

- 10 Blattsegmente: $dF_R \approx 343\,\text{N}$.
- Analytische Formel: $dF_R \approx 332\,\text{N}$.

Nun beschäftigen wir uns mit dem Rotorwiderstand W_R im Vorwärtsflug.

3.6 Rotorwiderstand

Als Rotorwiderstand W_R bezeichnen wir die Kraft, die horizontal zur Anströmrichtung wirkt, also genau entgegen der Flugrichtung. Wir nehmen vereinfacht folgende Formel für den Rotorwiderstand an:

$$W_R \approx F_R \cdot \sin \alpha_R. \tag{3.35}$$

Dahinter steckt die Vorstellung, dass die Rotorkraft F_R senkrecht zur Rotorkreisebene wirkt und somit im Vorwärtsflug um den Rotoranstellwinkel α_R nach hinten geneigt ist, siehe Abb. 3.29.

Es stellt sich allerdings die Frage, warum die Rotorkraft genau senkrecht zur Rotorkreisebene wirken sollte.

3.6.1 Rotorkraftneigung

Zum Verständnis der Rotorkraftneigung betrachten wir zwei Anteile:

- Anteil aufgrund der Neigung der Rotorkraft nach hinten $W_R(F_R)$,
- Anteil aufgrund der X-Kraft des Rotors $W_R(F_{XR})$.

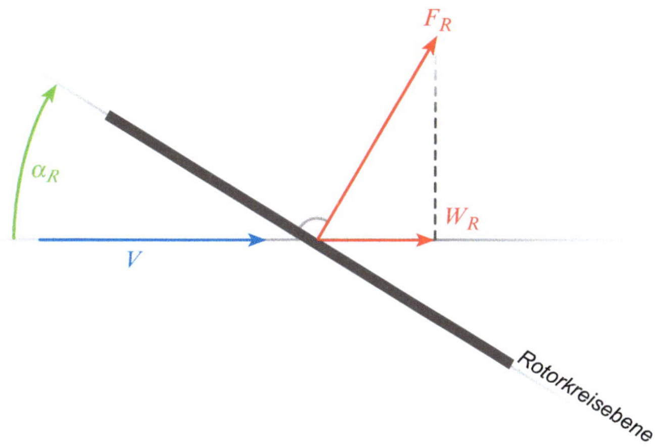

Abb. 3.29 Der Rotorwiderstand entsteht aufgrund der Neigung der Rotorkraft nach hinten

Der Rotorwiderstand ist die Summe beider Anteile:

$$W_R = W_R\left(F_R\right) + W_R\left(F_{XR}\right). \tag{3.36}$$

Beginnen wir mit dem Anteil der nach hinten geneigten Rotorkraft F_R.

An der Position „Rotorblätter links/rechts" ist die Rotorkraft F_R um den Rotorkopfanstellwinkel α_{RH} nach hinten geneigt, weil der Schlagwinkel β_{Bl} hier gleich Null ist, siehe Abb. 3.30. Der Rotorkopfanstellwinkel α_{RH} ist der Winkel zwischen anströmender Luft und Rotordrehebene.

Der Anteil des Rotorwiderstands aufgrund der Neigung der Rotorkraft beträgt an der Position „Rotorblätter links/rechts":

$$W_R\left(F_R\right) \approx F_R \cdot \sin \alpha_{RH}. \tag{3.37}$$

Der Rotorkopfanstellwinkel beträgt:

$$\alpha_{RH} = \alpha_R - \beta_{Blc}. \tag{3.38}$$

An der Position „Rotorblätter vorne/hinten" sind die Rotorblätter um den maximalen Schlagwinkel β_{Blc} nach oben bzw. nach unten geschlagen. Die Rotorkraft F_R ist somit um den Rotoranstellwinkel α_R nach hinten geneigt, siehe Abb. 3.31.

Der Anteil des Rotorwiderstands aufgrund der Rotorkraft beträgt an der Position „Rotorblätter vorne/hinten":

$$W_R(F_R) \approx F_R \cdot \sin \alpha_R.$$

Wir suchen nun den mittleren Widerstand für eine Rotorumdrehung. Bei konstanter Fluggeschwindigkeit können wir davon ausgehen, dass sich der Rotorkopfanstellwinkel α_{RH} nicht ändert. Allerdings ändert sich der Schlagwinkel abhängig von der Rotorblattposition. Für den Zweiblattrotor befinden sich die Rotorblätter jeweils zweimal pro Umdrehung an den beiden Positionen „Rotorblätter links/rechts" und „Rotorblätter

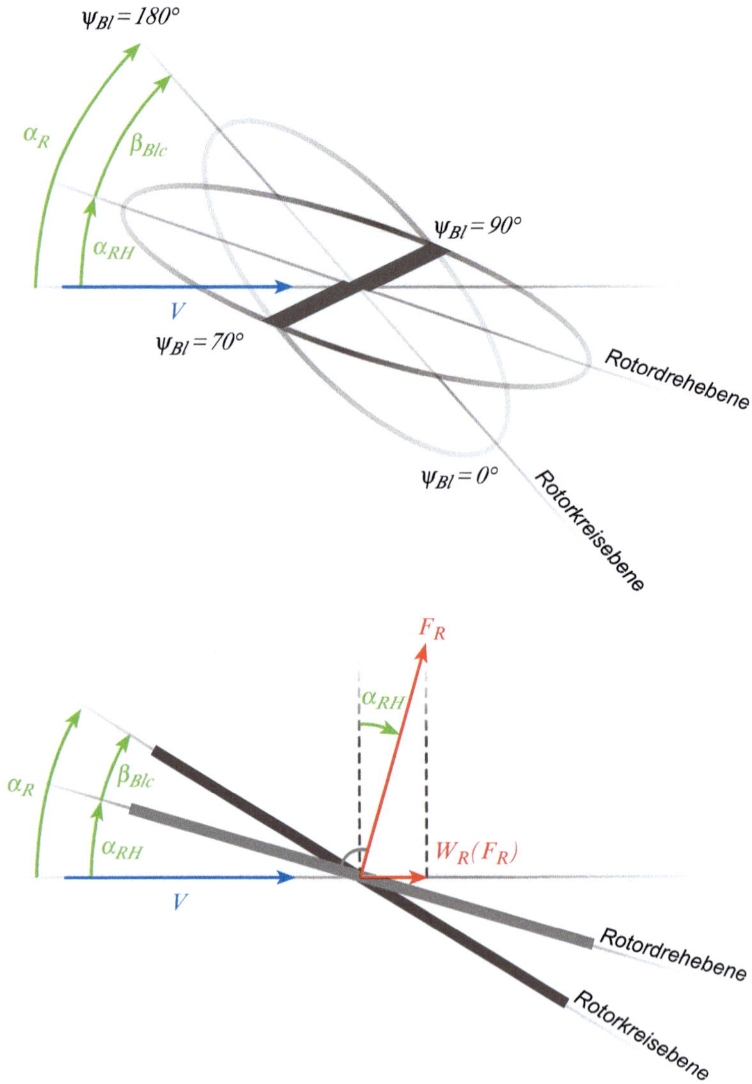

Abb. 3.30 An der Position „Rotorblätter links/rechts" ist die Rotorkraft um den Rotorkopfanstellwinkel nach hinten geneigt

vorne/hinten". Daher schwankt der Widerstandsanteil aufgrund der Neigung der Rotorkraft zweimal pro Umdrehung. Für den Referenzrotor ergeben sich bei einer Fluggeschwindigkeit von $V = 100\,\text{km/h}$ mit den bekannten Werten

- Rotorkopfanstellwinkel $\alpha_{RH} \approx 4,0°$,
- Rotoranstellwinkel $\alpha_R \approx 6,4°$,
- Schlagwinkel $\beta_{Blc} \approx 2,4°$,
- Rotorkraft $F_R \approx 3.850\,\text{N}$

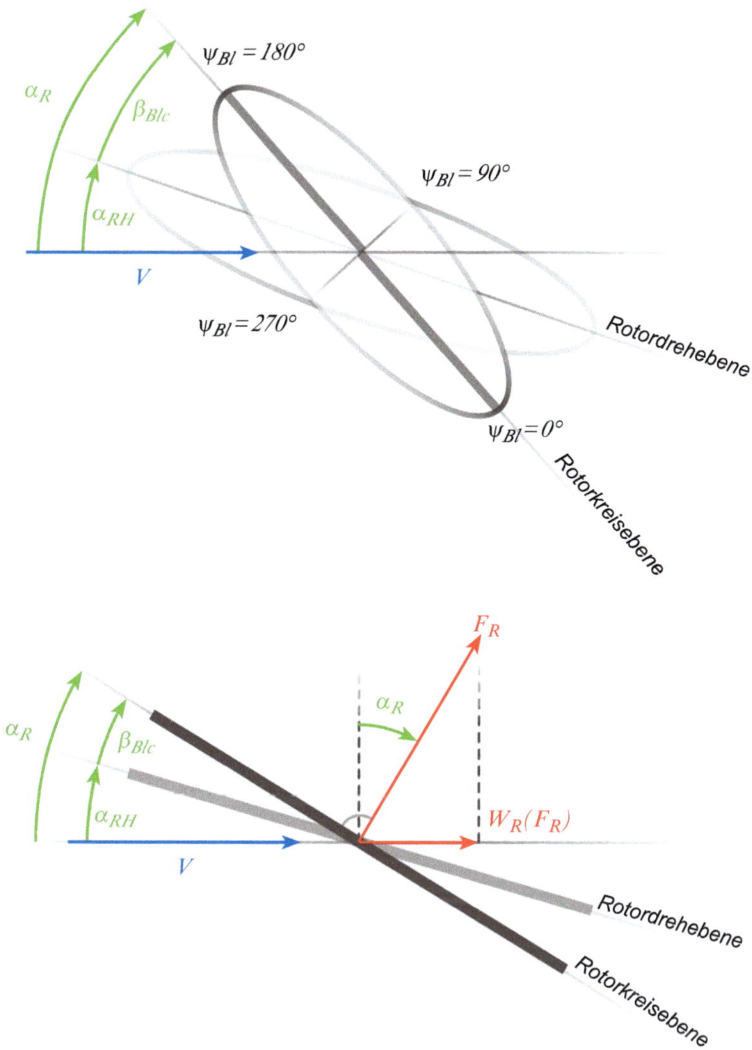

Abb. 3.31 An der Position „Rotorblätter vorne/hinten" ist die Rotorkraft um den Rotoranstellwinkel nach hinten geneigt

folgende Werte für den anteiligen Rotorwiderstand:

- Position „Rotorblätter links/rechts": $W_R(F_R) = F_R \cdot \sin\alpha_{RH} \approx 3.850\,\text{N} \cdot \sin(4{,}0°) \approx 269\,\text{N}$.
- Position „Rotorblätter vorne/hinten": $W_R(F_R) = F_R \cdot \sin\alpha_R \approx 3.850\,\text{N} \cdot \sin(6{,}4°) \approx 429\,\text{N}$.

Es ergibt sich eine Differenz zwischen den beiden Rotorblattpositionen von 160 N, siehe Abb. 3.32.

Nun betrachten wir den Widerstandsanteil aufgrund der X-Kraft des Rotors:

$$W_R(F_{XR}) \approx F_{XR} \cdot \cos\alpha_{RH} \approx F_{XR}. \tag{3.39}$$

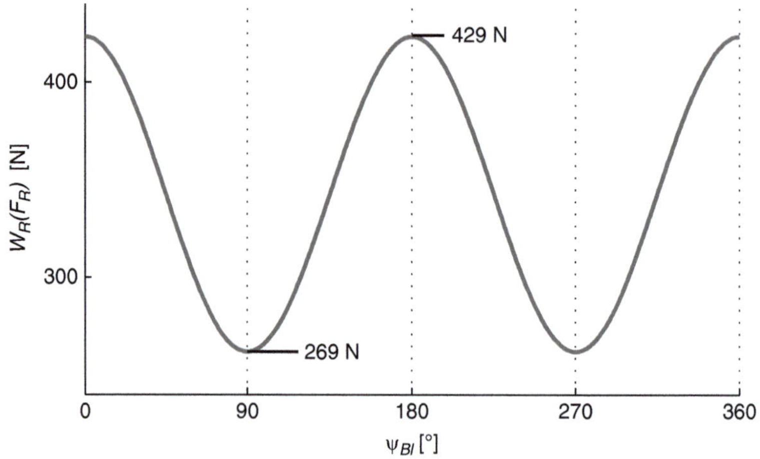

Abb. 3.32 Der Anteil des Rotorwiderstands aufgrund der Neigung der Rotorkraft schwankt zweimal pro Umdrehung (Daten Referenzrotor, Fluggeschwindigkeit 100 km/h)

Die Vereinfachung ist zulässig, da der Rotorkopfanstellwinkel α_{RH} klein ist. In Abschn. 3.3.2 haben wir gezeigt, dass die X-Kraft des Referenzrotors bei einer Fluggeschwindigkeit von $V = 100\,\text{km/h}$ zweimal pro Umdrehung zwischen 0 N und 159 N schwankt (vgl. Abb. 3.20).

Wir fassen die Werte für die unterschiedlichen Positionen entsprechend Gl. 3.36 zusammen:

- Rotorblätter links/rechts: $W_R \approx 269\,\text{N} + 159\,\text{N} \approx 428\,\text{N}.$
- Rotorblätter vorne/hinten: $W_R \approx 429\,\text{N}.$

Wir haben damit anhand der Werte des Referenzrotors bei einer Fluggeschwindigkeit von $V = 100\,\text{km/h}$ gezeigt, dass die Modellvorstellung, die Rotorkraft wirke senkrecht zur Rotorkreisebene, plausibel ist. Wir fragen Prof. Achtung, was er davon hält.

▶ Prof. Achtung ist nicht begeistert. Es wurde eine Verallgemeinerung anhand eines Beispiels durchgeführt. Das ist wissenschaftlich gesehen nicht zulässig. Außerdem wurde die Rotorkraftschwankung bei der Berechnung des Rotorwiderstands außer Acht gelassen.

Wir nehmen die Ausführungen von Prof. Achtung respektvoll zur Kenntnis, wollen aber trotzdem bei dieser Näherung bleiben, weil sie im Zusammenhang mit unseren Näherungsbetrachtungen genau genug und außerdem so schön einfach ist.

3.6.2 Einfluss der Fluggeschwindigkeit

Die Auswertung von Gl. 3.35 für verschiedene Fluggeschwindigkeiten ist in Abb. 3.33 dargestellt.

Hinweis: Der Anteil des Rotorkopfes ist dabei nicht berücksichtigt, es handelt sich genau genommen um den Widerstand der Rotorblätter.

Der Rotorwiderstand W_R nimmt mit steigender Fluggeschwindigkeit ab, da die Rotorkreisebene dann flacher steht.

Bei einer Fluggeschwindigkeit von $V = 100\,\text{km/h}$ liegt das Verhältnis von Rotorkraft F_R zu Rotorwiderstand W_R bei:

$$\frac{F_R}{W_R} \approx \frac{3.850\,\text{N}}{429\,\text{N}} \approx 9.$$

Dies können wir als Gleitzahl des Rotors interpretieren. Anders formuliert würde der Referenzrotor bei einer Fluggeschwindigkeit von $V = 100\,\text{km/h}$ aus 100 m Höhe etwa 900 Meter weit segeln.

Überraschend weit, oder?

Es handelt sich dabei allerdings um den „idealen Rotor", also ohne Rumpf, Mast, Leitwerke, Rotorkopf und allem, was sonst noch Widerstand erzeugt. Der Referenztragschrauber erreicht nur eine Gleitzahl von $n \approx 4$ (siehe Abschn. 5.1).

Außerdem deutet Abb. 3.33 an, dass der Rotorwiderstand mit zunehmender Fluggeschwindigkeit immer weiter sinken würde. Hier meldet sich Prof. Achtung zu Wort:

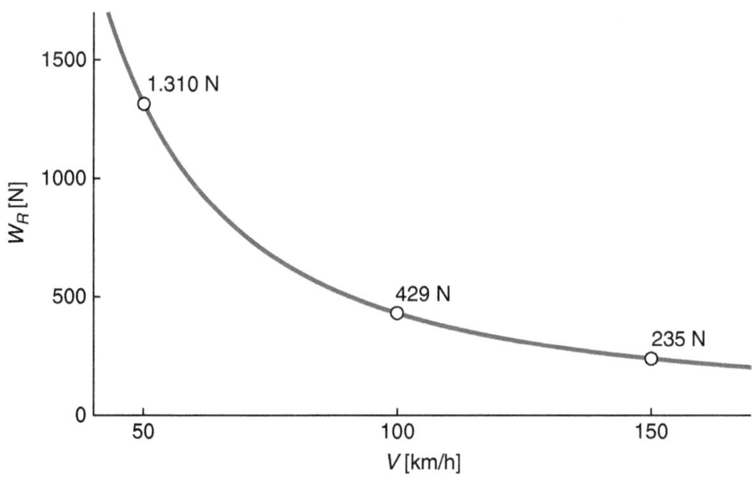

Abb. 3.33 Der Rotorwiderstand nimmt mit der Fluggeschwindigkeit ab (Daten Referenzrotor, analytische Formel)

▶ Prof. Achtung weist darauf hin, dass es sich hier um eine Näherungsbetrachtung handelt, die nur innerhalb des betrachteten Geschwindigkeitsbereiches gültig ist. Bei sehr großen Fluggeschwindigkeiten kommen nichtlineare aerodynamische Effekte ins Spiel, die den Rotorwiderstand drastisch vergrößern können.

Wir bedanken uns beim Professor für den wertvollen Hinweis.

Wir haben außerdem den Widerstand des Rotorkopfes W_{RH} vernachlässigt. Bei großen Fluggeschwindigkeiten kommt ein erheblicher Anteil aufgrund des Rotorkopfes, der Rotorbrücke sowie aller Anbauteile hinzu, den wir hier vernachlässigen. Genau genommen haben wir den Widerstand der Rotorblätter berechnet, wir bleiben aber beim Begriff „Rotorwiderstand".

Wir schließen damit das Kapitel und fassen kurz zusammen, wo wir stehen.

3.7 Zusammenfassung

Wir haben die Schlagbewegung als einen lebenswichtigen Ausgleich für den Rotor im Vorwärtsflug verstanden. Das vorlaufende Rotorblatt weicht nach oben aus, das rücklaufende Rotorblatt theoretisch um den gleichen Betrag nach unten. Einflüsse aufgrund der Elastizität haben wir komplett vernachlässigt. Bereits bei mittleren Fluggeschwindigkeiten tritt eine Schlagwinkelgeschwindigkeit auf, die sich insbesondere nahe der Blattspitze signifikant auf den Anströmwinkel am Rotorblatt auswirkt.

Durch die unsymmetrische Anströmung und die damit verbundene Schlagbewegung ergeben sich unterschiedliche Luftkräfte am vor- und rücklaufenden Rotorblatt. Es gibt eine Auftriebsasymmetrie, allerdings ist das Moment der Luftkräfte um das Schlaggelenk gleich Null. Die etwas kleinere resultierende Luftkraft am rücklaufenden Rotorblatt greift etwas weiter außen an als die etwas größere resultierende Luftkraft am vorlaufenden Rotorblatt. Die Rotorkraft ergibt sich aus der Summe der Luftkräfte beider Rotorblätter und sie schwankt zweimal pro Rotorumdrehung, also mit einer Frequenz von 11 bis 12 Hz, je nach Rotordrehzahl.

Wir haben gezeigt, dass das vorlaufende Rotorblatt komplett bremsend wirkt, wogegen die äußeren 80 % des rücklaufenden Rotorblatts den Rotor im Vorwärtsflug antreiben. Aufgrund der Schlagbewegung sind die lokalen Blattanstellwinkel auf der rücklaufenden Seite deutlich größer als auf der vorlaufenden Seite. Somit wirken die lokalen Luftkräfte auf der rücklaufenden Seite antreibend. Dies ist ein wichtiger Schlüssel zum Verständnis der Autorotation im Vorwärtsflug. Ein zweiter Schlüssel ist die Abnahme der induzierten Abwindgeschwindigkeit bei steigender Fluggeschwindigkeit. Damit erklärt sich, warum der Rotor ohne Antrieb rotiert, obwohl die Rotorkreisebene gegenüber der Flugrichtung kaum angestellt ist.

Durch die Betrachtung an 10 Blattsegmenten sowie anhand von analytischen Formeln haben wir erläutert, warum die Rotordrehzahl mit der Fluggeschwindigkeit steigt. An der Position „Rotorblätter links/rechts" ist die Rotorkraft kleiner als an der Position „Rotorblätter vorne/hinten". Der Grund hierfür ist die Schlagbewegung.

Die analytischen Formeln haben uns geholfen, die Einflussgrößen für die Rotorkraft, die Rotordrehzahl, den Schlagwinkel, den Rotoranstellwinkel sowie die Luftkraftschwankung zu verstehen. Der maximale Schlagwinkel des Rotors, der bei den betrachteten Näherungen immer genau vorne liegt, steigt entsprechend linear mit dem Fortschrittsgrad, also dem Verhältnis aus Fluggeschwindigkeit und Anströmgeschwindigkeit an der Blattspitze aufgrund der Rotation.

Der Rotorwiderstand, genau genommen der Widerstand der Rotorblätter, ergibt sich aufgrund der Neigung der Rotorkreisebene nach hinten. Unter der berechtigten Annahme einer senkrechten Ausrichtung zur Rotorkreisebene ergibt sich eine Neigung der Rotorkraft nach hinten. Der Rotorwiderstand hängt demnach direkt mit dem Rotoranstellwinkel zusammen, der mit der Fluggeschwindigkeit abnimmt.

Nachdem wir in diesem Kapitel sehr viele Vereinfachungen getroffen haben, gönnen wir uns nun eine etwas genauere Betrachtung des Rotors. Dabei treiben wir den Rotor an seine Grenzen und betrachten die Genauigkeit der analytischen Formeln.

Literatur

1. Schlichting H, Truckenbrodt E (2001) Aerodynamik des Flugzeuges: Zweiter Band: Aerodynamik des Tragflügels (Teil II), des Rumpfes, der Flügel-Rumpf-Anordnung und der Leitwerke, Bd 2. Springer, Berlin/Heidelberg/New York

Der Rotor, etwas genauer betrachtet

4

In den bisherigen Ausführungen haben wir den Rotor sehr stark vereinfacht. Die wenigen Haare auf dem klugen Kopf von Prof. Achtung sind dabei noch grauer geworden. Wir versuchen, dies wieder gut zu machen und steigen etwas genauer in die komplexe Welt des Rotors ein. Wir besprechen weitere aerodynamische Effekte und erklären den Konuswinkel der Rotorblätter aufgrund der wirkenden Luftkräfte.

Leider können wir die Formeln nicht wie bisher mit dem Taschenrechner auswerten, sondern müssen größere Geschütze auffahren. Wir nutzen in diesem Kapitel eine Software zur Simulation des Referenztragschraubers, die am Deutschen Zentrum für Luft- und Raumfahrt (DLR) entwickelt wurde [3]. Die Simulation wurde mit Messdaten aus Flugtests abgeglichen und kann daher als Referenz zur Beurteilung der Genauigkeit der analytischen Formeln aus Kap. 2 und 3 verwendet werden.

Wir vergleichen die Ergebnisse der Simulation mit denen der analytischen Formeln zunächst im normalen Betriebsbereich und nähern uns danach den Grenzen von Rotordrehzahl und Rotorkraft.

Dabei lassen wir uns durch folgende Fragen leiten:

Welche weiteren aerodynamischen Effekte sind für das Verhalten des Rotors bedeutend?
Wie wirken sich die Machzahleffekte aus?
Gibt es eine maximale Rotordrehzahl, die praktisch nicht überschritten werden kann?
Neigt sich die Rotorkreisebene im Vorwärtsflug zur Seite?
Wie wirkt sich der Konuswinkel aus?
Wie groß sind die Abweichungen zwischen analytischen Formeln und Simulation?

Es geht los mit einem kleinen „Aerodynamikkurs für leicht Fortgeschrittene“.

H. Duda, J. Seewald, *Flugphysik der Tragschrauber*,
DOI 10.1007/978-3-662-52834-1_4

4.1 Weitere aerodynamische Effekte

Die Reduktion der Rotoraerodynamik auf eine Profilpolare, wie bis hierher angenommen, ist eine sehr starke Vereinfachung. Sie hat uns allerdings geholfen, die wesentlichen Zusammenhänge zwischen Rotordrehzahl und Rotorkraft sowie Fluggeschwindigkeit und Schlagwinkel zu verstehen. Alle bisherigen Näherungsbetrachtungen behalten weiterhin ihre Gültigkeit und sind wertvoll für einfache Abschätzungen. Es gibt allerdings weitere aerodynamische Effekte, die beliebig kompliziert werden können. Wir beschränken uns auf die Effekte aufgrund

- der Umströmung der Blattspitze,
- der Zunahme der induzierten Abwindgeschwindigkeit nach außen,
- unterschiedlicher „Reynoldszahlen" sowie
- der Kompressibilität der Luft, kurz der Machzahleffekte.

4.1.1 Umströmung der Blattspitze

Der Auftrieb entsteht aufgrund der Druckdifferenz zwischen Ober- und Unterseite des Rotorblatts. Diese Druckdifferenz gleicht sich an der Blattspitze aus und es entsteht eine Umströmung der Blattspitze von unten nach oben. Dies führt zu Verlusten, die sich in einer Reduktion des Auftriebs und in einem Anstieg des Widerstands äußern. Es entstehen Blattspitzenwirbel, die auch für den Lärm des Rotors verantwortlich gemacht werden [5]. Der Lärm entsteht dadurch, dass der Wirbel eines Rotorblatts quasi mit einem anderen Rotorblatt kollidiert. Ein sehr schwieriges Thema mit komplizierten instationären aerodynamischen Effekten.

In der Simulation sind diese Verluste durch Näherungsfaktoren berücksichtigt. Ihr Einfluss ist aufgrund der Schlankheit der Rotorblätter allerdings nicht von sehr großer Bedeutung.

4.1.2 Zunahme der induzierten Abwindgeschwindigkeit nach außen

Die Zunahme der induzierten Abwindgeschwindigkeit w_{Ri} nach außen können wir uns anschaulich damit erklären, dass die Blattsegmente innen deutlich weniger Auftrieb erzeugen als außen. Außen wird die Luft stärker nach unten beschleunigt, also eine größere Abwindgeschwindigkeit induziert, siehe Abb. 4.1.

Mit dieser Modellvorstellung kommen wir zu der Erkenntnis, dass die Strömung im inneren Bereich des Rotors abgerissen ist. Zur Verdeutlichung betrachten wir beispielhaft das innere Blattsegment 1:

Bei der bisherigen Annahme einer konstanten induzierten Abwindgeschwindigkeit von $w_{Ri} = 6{,}5\,\mathrm{m/s}$ ergäbe sich ein Blattanstellwinkel von $\alpha_{Bl} \approx 7{,}8°$ (vgl. Abschn. 2.3.1). Wir nehmen an, die induzierte Abwindgeschwindigkeit läge am inneren Blattsegment bei:

$$w_{Ri}(r_{Bl} = 0{,}4\ \mathrm{m}) \approx 4{,}0\ \mathrm{m/s}.$$

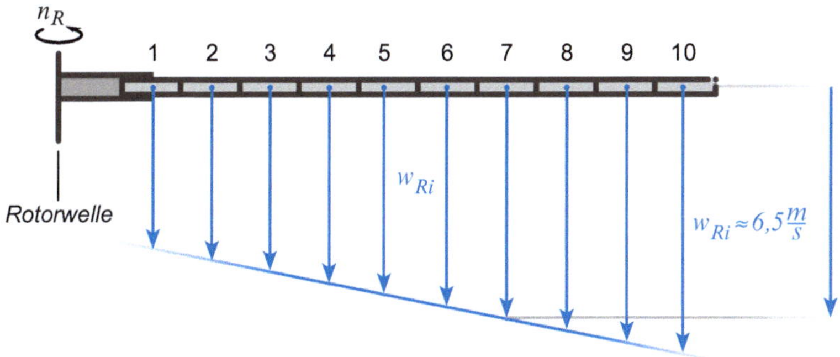

Abb. 4.1 Die induzierte Abwindgeschwindigkeit nimmt von der Blattwurzel zur Blattspitze zu (Verlauf schematisch)

Mit dieser Annahme ergäbe sich eine deutlich größere Durchströmgeschwindigkeit an diesem Blattsegment:

$$w_{Bl}(r_{Bl} = 0{,}4 \text{ m}) \approx 7{,}7 \text{ m/s} - 4{,}0 \text{ m/s} \approx 3{,}7 \text{ m/s}.$$

Damit ergäbe sich hier ein Blattanstellwinkel von $\alpha_{Bl} \approx 19{,}4°$. Bei diesem großen Anstellwinkel ist die Strömung abgerissen (vgl. Abschn. 2.2.2). Dies bestätigen auch Flugtests mit Wollfäden an den Rotorblättern, die den Strömungsabriss bis zu etwa einem Meter Abstand von der Rotorwelle zeigen (siehe Anhang).

In der Simulation wird die Zunahme der induzierten Abwindgeschwindigkeit nach außen berücksichtigt.

4.1.3 Reynoldszahleffekte

In der Aerodynamik gibt es Ähnlichkeitsgesetze und in diesem Zusammenhang kommt die Reynoldszahl ins Spiel [4]. Sie ist definiert als das Produkt aus der Anströmgeschwindigkeit eines Körpers und dessen „charakteristischer Länge", dividiert durch die kinematische Zähigkeit der Luft ν:

$$\mathrm{Re}_{Bl} = \frac{V_{Bl} \cdot t_{Bl}}{\nu}. \tag{4.1}$$

Die kinematische Zähigkeit der Luft liegt bei 15° C etwa bei $\nu = 1{,}46 \cdot 10^{-5}\ \text{m}^2/\text{s}$. Die charakteristische Länge ist in unserem Fall die Rotorblatttiefe von $t_{Bl} = 0{,}2$ m. Für den Referenzrotor liegt die Reynoldszahl bei einer Blattspitzengeschwindigkeit von $V_S = 500 \text{ km/h} \approx 139 \text{ m/s}$ bei:

$$\mathrm{Re}_{Bl} \approx \frac{139 \text{ m/s} \cdot 0{,}2 \text{ m}}{1{,}46 \cdot 10^{-5}\ \text{m}^2/\text{s}} \approx 1{,}9 \cdot 10^6.$$

Tab. 4.1 Einfluss der Reynoldszahl auf den Widerstandsbeiwert des NACA 8-H-12 Profils (Berechnungen mit der Software XFOIL)

V_{Bl} [km/h]	500	400	300	200	100
Re_{Bl} [10^6]	1,92	1,53	1,15	0,77	0,38
C_{WBl} [-]	0,0058	0,0062	0,0069	0,0076	0,0097
$n_{Gl} = C_{ABl} / C_{WBl}$ [-]	79	74	67	61	48
Rotorblatttiefe: $t_{Bl} = 0{,}2$ m, Auftriebsbeiwert: $C_{ABl} \approx 0{,}46$					

Zur Bedeutung dieser Zahl: Die Welt der Insekten mal außen vor gelassen, können wir uns merken, dass eine „größere" Reynoldszahl zu „besseren" aerodynamischen Eigenschaften führt. Darunter verstehen wir, dass sich der Widerstandsbeiwert im Allgemeinen mit steigender Reynoldszahl verkleinert und der maximale Auftriebsbeiwert eines Profils leicht steigt. Beispielsweise erzeugt ein doppelt so großer Flügel bei gleicher Anströmgeschwindigkeit nicht ganz den doppelten Widerstand.

Tab. 4.1 zeigt die Vergrößerung des Widerstandsbeiwerts C_{WBl} mit sinkender Reynoldszahl Re_{Bl} für das NACA 8-H-12 Profil. Die Ergebnisse basieren auf Berechnungen mit der Software XFOIL [1]. Als Referenz wurde ein Blattanstellwinkel von $\alpha_{Bl} = 2°$ und ein dazugehörender Auftriebsbeiwert von $C_{ABl} \approx 0{,}46$ angesetzt (vgl. Abschn. 2.2.2).

In der Simulation des Referenzrotors wird vereinfachend eine konstante Reynoldszahl von $Re_{Bl} \approx 1{,}92 \cdot 10^6$ verwendet.

Soweit zur Reynoldszahl, nun kommt ein sehr wichtiger Effekt aufgrund der Tatsache, dass das „Medium Luft" kompressibel ist.

4.1.4 Machzahleffekte

Bei Strömungsgeschwindigkeiten nahe der Ausbreitungsgeschwindigkeit von Schallwellen in der Luft ändert sich die Aerodynamik erheblich. Die Schallgeschwindigkeit a beträgt auf Meereshöhe und bei 15° C etwa:

$$a \approx 340 \text{ m/s} \approx 1.224 \text{ km/h}.$$

Die Machzahl ist definiert als das Verhältnis von Strömungsgeschwindigkeit zu Schallgeschwindigkeit. Die Machzahl an einem Blattsegment ergibt sich zu:

$$Ma_{Bl} = \frac{V_{Bl}}{a}. \tag{4.2}$$

Bei einer Fluggeschwindigkeit von $V = 100\,\text{km/h}$ und einer Rotordrehzahl von $n_R = 324\,\text{U/min}$ ergibt sich für den Referenzrotor eine Blattspitzengeschwindigkeit des vorlaufenden Rotorblatts von $V_S \approx 615$ km/h. Die entsprechende Machzahl beträgt damit an der Blattspitze:

$$Ma_S \approx \frac{615 \text{ km/h}}{1.224 \text{ km/h}} \approx 0{,}5.$$

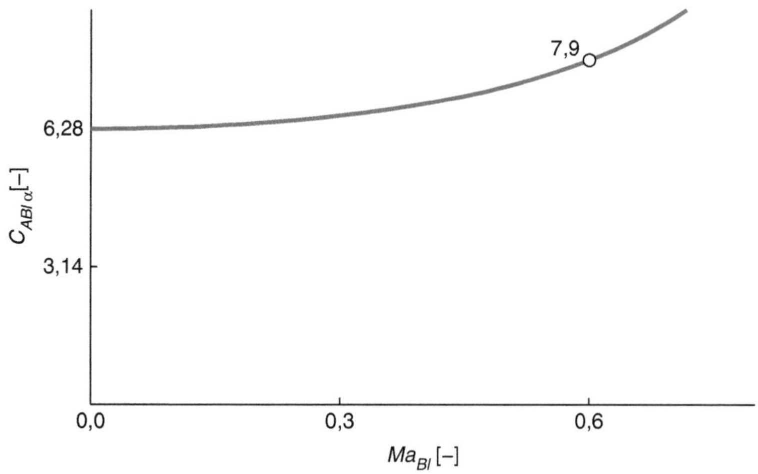

Abb. 4.2 Der Auftriebsgradient eines Blattsegments steigt mit der Machzahl (Näherungsformel)

Mit steigender Rotordrehzahl n_R steigt auch die Anströmgeschwindigkeit V_{Bl} an einem Blattsegment und damit auch die Machzahl Ma_{Bl}. Oberhalb von $Ma_{Bl} \approx 0,5$ gewinnen die Machzahleffekte an Bedeutung. Die wesentlichen Konsequenzen der Machzahleffekte sind:

- Auftriebsgradient $C_{ABl\alpha}$ steigt,
- Widerstandsbeiwert C_{WBl} steigt.

Für den Auftriebsgradienten finden wir in der Literatur folgende Näherungsformel [4]:

$$C_{ABl\alpha} \approx \frac{2 \cdot \pi}{\sqrt{1 - Ma_{Bl}^2}}. \tag{4.3}$$

Abb. 4.2 zeigt den Auftriebsgradienten $C_{ABl\alpha}$ in Abhängigkeit von der Machzahl Ma_{Bl}.

Bei einer Machzahl von $Ma_{Bl} = 0,6$ ist der Auftriebsgradient mit $C_{ABl\alpha} \approx 7,9$ bereits um 25 % gewachsen. Bei gleichem Anstellwinkel entsteht dann also 25 % mehr Auftrieb, wenn die Machzahleffekte berücksichtigt werden.

Für den Anstieg des Widerstandsbeiwerts C_{WBl} haben wir keine Näherungsformel. Er steigt ab einer Machzahl von $Ma_{Bl} > 0,7$ extrem stark an, siehe Abb. 4.3.

Wie wichtig sind die Machzahleffekte beim Referenzrotor?

Im senkrechten Sinkflug mit einer Rotordrehzahl von $n_R = 311\,\text{U/min}$ beträgt die Machzahl an der Blattspitze:

$$Ma_S = \frac{V_S}{a} = \frac{n_R \cdot r_R}{a} \cdot \frac{\pi}{30} \approx \frac{311\,\text{U/min} \cdot 4,2\,\text{m}}{340\,\text{m/s}} \cdot \frac{\pi}{30} \approx 0,40.$$

Bei dieser Rotordrehzahl können wir die Machzahleffekte vernachlässigen.

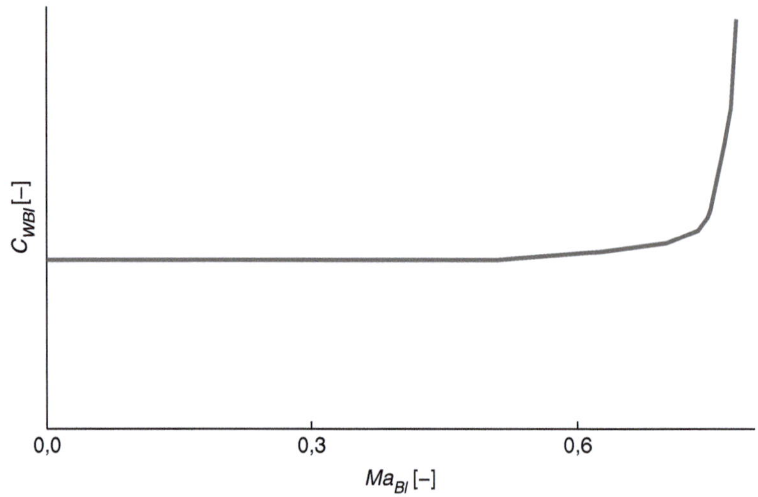

Abb. 4.3 Der Widerstandsbeiwert eines Blattsegments steigt mit der Machzahl (schematischer Verlauf)

Nun steigern wir gedanklich die Rotordrehzahl auf $n_R = 600\,\text{U/min}$ und berechnen die Machzahl an der Blattspitze des Referenzrotors ohne den Anteil der Fluggeschwindigkeit V:

$$Ma_S \approx \frac{600\ \text{U/min} \cdot 4{,}2\ \text{m}}{340\ \text{m/s}} \cdot \frac{\pi}{30} \approx 0{,}78.$$

Damit ergibt sich ein starker Widerstandsanstieg im Bereich der Blattspitzen aufgrund der Machzahleffekte, der zu einem Abbremsen des Rotors führt. Es ist also zu erwarten, dass es eine maximale Rotordrehzahl $n_{R,\max}$ gibt, die auch bei extremer Vergrößerung der Anströmgeschwindigkeit der Rotorkreisebene nicht überschritten werden kann (siehe Abschn. 4.3).

Bevor wir den Aerodynamikexkurs schließen, befragen wir noch einmal Prof. Achtung zu diesem Thema:

▶ Prof. Achtung erläutert, dass es zahlreiche weitere aerodynamische Effekte gibt: Den Bodeneffekt bei Annäherung des Rotors an den Boden, die Interaktion der beiden Rotorblätter untereinander sowie die Interaktion des Rotors mit Rumpf, Propeller und Leitwerken, um nur einige zu nennen. Ganz zu schweigen von der Queranströmung der Rotorblätter im Vorwärtsflug und den instationären aerodynamischen Effekten aufgrund schneller Änderung der Anströmung.

Wir stellen fest, dass wir noch fast nichts wissen und beschäftigen uns nun mit dem Konuswinkel, der aufgrund der Luftkräfte an den Rotorblättern entsteht.

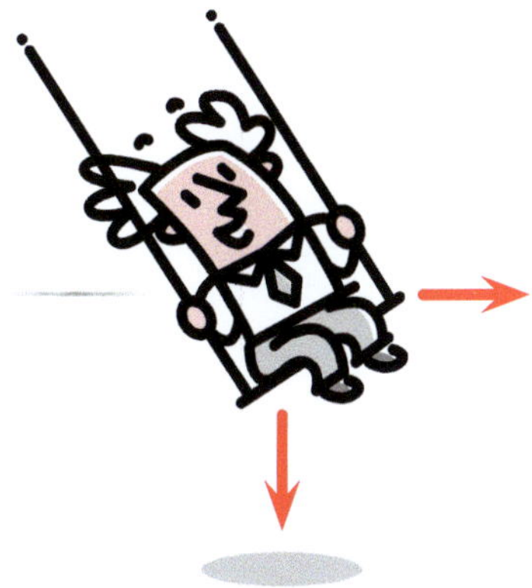

Abb. 4.4 Die Fliehkraft zieht den Sitz des Kettenkarussells zusammen mit dem Körper des Professors nach außen

4.2 Konuswinkel

Wenn man die Rotorblätter am Boden schlapp herunterhängen sieht, könnte man sich fragen, wie sie während des Fluges den gesamten Tragschrauber tragen können. Die Erklärung hierfür ist, dass die Rotorblätter im Flug durch die Fliehkräfte quasi „strammgezogen“ werden. Zur Veranschaulichung der Fliehkräfte setzen wir Prof. Achtung in ein Kettenkarussell, siehe Abb. 4.4.

Hinweis: Der Professor hat dieses Experiment freiwillig und im Dienst der Wissenschaft mitgemacht.

Solange sich das Kettenkarussell nicht dreht, hängt der Sitz des Professors aufgrund seiner nach unten wirkenden Gewichtskraft genau unter der Aufhängung. Mit zunehmender Drehzahl strebt sein Sitz aufgrund der Fliehkraft nach außen. Die Resultierende aus Gewichts- und Fliehkraft wirkt in einem Kettenkarussell immer genau in Richtung der Ketten.

Wir beschäftigen uns nun mit den Auswirkungen der Fliehkraft, die an der Blattmasse wirkt.

4.2.1 Fliehkraft

Wir stellen uns vor, die Masse m_{Bl} des Rotorblatts sei in einem Punkt zusammengefasst, der den Abstand r_{mBl} von der Rotorwelle hat, siehe Abb. 4.5.

Außerdem sei das Rotorblatt sehr biegeweich, ähnlich wie die Ketten des Karussells, in das Prof. Achtung todesmutig eingestiegen ist.

Die Fliehkraft F_{FBl} wirkt senkrecht zur Rotorwelle nach außen. Neben der Fliehkraft wirken zusätzlich die Luftkraft und die Gewichtskraft des Rotorblatts. Wir nehmen

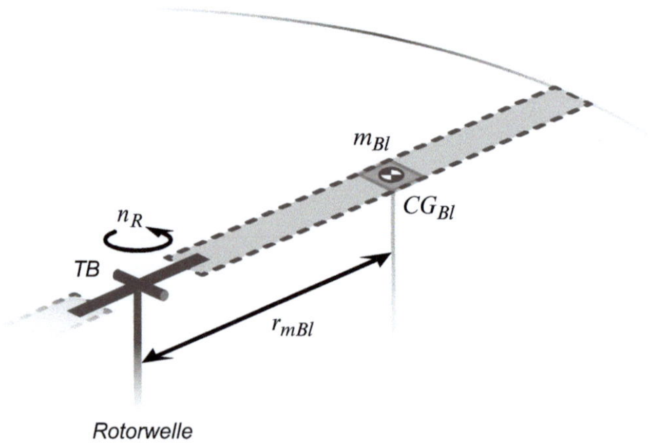

Abb. 4.5 Die Blattmasse wird gedanklich in einem Punkt zusammengefasst

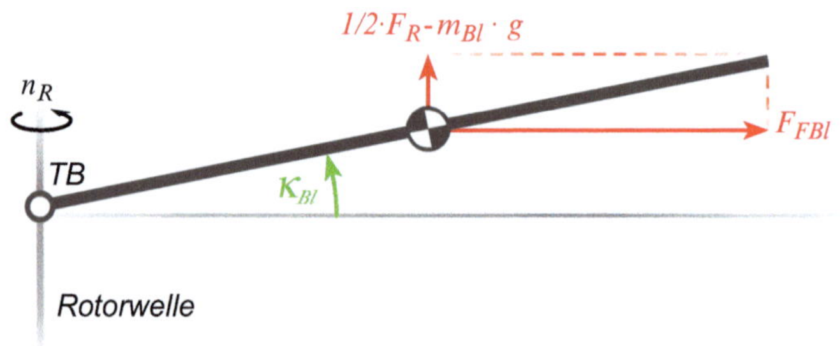

Abb. 4.6 Der Konuswinkel entsteht aufgrund der Luft- und Fliehkräfte am Rotorblatt (vereinfachte Darstellung: Die Luftkraft greift im Blattschwerpunkt (CG_{Bl}) an)

vereinfachend an, dass die resultierende Luftkraft eines Rotorblatts etwa der halben Rotorkraft F_R entspricht und genau im Blattschwerpunkt (CG_{Bl}) angreift. Da die Luftkraft im Flug größer als die Gewichtskraft des Rotorblatts ist, entsteht der Konuswinkel, siehe Abb. 4.6.

Die Fliehkraft ist abhängig von der Blattmasse m_{Bl}, dem Abstand des Blattschwerpunkts (CG_{Bl}) von der Rotorwelle r_{mBl} sowie der Winkelgeschwindigkeit des Rotors Ω_R:

$$F_{FBl} = m_{Bl} \cdot r_{mBl} \cdot \Omega_R^2. \tag{4.4}$$

Ein Rotorblatt mit einer Masse von $m_{Bl} = 12{,}8\,\text{kg}$ sowie einem Abstand des Blattschwerpunkts (CG_{Bl}) zur Rotorwelle von $r_{mBl} = 2{,}45\,\text{m}$ erzeugt bei einer Rotordrehzahl von $n_R \approx 324\ \text{U/min}$ eine Fliehkraft von:

$$F_{FBl} \approx 12{,}8\ \text{kg} \cdot 2{,}45\ \text{m} \cdot (324 \cdot \frac{\pi}{30})^2 \approx 36.101\ \text{N}.$$

Über „3 Tonnen“ ziehen an jeder Seite der Rotorbrücke.

Hinweis: Bei einer Rotordrehzahl von $n_R \approx 500\ \text{U/min}$ sind es etwa „8 Tonnen“ pro Rotorblatt.

Damit die Resultierende aus Luft-, Gewichts- und Fliehkraft genau in Blattrichtung wirkt, folgt für den Konuswinkel:

$$\kappa_{Bl} = \arctan \frac{\frac{1}{2} \cdot F_R - m_{Bl} \cdot g}{F_{FBl}} \approx \frac{\frac{1}{2} \cdot F_R - m_{Bl} \cdot g}{F_{FBl}}. \tag{4.5}$$

Der Konuswinkel ist üblicherweise klein, da die Fliehkraft F_{FBl} deutlich größer ist als die Luftkraft F_R. Der Konuswinkel des Referenzrotors beträgt im Vorwärtsflug bei einer Rotordrehzahl von $n_R \approx 324\ \text{U/min}$ etwa:

$$\kappa_{Bl} \approx \frac{\frac{1}{2} \cdot F_R - m_{Bl} \cdot g}{F_{FBl}} \approx \frac{3.850/2\ \text{N} - 12{,}8\ \text{kg} \cdot 9{,}81\ \text{m/s}^2}{36.250\ \text{N}} \approx 0{,}050\ \text{rad} \approx 2{,}9°.$$

4.2.2 Einfluss der Rotordrehzahl

Es stellt sich die Frage, ob der Konuswinkel des Referenzrotors immer bei $\kappa_{Bl} \approx 2{,}9°$ liegt. Hierzu verdoppeln wir gedanklich die Rotorkraft auf $F_R = 2 \cdot 3.850\ \text{N}$. Dies führt dazu, dass die Rotordrehzahl n_R um den Faktor $\sqrt{2}$ steigt. Damit verdoppelt sich auch die Fliehkraft F_{FBl}. Die Gewichtskraft der Rotorblätter ändert sich nicht. Der Konuswinkel beträgt dann nach Gl. 4.5:

$$\kappa_{Bl} \approx \frac{2 \cdot 3.850/2\ \text{N} - 12{,}8\ \text{kg} \cdot 9{,}81\ \text{m/s}^2}{2 \cdot 36.250\ \text{N}} \approx 0{,}051 \approx 2{,}9°.$$

Diese Betrachtung zeigt, dass der Konuswinkel κ_{Bl} näherungsweise unabhängig von der Rotorkraft F_R zu sein scheint, weil die Rotordrehzahl n_R sich anpasst. Dies gilt allerdings nur für Gleichgewichtszustände und für mäßige Rotordrehzahlen. Beim Startvorgang und bei sehr großen Rotordrehzahlen steigt der Konuswinkel (siehe Abschn. 4.3.3 und 6.4). Auch bei abrupten eingeleiteten Kurvenflügen kann der Konuswinkel ansteigen, weil die Rotordrehzahl langsamer ansteigt als die Rotorkraft (siehe Abschn. 6.3.2).

4.3 Simulation der Autorotation

Nun stellen wir Ergebnisse dar, die mit einer Simulationssoftware für den Referenztragschrauber beim DLR erstellt wurden.

Wozu benötigt man eine Simulation und was ist das eigentlich?

Mit einer Simulation können komplexe physikalische Effekte dynamisch berechnet und damit ihr zeitliches Verhalten bestimmt werden [2].

Tab. 4.2 Die Simulation berücksichtigt weitere Effekte gegenüber den analytischen Formeln

Analytische Formeln	Simulation
Lineare Polare	Nichtlineare Polare (vgl. Abschn. 2.2.2)
Keine Verluste aufgrund der Umströmung der Blattspitze	Berücksichtigung der Verluste aufgrund der Umströmung der Blattspitze
Induzierte Abwindgeschwindigkeit konstant über dem Rotorradius	Induzierte Abwindgeschwindigkeit nimmt nach außen zu
Keine Machzahleffekte	Machzahleffekte werden berücksichtigt (vgl. Abb. 4.2 und 4.3)
Kein Konuswinkel	Näherung Konuswinkel

Beispiel: Wir können zwar den maximalen Schlagwinkel im Vorwärtsflug mit der analytischen Formel berechnen. Dabei haben wir angenommen, dass sich die Anströmung nicht ändert und dass der Schlagwinkel sein Maximum an der Position „Rotorblatt vorne" erreicht.

Aber stimmt diese Annahme überhaupt?

Diese Frage kann durch die numerische Lösung der Bewegungsgleichungen geklärt werden. Dabei sind alle auftretenden Bewegungsgrößen abhängig von der Zeit. Dies trifft z. B. für den Schlagwinkel zu, der sich ständig während eines Umlaufs ändert.

Zur Lösung der Bewegungsgleichungen werden mathematische Verfahren eingesetzt. Dieses Vorgehen nennen wir „Simulation".

Die Simulation erfolgt in diesem Fall auf Basis der Software Matlab/Simulink© und wurde mit Flugmessdaten eines MTOsport abgeglichen [3]. Wir können annehmen, dass die Ergebnisse der Simulation relativ nah an der Wirklichkeit liegen und damit als Referenz für die analytischen Formeln geeignet sind.

Gegenüber den bisherigen Betrachtungen kommen in der Simulation folgende Effekte hinzu, siehe Tab. 4.2.

Aber auch die Simulation beinhaltet Näherungen.

▶ Prof. Achtung erläutert, dass in Wirklichkeit komplexe Wirbelsysteme am Rotor entstehen und die Vorstellung mit dem induzierten Abwind daher eine grobe Vereinfachung ist. Außerdem sind aeroelastische Effekte aufgrund der Elastizität der Rotorblätter vorhanden. Es gibt Interaktionen mit Rumpf, Propeller und Leitwerken. Im Vorwärtsflug werden die Rotorblätter quer- und rückangeströmt.

Wir betrachten nun die Ergebnisse der Simulation des Referenzrotors im senkrechten Sinkflug und im Vorwärtsflug.

4.3.1 Senkrechter Sinkflug

Der Vorgabewert der Simulation ist eine Rotorkraft von $F_R \approx 3.850\,\text{N}$. Als Ergebnisse liefert die Simulation:

- Rotordrehzahl: $n_\text{R} \approx 311\,\text{U/min}$ und
- Sinkgeschwindigkeit: $V_{Sink} \approx 7{,}7\ \text{m/s}$.

Simulation und analytische Formel liegen also für diesen Fall sehr nah beieinander (siehe Abschn. 3.5). Auch die antreibenden und bremsenden Bereiche stimmen mit den bisherigen Näherungsbetrachtungen überein, siehe Abb. 4.7. Der Strömungsabriss (Stall) nahe der Blattwurzel wirkt sich scheinbar kaum auf das Rotorverhalten aus.

Jetzt steigern wir die Rotordrehzahl n_R, indem wir gedanklich größere Massen an den Rotor hängen und diese in der senkrechten Autorotation nach unten sinken lassen. Wir erwarten, dass mit steigender Masse auch die Sinkgeschwindigkeit V_{Sink} und die Rotordrehzahl n_R steigen. Aus der Simulation ergibt sich ein Zusammenhang zwischen Rotordrehzahl n_R und Rotorkraft F_R für den Referenzrotor im senkrechten Sinkflug, siehe Abb. 4.8.

Bei Verdreifachung der Masse auf $m = 1.176\text{kg}$ steigt die Rotordrehzahl auf $n_R \approx 498\,\text{U/min}$ an. Gleichzeitig steigt die Sinkgeschwindigkeit auf $V_{Sink} \approx 14{,}1\,\text{m/s}$.

Entsprechend der analytischen Formeln erwarten wir bei 3-facher Rotorkraft bzw. Masse eine um den Faktor $\sqrt{3}$ größere Rotordrehzahl von:

$$n_R \approx 311\ \text{U/min} \cdot \sqrt{3} \approx 539\ \text{U/min}.$$

Auch die Sinkgeschwindigkeit sollte um diesen Faktor steigen:

$$V_{Sink} \approx 7{,}7\ \text{m/s} \cdot \sqrt{3} \approx 13{,}3\ \text{m/s}.$$

Abb. 4.7 Im senkrechten Sinkflug wirkt der äußere Bereich bremsend, der innere Bereich antreibend und nahe der Blattwurzel ist die Strömung abgerissen (Daten Referenzrotor, Simulation)

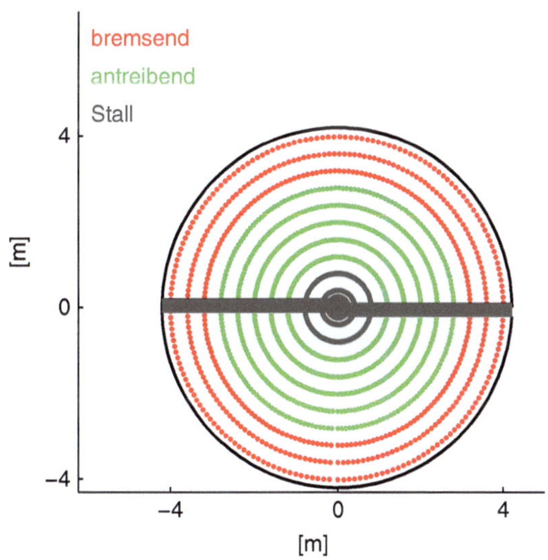

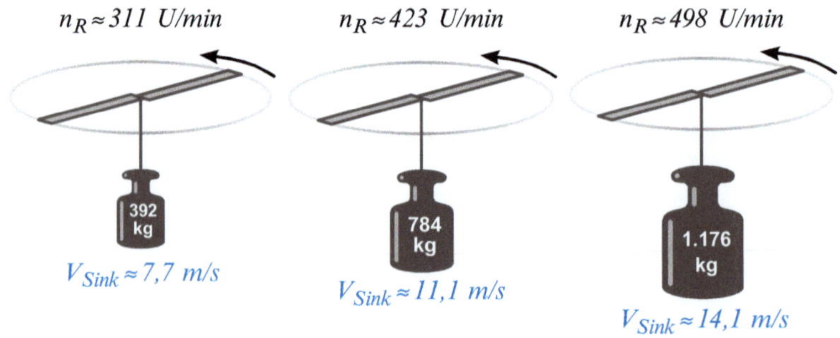

Abb. 4.8 Sinkgeschwindigkeit und Rotordrehzahl steigen mit der Masse (Daten Referenzrotor, Simulation)

Tab. 4.3 Vergleich zwischen Simulation und analytischen Formeln für unterschiedliche Massen (Daten Referenzrotor)

m [kg]	n_R [U/min]		V_{Sink} [m/s]	
	Simulation	analytische Formel	Simulation	analytische Formel
392	311	311	7,7	7,7
784	423	440	11,1	10,9
1.176	498	539	14,1	13,3

In der Simulation sinkt der Referenzrotor mit der dreifachen Last etwas schneller und rotiert dabei etwas langsamer als im Fall der analytischen Formeln, siehe Tab. 4.3.

Der Unterschied zwischen Simulation und analytischen Formeln entsteht durch die Machzahleffekte, die in der Simulation berücksichtigt wurden, in den analytischen Formeln dagegen nicht. Die Machzahleffekte führen zu größeren Auftriebs- und Widerstandsbeiwerten in der Nähe der Blattspitze. Der größere Widerstand in der Nähe der Blattspitze führt zu der etwas kleineren Rotordrehzahl n_R als im Fall der analytischen Formeln. Damit der Rotor bei kleinerer Drehzahl die gleiche Kraft erzeugt, muss seine Sinkgeschwindigkeit V_{Sink} ansteigen.

Jetzt treiben wir die Rotordrehzahl n_R bis an ihre Grenze, indem wir gedanklich die Masse immer weiter vergrößern und den Rotor damit immer schneller sinken lassen. Aufgrund der Machzahleffekte in der Nähe der Blattspitze existiert eine maximale Rotordrehzahl, die nicht überschritten werden kann. Eine Vernachlässigung der Machzahleffekte würde dagegen bei steigender Sinkgeschwindigkeit zu immer größeren Rotordrehzahlen führen. Dies zeigen die analytischen Formeln, siehe Abb. 4.9.

Es gibt beim Referenzrotor eine obere Grenze von $n_{R,\max} \approx 600$ U/min. Bei dieser Rotordrehzahl würde der Rotor etwa „2 Tonnen“ tragen und mit $V_{Sink} \approx 20$ m/s senkrecht zum Boden sinken. Hier ist der Rotor an seiner Drehzahlgrenze. Die Machzahl an der Blattspitze beträgt in diesem Fall etwa $Ma_{S,\max} \approx 0{,}78$.

Wir halten fest:

▶ Aufgrund der Machzahleffekte an der Blattspitze kann der Referenzrotor nicht schneller als mit 600 U/min rotieren.

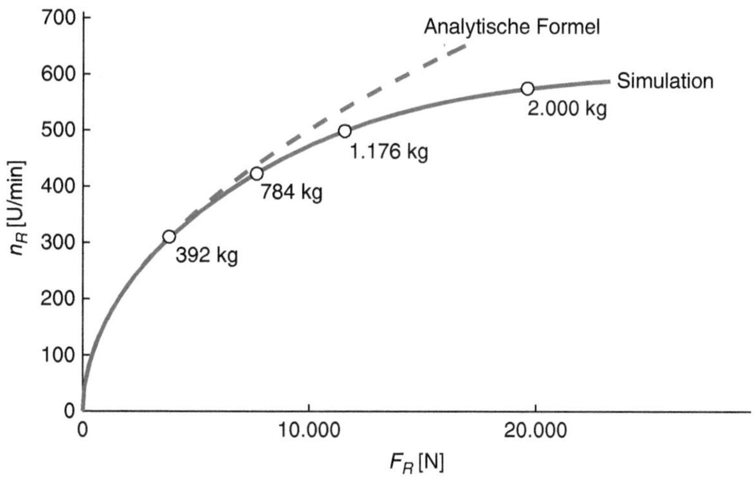

Abb. 4.9 Die Rotordrehzahl nimmt mit steigender Masse zu (Daten Referenzrotor, Simulation und analytische Formel)

Stimmt dieser Grenzwert auch in größerer Flughöhe?

Mit steigender Flughöhe sinken die Luftdichte ρ und die Schallgeschwindigkeit a (siehe Anhang)

In 3.000 m beträgt die Schallgeschwindigkeit etwa:

$$a \approx 329 \text{ m/s}.$$

Die Formel für die maximal mögliche Rotordrehzahl lautet:

$$n_{R,\max} = \frac{a \cdot Ma_{S,\max}}{r_R} \cdot \frac{30}{\pi}.$$

Mit der maximalen Machzahl an der Blattspitze von $Ma_{S,\max} \approx 0,78$ können wir die maximale Drehzahl des Referenzrotors in 3.000 m Flughöhe abschätzen zu:

$$n_{R,\max} = \frac{a \cdot Ma_{S,\max}}{r_R} \cdot \frac{30}{\pi} \approx \frac{329 \text{ m/s} \cdot 0,78}{4,2 \text{ m}} \cdot \frac{30}{\pi} \approx 583 \text{ U/min}.$$

Die Grenze von $n_R < 600$ U/min bleibt somit für den Referenzrotor bestehen. Die kleinere Schallgeschwindigkeit in großer Flughöhe führt zu vergleichsweise größeren Machzahlen und damit einer kleineren Rotordrehzahlgrenze als auf Meereshöhe.

4.3.2 Vorwärtsflug

Wir betrachten nun die Ergebnisse der Simulation des Referenzrotors im Vorwärtsflug. Wir starten die Simulation des Referenzrotors mit folgenden Vorgabewerten:

- Fluggeschwindigkeit: $V = 100$ km/h.
- Rotorkraft: $F_R \approx 3.850$ N.

Die Simulation liefert folgende Ergebnisse:

- Rotordrehzahl: $n_R \approx 324$ U/min,
- Rotoranstellwinkel: $\alpha_R \approx 6{,}3°$,
- Schlagwinkel Position „Rotorblatt vorne“: $\beta_{Blc} \approx 2{,}4°$,
- Rotorkraftschwankung: $dF_R \approx 420$ N.

Damit liegen Simulation und analytischen Formeln auch im Vorwärtsflug für den Referenzfall sehr nah beieinander, siehe Tab. 4.4.

Es gibt allerdings einen kleinen aber feinen Unterschied in der Schlagbewegung. In den analytischen Formeln haben wir angenommen, dass das Schlagwinkelmaximum genau vorne liegt:

$$\beta_{Bl,\,max} = \beta_{Bl}(\psi_{Bl} = 180°).$$

In der Simulation werden die Differenzialgleichungen für den Referenzrotor gelöst und dabei ergibt sich der maximale Schlagwinkel $\beta_{Bl,\,max}$ bei einem Azimutwinkel von $\psi_{Bl} \approx 197°$, siehe Abb. 4.10.

Tab. 4.4 Vergleich zwischen Simulation und analytischen Formeln (Daten Referenzrotor, Fluggeschwindigkeit 100 km/h)

	Simulation	analytische Formeln
n_R [U/min]	324	324
$\beta_{Blc} = \beta_{Bl}(\psi_{Bl} = 180°)$ [°]	2,4	2,4
$\beta_{Bls} = \beta_{Bl}(\psi_{Bl} = 270°)$ [°]	0,7	0
α_R [°]	6,3	6,4
dF_R [N]	420	332

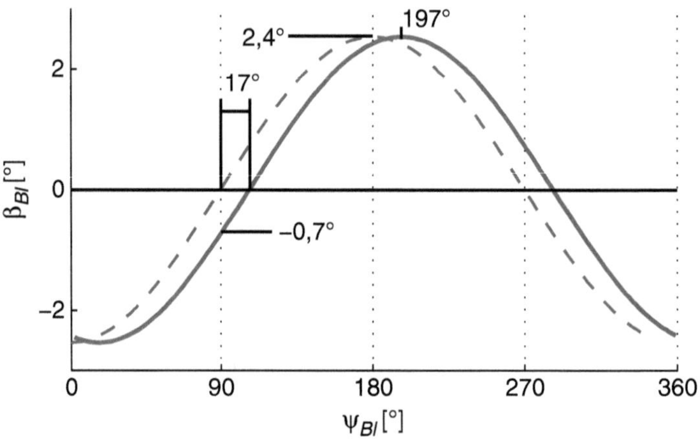

Abb. 4.10 Das Maximum des Schlagwinkels ist um etwa 17° verschoben und die Rotorkreisebene neigt sich um 0,7° nach rechts (Daten Referenzrotor, Fluggeschwindigkeit 100 km/h, Simulation)

Der Schlagwinkel β_{Bl} ist damit an der Position „Rotorblatt rechts“ $(\psi_{Bl} = 90°)$ nicht gleich Null, sondern liegt bei $\beta_{Bl} \approx -0{,}7°$.

Das vorlaufende Rotorblatt ist somit leicht nach unten geschlagen. Die Rotorkreisebene neigt sich gegenüber der Rotordrehebene leicht nach rechts.

> Die vorlaufende Seite der Rotorkreisebene neigt sich leicht nach unten, obwohl sie einen etwas größeren Auftrieb erzeugt als die rücklaufende Seite.

Die Erklärung für dieses leicht überraschende Ergebnis liefert der Konuswinkel κ_{Bl}. Dieser wirkt sich primär an der Position „Rotorblätter vorne/hinten“ aus. Wir nehmen zunächst an, die Schlagwinkelgeschwindigkeit sei hier gleich Null, wie im Fall der analytischen Formeln angenommen. Dann ergäbe sich durch den Konuswinkel κ_{Bl} an der Position „Rotorblatt vorne“ ein effektiver Rotoranstellwinkel von:

$$\alpha_R + \kappa_{Bl}.$$

An der Position „Rotorblatt hinten“ ergäbe sich ein kleinerer effektiver Rotoranstellwinkel von:

$$\alpha_R - \kappa_{Bl}.$$

Abb. 4.11 veranschaulicht diesen Effekt.

Durch den größeren effektiven Anstellwinkel an der Position „Rotorblatt vorne“ entstünde hier ein größerer Auftrieb, an der Position „Rotorblatt hinten“ ein entsprechend kleinerer Auftrieb. Da das Schlaggelenk kein Moment übertragen kann, muss das Rotorblatt an dieser Position mit der passenden Geschwindigkeit nach oben schlagen. Damit reduziert sich der Anstellwinkel an der Position „Rotorblatt vorne“ wieder, ähnlich wie beim vorlaufenden Rotorblatt.

Beim Referenzrotor ergibt sich aus der Simulation eine Verschiebung von etwa 17° nach links.

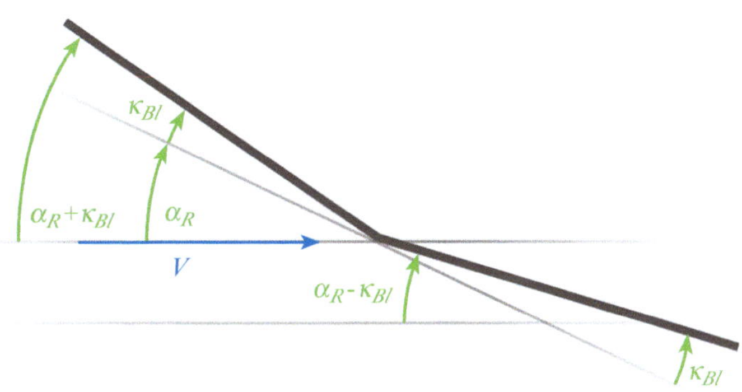

Abb. 4.11 Der Konuswinkel führt zu einem größeren effektiven Anstellwinkel an der Position „Rotorblatt vorne“

Damit können wir die Formel für den Schlagwinkel β_{Bl} als Funktion des Azimutwinkels ψ_{Bl} verallgemeinern zu:

$$\beta_{Bl}(\psi_{Bl}) = -\beta_{Blc} \cdot \cos\psi_{Bl} - \beta_{Bls} \cdot \sin\psi_{Bl}. \tag{4.6}$$

In Tab. 4.4 fällt außerdem ein Unterschied in der Rotorkraftschwankung dF_R auf. Dieser ergibt sich aus einer Kombination diverser Effekte, die in Tab. 4.2 beschrieben sind. Wir sind aber insgesamt mit der Genauigkeit der analytischen Formeln sehr zufrieden und betrachten nun die antreibenden und bremsenden Bereiche.

Abb. 4.12 zeigt, dass in etwa die gesamte vorlaufende Seite des Referenzrotors bei einer Fluggeschwindigkeit von $V \approx 100$ km/h bremst und die gesamte rücklaufende Seite antreibt. Ausgenommen hiervon ist der innere Bereich mit Strömungsabriss (Stall) und Rückanströmung.

Dieses Ergebnis haben wir schon anhand der 10 Blattsegmente für die Position „Rotorblätter links/rechts" erklärt (siehe Abschn. 3.3). Die Simulation bestätigt dies.

Das Rotorblatt schlägt auf der rücklaufenden Seite nach unten und treibt an. Dies ist vergleichbar mit dem Vogelflug. Ein Vogel erzeugt den erforderlichen Vortrieb durch das Schlagen der Flügel nach unten. Schlägt er die Flügel nach oben, entsteht sogar ein leichter Rücktrieb, der allerdings deutlich kleiner ist als der Vortrieb beim Flügelschlag nach unten.

▶ Prof. Achtung weist darauf hin, dass in vielen Veröffentlichungen lediglich eine leichte Verschiebung des antreibenden Bereichs nach links gegenüber dem senkrechten Sinkflug dargestellt ist. Dies erklärt sich damit, dass bei einem autorotierenden Rotor mit zyklischer Blattverstellung andere Strömungsverhältnisse an den Rotorblättern vorliegen. Folglich verschieben sich die antreibenden und bremsenden Bereiche.

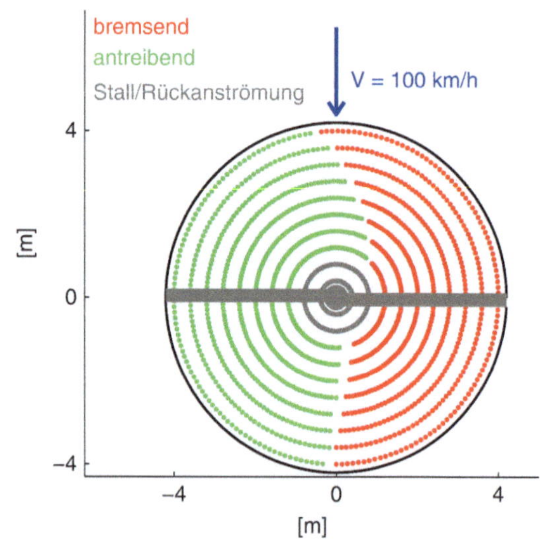

Abb. 4.12 Im Vorwärtsflug wirkt näherungsweise die gesamte vorlaufende Seite bremsend und die rücklaufende Seite antreibend (Daten Referenzrotor, Fluggeschwindigkeit 100 km/h, Simulation)

Wir bedanken uns für den Hinweis und beschäftigen uns kurz mit der Frage, ob der Referenzrotor die spezifischen Eigenschaften des NACA 8-H-12 Profils bestmöglich nutzt.

Hierzu analysieren wir die Blattanstellwinkel α_{Bl} und Auftriebsbeiwerte C_{ABl} des äußeren Blattsegments mit dem Abstand $r_{Bl} = 4{,}0\,\text{m}$ von der Rotorwelle. An den vier Positionen ergeben sich aus der Simulation folgende Werte:

- Rotorblatt hinten $(\psi_{Bl} = 0°)$: $\alpha_{Bl} \approx 3{,}0°$, $C_{ABl} \approx 0{,}57$.
- Rotorblatt rechts $(\psi_{Bl} = 90°)$: $\alpha_{Bl} \approx 0{,}4°$, $C_{ABl} \approx 0{,}27$.
- Rotorblatt vorne $(\psi_{Bl} = 180°)$: $\alpha_{Bl} \approx 3{,}0°$, $C_{ABl} \approx 0{,}57$.
- Rotorblatt links $(\psi_{Bl} = 270°)$: $\alpha_{Bl} \approx 5{,}5°$, $C_{ABl} \approx 0{,}85$.

Abb. 4.13 zeigt diese Werte im Zusammenhang mit der Profilpolaren.

Es wird deutlich, dass der Referenzrotor bei einer Fluggeschwindigkeit von $V \approx 100\,\text{km/h}$ die guten Eigenschaften des NACA 8-H-12 Profils bestmöglich nutzt. Das Verhältnis zwischen Auftriebs- und Widerstandsbeiwerten ist im Bereich der Blattspitze nahe dem Optimum bezüglich der Gleitzahl von $n_{Gl} \approx 80$. Mit steigender Fluggeschwindigkeit weitet sich der Anstellwinkelbereich auf und der Rotor verliert an Effektivität.

Nun steigern wir die Rotordrehzahl, beispielsweise durch Einleiten einer Kurve und weitere Vergrößerung der Schräglage bis hin zur Steilkurve, siehe Abb. 4.14. Die Rotorkraft F_R ist dabei um den Hängewinkel Φ gegenüber der Vertikalen geneigt.

Für ein Kräftegleichgewicht gilt:

$$F_R \cdot \cos\Phi \approx m \cdot g. \tag{4.7}$$

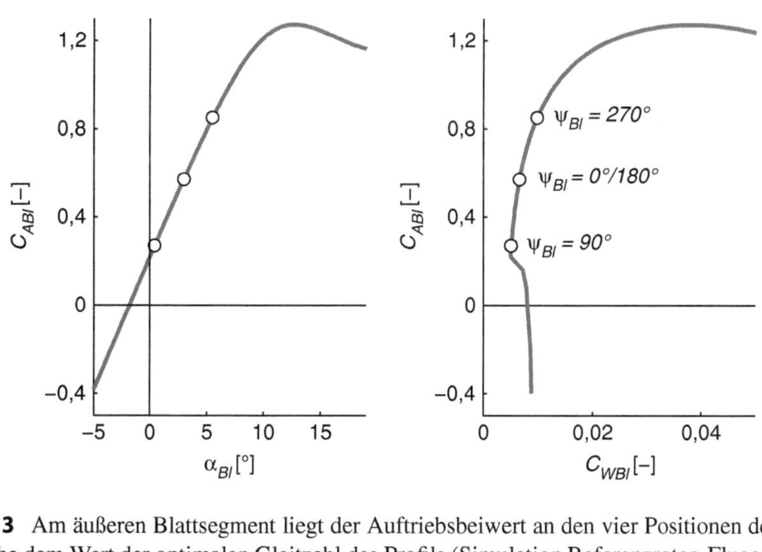

Abb. 4.13 Am äußeren Blattsegment liegt der Auftriebsbeiwert an den vier Positionen des Rotorblatts nahe dem Wert der optimalen Gleitzahl des Profils (Simulation Referenzrotor, Fluggeschwindigkeit 100 km/h)

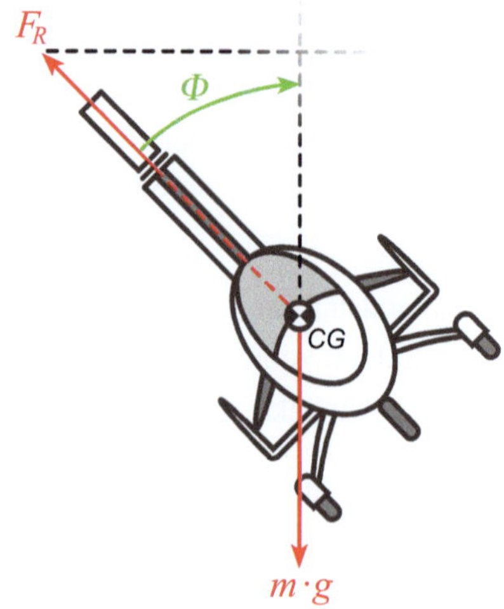

Abb. 4.14 Beim Kurvenflug steigt die Rotorkraft aufgrund des Lastvielfachen (Blick von vorne)

Dabei haben wir die Neigung der Rotorkraft nach hinten vernachlässigt. Umgeformt ergibt sich:

$$F_R \approx \frac{m \cdot g}{\cos \Phi}. \tag{4.8}$$

Die Rotorkraft F_R steigt also mit steigendem Hängewinkel Φ. Der Pilot wird stärker in den Sitz gedrückt, es entsteht das Lastvielfache n_z, das oft auch als „g-Kraft" bezeichnet wird:

$$n_z \approx \frac{F_R}{m \cdot g} \approx \frac{1}{\cos \Phi}. \tag{4.9}$$

Die Rotorkraft F_R steigt näherungsweise proportional mit dem Lastvielfachen. Für den Referenzrotor ergibt sich damit:

$$F_R \approx n_Z \cdot 3.850 \text{ N}.$$

Beispiele:

- Hängewinkel $(\Phi = 0°)$, $n_z = 1$, $F_R \approx 3.850$ N,
- Hängewinkel $(\Phi = 60°)$, $n_z = 2$, $F_R \approx 7.700$ N,
- Hängewinkel $(\Phi \approx 71°)$, $n_z = 3$, $F_R \approx 11.550$ N.

Nun interessiert uns der Vergleich zwischen Simulation und analytischen Formeln für die unterschiedlichen Lastvielfachen.

Tab. 4.5 vergleicht die Rotordrehzahl n_R und den Rotorwiderstand W_R von Simulation und analytischen Formeln bei einer Fluggeschwindigkeit von $V \approx 100$ km/h.

Entsprechend der analytischen Formel steigt die Rotordrehzahl n_R etwa mit dem Faktor $\sqrt{n_z}$. Genau genommen steigt sie allerdings mit einem etwas kleineren Faktor, weil sich der Fortschrittsgrad μ_R bei konstanter Fluggeschwindigkeit reduziert.

Warum?

Weil die Rotordrehzahl in der Kurve steigt.

Der Vergleich zwischen Simulation und analytischen Formeln zeigt, dass die Simulation kleinere Rotordrehzahlen bei Lastvielfachen von $n_z > 1$ berechnet. Dies hat die gleiche Ursache, wie bereits beim senkrechten Sinkflug gezeigt: Die Machzahleffekte an den Blattspitzen bremsen den Rotor.

Der Rotorwiderstand W_R steigt mit dem Lastvielfachen n_z extrem stark an. Im Kurvenflug mit einem Hängewinkel von $\Phi = 60°$, also bei einem Lastvielfachen von $n_z = 2$, liegt der Rotorwiderstand entsprechend der Simulation bei $W_R \approx 1.403\,\mathrm{N}$. Der Rotorwiderstand hat sich gegenüber dem Geradeausflug bei $n_z = 1$ verdreifacht. Dies liegt zum einen daran, dass sich die Rotorkraft F_R verdoppelt hat und zum anderen daran, dass der Rotoranstellwinkel α_R um etwa die Hälfte gestiegen ist. Mit der Widerstandsformel aus Abschn. 3.6

$$W_R \approx F_R \cdot \sin \alpha_R \tag{4.10}$$

wird klar, dass der Widerstand in diesem Fall vergleichsweise stark ansteigt, siehe Abb. 4.15.

Tab. 4.5 Vergleich zwischen Simulation und analytischen Formeln für unterschiedliche Lastvielfache (Daten Referenzrotor, Fluggeschwindigkeit 100 km/h)

		Simulation		Analytische Formeln	
n_z [-]	F_R [N]	n_R [U/min]	W_R [N]	n_R [U/min]	W_R [N]
1	3.850	324	422	324	429
2	7.700	442	1.403	450	1.482
3	11.550	526	2.853	547	3.106

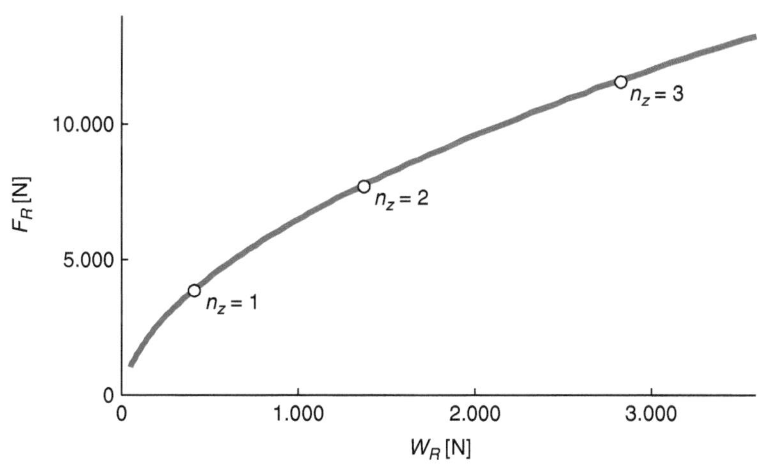

Abb. 4.15 Der Rotorwiderstand steigt mit der Rotorkraft stark an (Daten Referenzrotor, Fluggeschwindigkeit 100 km/h, Simulation)

4.3.3 Konuswinkel und Rotordrehzahl

In Abschn. 4.2.2 haben wir anhand der analytischen Formeln gezeigt, dass der Konuswinkel κ_{Bl} näherungsweise unabhängig von der Rotordrehzahl n_R ist.

Stimmt das weiterhin, wenn wir die Machzahleffekte berücksichtigen?

Die Auswertung der Formel für den Konuswinkel (Gl. 4.5) mit den Ergebnissen der Simulation aus Tab. 4.5 sowie einer Blattmasse von $m_{Bl} = 12{,}8\,\text{kg}$ und einem Abstand des Blattschwerpunkts (CG_{Bl}) zur Rotorwelle von $r_{mBl} = 2{,}45\,\text{m}$ erhalten wir die Werte in Tab. 4.6.

Wir können festhalten, dass der Konuswinkel κ_{Bl} mit steigender Rotorlast leicht ansteigt. Die Rotorblätter biegen sich stärker nach oben. Der Grund hierfür liegt in der etwas kleineren Rotordrehzahl n_R aufgrund der Machzahleffekte. Somit ändert sich das Verhältnis zwischen Rotorkraft F_R und Fliehkraft F_{FBl}. Der Konuswinkel steigt.

Wir fassen kurz zusammen, was wir auf dieser Etappe dazugelernt haben.

4.4 Zusammenfassung

Bei großen Rotordrehzahlen sind die Machzahleffekte aufgrund der Kompressibilität der Luft entscheidend. Sie führen dazu, dass es eine obere Grenze für die Rotordrehzahl gibt, die praktisch nicht überschritten werden kann. Dies liegt an dem starken Widerstandsanstieg in der Nähe der Blattspitze. Beim Referenzrotor liegt die maximale Drehzahl bei etwa 600 U/min. Im Geradeausflug sind die Machzahlen an den Rotorblättern klein genug, um sie vernachlässigen zu können. Bei Steigerung der Rotordrehzahl, wie beispielsweise in Steilkurven, müssen sie berücksichtigt werden.

Die Rotorblätter biegen sich aufgrund der Luftkräfte im Flug nach oben. Der Konuswinkel ist für die betrachteten Gleichgewichtszustände in etwa konstant, bei großen Drehzahlen steigt er aufgrund der Machzahleffekte leicht an.

Hinweis: Bei dynamischen Vorgängen mit schnellen Drehzahländerungen gilt diese Aussage nicht mehr (siehe Abschn. 6.4).

Der Konuswinkel bewirkt, dass sich die Rotorkreisebene leicht nach rechts neigt. Das vorlaufende Rotorblatt schlägt überraschenderweise leicht nach unten.

Der Vergleich zwischen analytischen Formeln und Simulation zeigt eine gute Übereinstimmung für „normale Rotordrehzahlen“ des Referenzrotors. Dies entspricht einer Machzahl an der Blattspitze bis etwa 0,5.

Tab. 4.6 Bei zunehmender Rotordrehzahl steigt der Konuswinkel (Daten Referenzrotor, Fluggeschwindigkeit 100 km/h, Simulation)

n_z [-]	n_R [U/min]	Ω_R [rad/s]	F_R [N]	κ_{Bl} [°]
1	324	34	3.850	2,9
2	442	46	7.700	3,2
3	526	55	11.550	3,4

Literatur

1. Drela M (1989) XFOIL: an analysis and design system for low Reynolds number airfoils. MIT Dept. of Aeronautics and Astronautics, Cambridge
2. Junglas P (2014) Praxis der Simulationstechnik. Verlag Europa-Lehrmittel, Haan-Gruiten
3. Pruter I (2016) Untersuchung der Trainingseffizienz von Simulatoren für Tragschrauber. Dissertation, Technische Universität Braunschweig
4. Schlichting H, Truckenbrodt E (2000) Aerodynamik des Flugzeuges: Erster Band: Grundlagen aus der Strömungstechnik Aerodynamik des Tragflügels (Teil I), Bd 1. Springer, Berlin/Heidelberg/New York
5. Van der Wall BG (2015) Grundlagen der Hubschrauber-Aerodynamik. Springer, Heidelberg/Berlin

5 Der Tragschrauber im Vorwärtsflug

Nachdem wir uns intensiv mit dem Rotor beschäftigt haben, wagen wir uns nun an die Betrachtung des Tragschraubers als Ganzes. Bekanntermaßen hängt im Flug einiges am Rotor, unter anderem der Rumpf mit dem Triebwerk, das Höhenleitwerk und nicht zuletzt der Pilot mit einem wichtigen Fluggast, siehe Abb. 5.1.

Wir wissen, warum sich der Rotor im Flug dreht. Wir haben die Schlagbewegung verstanden und können den Anstellwinkel sowie den Widerstand des Rotors berechnen. Jetzt bringen wir dieses Wissen in die Analyse des gesamten Tragschraubers im Vorwärtsflug ein. Wir betrachten das Zusammenspiel zwischen Rotor, Rumpf, Antrieb und Höhenleitwerk.

Dabei beschränken wir uns auf den Geradeausflug sowie auf Bewegungen um die Querachse. Bewegungen um die Längs- und Hochachse sowie Kurvenflug und dynamische Manöver vernachlässigen wir erst einmal.

Abb. 5.1 Der Rotor trägt den Rumpf mit Pilot und Fluggast

H. Duda, J. Seewald, *Flugphysik der Tragschrauber*,
DOI 10.1007/978-3-662-52834-1_5

Wir beschränken uns weiterhin auf Gleichgewichtszustände und liefern analytische Formeln zur Berechnung von Widerstand, Fluglage sowie Steuerwinkel am Beispiel des Referenztragschraubers.

Wir erklären, wie die Flugsteuerung des Tragschraubers funktioniert und wie die Handkräfte am Steuerknüppel entstehen. Ein sehr spannendes Thema sind die Flugstabilität und ihre Einflussgrößen. Hier spielen insbesondere der „Offset des Rotorkopfes“ und das Höhenleitwerk eine entscheidende Rolle.

Wir betrachten den Rotor in diesem Kapitel als Scheibe. Dabei vernachlässigen wir den Konuswinkel. Ebenso betrachten wir keine extremen Rotordrehzahlen, sondern konzentrieren uns auf den gemütlichen Vorwärtsflug. Dafür ist ein Tragschrauber schließlich gemacht.

Uns treiben diese Fragen an:

Wie groß ist der Luftwiderstand des Tragschraubers?
Wie funktioniert die Steuerung des Rotors?
Wie wirkt sich die Schwerpunktlage aus?
Welchen Einfluss hat der „Schuboffset“?
Wie entsteht die Handkraft am Steuerknüppel?
Warum braucht der Tragschrauber ein Höhenleitwerk?
Warum fliegt der Tragschrauber stabil geradeaus?
Was hält den Rotor in der Spur?

Wir betrachten einen Tragschrauber im Vorwärtsflug. Dabei verändern sich weder die Flughöhe h noch die Fluggeschwindigkeit V und es herrscht absolute Windstille. Abb. 5.2 fasst die wichtigen Winkelbeziehungen zusammen.

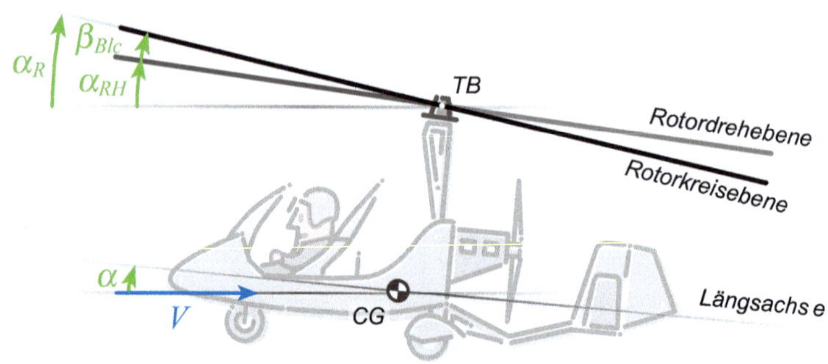

Abb. 5.2 Definition wichtiger Winkel im Vorwärtsflug

Wir finden folgende Winkel vor:

- Der Rotoranstellwinkel α_R beschreibt den Winkel zwischen der anströmenden Luft und der Rotorkreisebene. Die Rotorkreisebene entspricht der Blattspitzenebene.
- Der Anstellwinkel α beschreibt den Winkel zwischen der anströmenden Luft und der Längsachse des Rumpfes.
- Der Rotorkopfanstellwinkel α_{RH} beschreibt den Winkel zwischen der anströmenden Luft und der Rotordrehebene. Die Rotordrehebene steht senkrecht zur Rotorwelle.
- Der maximale Schlagwinkel β_{Blc} beschreibt den Winkel zwischen Rotorkreis- und Rotordrehebene (siehe Abschn. 3.1.2).

Der Rotorkopfanstellwinkel α_{RH} hängt wie folgt mit dem Rotoranstellwinkel α_R und dem maximalen Schlagwinkel β_{Blc} zusammen:

$$\alpha_{RH} = \alpha_R - \beta_{Blc}. \tag{5.1}$$

Mit diesen Definitionen machen wir uns an die Berechnung des Widerstands im Vorwärtsflug.

5.1 Widerstand

Der Tragschrauber benötigt für den Vorwärtsflug bei gleichbleibender Flughöhe eine Vortriebskraft, die seinen Widerstand ausgleicht. Die Vortriebskraft wird durch das Propellertriebwerk erzeugt. Das Triebwerk ist üblicherweise hinter dem Rotormast angeordnet und mit einem Druckpropeller zur Schuberzeugung ausgestattet. Diese Anordnung ermöglicht eine fast ungehinderte Sicht für den Piloten nach vorne.

5.1.1 Kräfte am Tragschrauber

Zur Bestimmung des Widerstands W abhängig von der Fluggeschwindigkeit V betrachten wir fünf Kräfte, die am Tragschrauber wirken, siehe Abb. 5.3

- Der Rotorauftrieb A_R wirkt senkrecht zur anströmenden Luft nach oben. Sein Angriffspunkt liegt im Schlaggelenk (TB).
- Die Gewichtskraft des Tragschraubers $m \cdot g$ wirkt senkrecht nach unten. Ihr Angriffspunkt liegt im Schwerpunkt des Tragschraubers (CG).
- Der Rotorwiderstand W_R wirkt parallel zur anströmenden Luft. Sein Angriffspunkt liegt bei diesem Gedankenmodell im Schlaggelenk (TB). Genau genommen ist dies der Widerstand der Rotorblätter, denn die Anteile aus Rotorkopf und Rotorbrücke sind im parasitären Widerstand berücksichtigt.
- Der parasitäre Widerstand W_P wirkt parallel zur anströmenden Luft nach hinten. Wir nehmen vereinfacht an, dass sein Angriffspunkt im Schwerpunkt des Tragschraubers

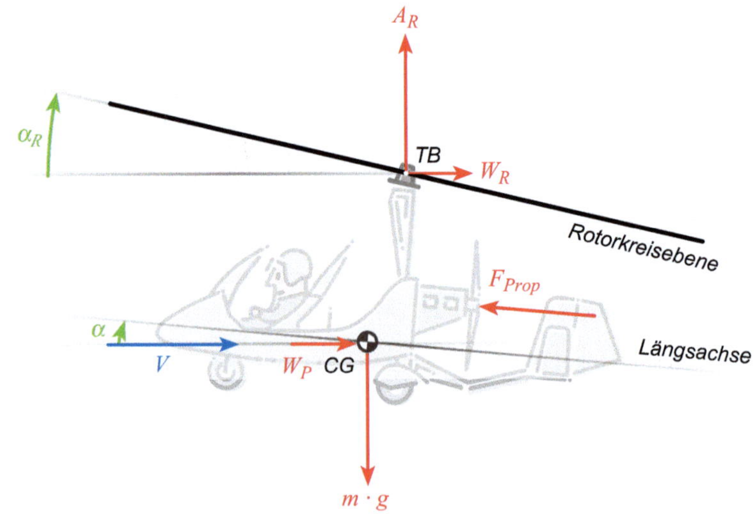

Abb. 5.3 Kräfte am Referenztragschrauber bei einer Fluggeschwindigkeit von etwa 100 km/h (Hinweis: Die Leitwerkskraft wird vernachlässigt)

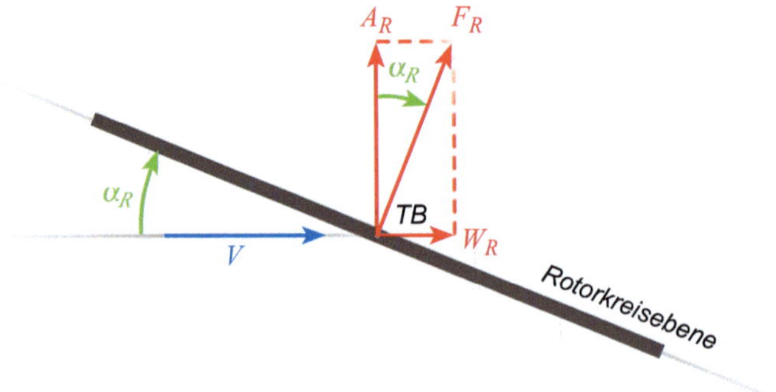

Abb. 5.4 Zusammenhang zwischen Rotorkraft, Auftrieb und Widerstand

liegt. Er beinhaltet die Anteile von Rumpf, Leitwerken, Rotormast, Fahrwerk, Rotorkopf und Rotorbrücke.

- Die Schubkraft des Propellers F_{Prop} wirkt parallel zur Längsachse des Rumpfes nach vorne. Wir nehmen vereinfacht an, dass die Propellerschubachse parallel zur Längsachse des Tragschraubers verläuft. Ihr Angriffspunkt liegt in der Propellerwelle.

Der Zusammenhang zwischen Rotorkraft F_R und Rotoranstellwinkel α_R, Rotorauftrieb A_R sowie Rotorwiderstand W_R ist in Abb. 5.4 dargestellt.

Der Zusammenhang zwischen Auftrieb A_R und Rotorkraft F_R ist wie folgt:

$$A_R \approx F_R \cdot \cos\alpha_R. \tag{5.2}$$

Der Widerstand des Tragschraubers W ergibt sich aus dem Rotorwiderstand W_R und dem parasitären Widerstand W_P:

$$W = W_R + W_P. \tag{5.3}$$

Für Fluggeschwindigkeiten $V > 100\,\mathrm{km/h}$ ist der Anstellwinkel des Referenztragschraubers so klein, dass wir die Längsachse des Rumpfes und damit auch die Richtung der Schubkraft des Propellers als parallel zur Flugrichtung betrachten können. Unter Vernachlässigung der in Realität vorhandenen Kräfte des Höhenleitwerks können wir folgern:

- Auftrieb gleich Gewicht: $A_R \approx m \cdot g.$
- Widerstand gleich Propellerschub: $W \approx F_{Prop}.$

Der Rotorwiderstand ergibt sich aus der Rotorkraft F_R und dem Rotoranstellwinkel α_R (siehe Abschn. 3.6):

$$W_R \approx F_R \cdot \sin\alpha_R. \tag{5.4}$$

Neu ist hier der parasitäre Widerstand:

$$W_P = \frac{\rho}{2} \cdot S_P \cdot V^2 \cdot C_{WP}. \tag{5.5}$$

Als Referenzfläche S_P definieren wir die projizierte Stirnfläche des Tragschraubers, also die Fläche, die man beim Blick von vorne auf den Tragschrauber sieht (siehe Anhang). Für den Referenztragschrauber liegt sie bei:

$$S_P \approx 1{,}0\,\mathrm{m}^2.$$

Der parasitäre Widerstandsbeiwert C_{WP} ist nicht so einfach zu ermitteln. Aus Flugtests mit einem MTOsport wurde der Wert

$$C_{WP} \approx 1{,}0.$$

abgeschätzt (siehe Anhang).

Ein Vergleich mit heutigen Autos lässt den Referenztragschrauber hier schlecht aussehen, denn beim Auto finden wir Widerstandsbeiwerte von $C_{WP} \approx 0{,}3$ und besser. Dabei ist fairerweise zu beachten, dass in den parasitären Widerstandsbeiwert C_{WP} neben dem Rumpf alle Komponenten eingehen, wie Rotormast, Fahrwerk, Leitwerksträger, Leitwerke sowie der Rotorkopf. Alle diese Körperformen sind insbesondere bei offenen Tragschraubern nicht sonderlich stromlinienförmig ausgeführt, daher ergibt sich der hohe Wert für C_{WP} beim Referenztragschrauber.

Nun betrachten wir den langsamen Vorwärtsflug. Beim Referenztragschrauber entspricht das einer Fluggeschwindigkeit von $V \approx 50\,\mathrm{km/h}$. Dabei ist die Nase um den Anstellwinkel α nach oben geneigt, siehe Abb. 5.5.

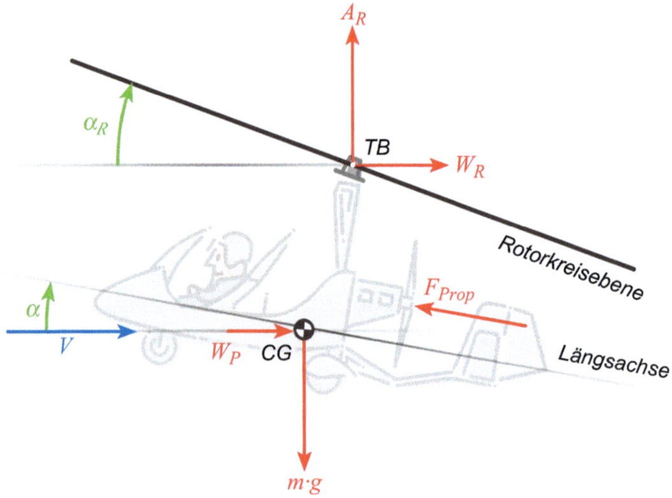

Abb. 5.5 Kräfte am Referenztragschrauber bei einer Fluggeschwindigkeit von etwa 50 km/h (Hinweis: Die Leitwerkskraft wird vernachlässigt)

Für größere Anstellwinkel, die bei kleinen Fluggeschwindigkeiten auftreten, können wir damit die Aussage „Auftrieb gleich Gewicht" nicht mehr halten. Durch die Neigung des Propellerschubs nach oben wird der Rotor allerdings um den Anteil $F_{Prop} \cdot \alpha$ entlastet, siehe Abb. 5.6.

Die Längsachse ist im Horizontalflug um den Anstellwinkel α gegenüber der Erde geneigt. Damit ergibt sich folgende Auftriebsformel:

$$m \cdot g \approx A_R + F_{Prop} \cdot \sin\alpha . \tag{5.6}$$

Es gibt einen weiteren zu beachtenden Effekt:

Die Rotorkraft F_R ist bei einer Fluggeschwindigkeit von $V = 50\,\text{km/h}$ um den relativ großen Rotoranstellwinkel $\alpha_R \approx 19{,}9°$ nach hinten geneigt (siehe Abschn. 3.5.4). Es ergibt sich folgender Zusammenhang zwischen Rotorkraft und Rotorauftrieb (vgl. Abb. 5.4):

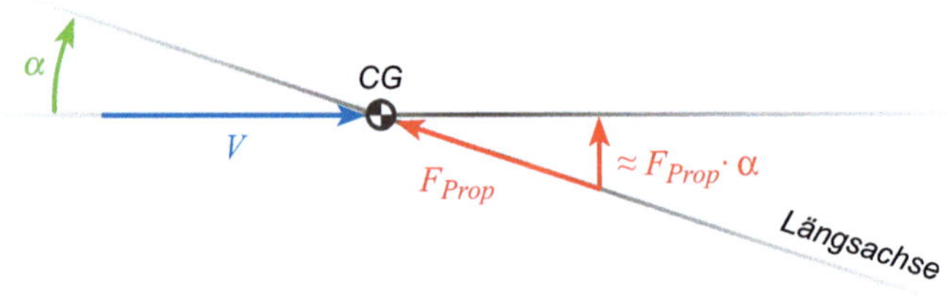

Abb. 5.6 Bei kleinen Fluggeschwindigkeiten wirkt die Schubkraft des Propellers nach oben

$$F_R \approx \frac{A_R}{\cos\alpha_R} \approx \frac{A_R}{\cos 19{,}9°} \approx 1{,}06 \cdot A_R .$$

Um das Gewicht zu tragen, müsste die Rotorkraft F_R wegen des großen Rotoranstellwinkels um ca. 6 % steigen.

Neben der Neigung der Rotorkraft muss zusätzlich der Anteil aus dem Propellerschub berücksichtigt werden, der um den Anstellwinkel $\alpha \approx 13°$ nach oben geneigt ist. Die Berechnung des Anstellwinkels und der Zahlenwert $\alpha \approx 13°$ werden in Abschn. 5.3 erklärt. Die Neigung des Propellerschubs F_{Prop} nach oben reduziert den erforderlichen Auftrieb um:

$$A_R \approx m \cdot g - F_{Prop} \cdot \alpha \approx m \cdot g - F_{\text{Prop}} \cdot 13° \cdot \frac{\pi}{180°} .$$

Der Propellerschub F_{Prop} beträgt bei einer Fluggeschwindigkeit von $V \approx 50$ km/h etwa:

$$F_{Prop} \approx \frac{1}{3} \cdot m \cdot g .$$

Dieser Wert ergibt sich aus der Gleitzahl des Referenztragschraubers, die bei der Fluggeschwindigkeit nur bei etwa 1:3 liegt (siehe Abschn. 5.1.2). Wir erhalten damit:

$$A_R \approx \left[1 - \frac{1}{3} \cdot 13° \cdot \frac{\pi}{180°}\right] \cdot m \cdot g \approx 0{,}94 \cdot m \cdot g .$$

Der Rotorauftrieb sinkt um ca. 6 %, weil der Propellerschub F_{Prop} nach oben wirkt. Damit ergibt sich die Rotorkraft zu:

$$F_R \approx 1{,}06 \cdot A_R \approx 1{,}06 \cdot 0{,}94 \cdot m \cdot g \approx m \cdot g . \tag{5.7}$$

Lange Rede, kurzer Sinn: Im betrachteten Geschwindigkeitsbereich von $V \approx 50 \ldots 100$ km/h können wir für den Referenztragschrauber folgern:

▶ Die Rotorkraft F_R ist etwa gleich der Gewichtskraft $m \cdot g$.

Zur Berechnung des Widerstands fassen wir die Formeln und Zahlenwerte des Referenztragschraubers zusammen:

Rotorkraft: $F_R \approx m \cdot g = 3.850\ \text{N} \cdot$

Rotordrehzahl: $n_R \approx \sqrt{\dfrac{F_R}{\rho \cdot t_{Bl} \cdot r_R^3 \cdot [K_{Z0} + K_{Z1} \cdot \mu_R + K_{Z2} \cdot \mu_R^2]}} \cdot \dfrac{30}{\pi}$, mit $\rho = 1{,}225\ \text{kg}/m^3$,

$t_{Bl} = 0{,}2\,m,\ r_R = 4{,}2\,m,\ K_{Z0} \approx 0{,}2,\ K_{Z1} \approx -0{,}019,\ K_{Z2} \approx -0{,}32.$

Fortschrittsgrad: $\mu_R = \dfrac{V}{r_R \cdot \Omega_R}$.

Rotoranstellwinkel: $\alpha_R \approx \frac{t_{Bl}}{r_R} \cdot \left[K_{\alpha 0} + \frac{K_{\alpha 2}}{\mu_R^2} \right] + \frac{K_{\alpha 1}}{\mu_R}$, mit $K_{\alpha 0} \approx -0{,}089$, $K_{\alpha 2} \approx 0{,}055$, $K_{\alpha 2} \approx 0{,}055$.

Fluggeschwindigkeit: $V = 100$ km/h ≈ 28 m/s.

Rotorwiderstand: $W_R \approx F_R \cdot \sin\alpha_R \approx m \cdot g \cdot \sin\alpha_R$.

Parasitärer Widerstand: $W_P = \frac{\rho}{2} \cdot S_P \cdot V^2 \cdot C_{WP}$, mit $S_P \approx 1{,}0$ m², $C_{WP} \approx 1{,}0$.

Widerstand: $W = F_{Prop} = W_P + W_R$.

Tab. 5.1 zeigt die Auswertung dieser Formeln für drei Fluggeschwindigkeiten.

Wir stellen fest, dass der Widerstand des Tragschraubers bei einer Fluggeschwindigkeit von $V = 100\,\text{km/h}$ deutlich kleiner ist als bei $V = 50\,\text{km/h}$. Im langsamen Vorwärtsflug ist der Rotorwiderstand W_R sehr groß und daher ist nahezu maximaler Propellerschub F_{Prop} erforderlich, um die Höhe zu halten. Mit steigender Fluggeschwindigkeit V verringert sich der Rotorwiderstand W_R. Bei einer Fluggeschwindigkeit von $V = 150\,\text{km/h}$ geht der Rotorwiderstand W_R nur zu etwa 18 % in den Gesamtwiderstand W ein. Dies ist mit dem großen parasitären Widerstandsbeiwert $C_{WP} = 1{,}0$ des Tragschraubers mit offener Kabine zu erklären.

5.1.2 Badewannenkurve

Wir werten diese Formeln nun an weiteren Geschwindigkeiten aus und erhalten die „Badewannenkurve", siehe Abb. 5.7.

Mit etwas Fantasie hat diese Kurve die Form einer Badewanne. Es gibt also eine Fluggeschwindigkeit minimalen Widerstands. Für den Referenztragschrauber liegt sie bei $V \approx 90$ km/h. Anders formuliert ist das Verhältnis zwischen Auftrieb A_R und Widerstand W maximal bei der Geschwindigkeit des minimalen Widerstands. Die Gleitzahl des Tragschraubers liegt hier bei:

Tab. 5.1 Widerstand abhängig von der Fluggeschwindigkeit (Daten Referenztragschrauber, analytische Formeln)

V [km/h]	n_R [U/min]	μ_R [-]	α_R [°]	W_R [N]	W_P [N]	W [N]
50	315	0,10	19,9	1.310	118	1.428
100	324	0,19	6,4	429	473	902
150	338	0,28	3,5	235	1.064	1.299

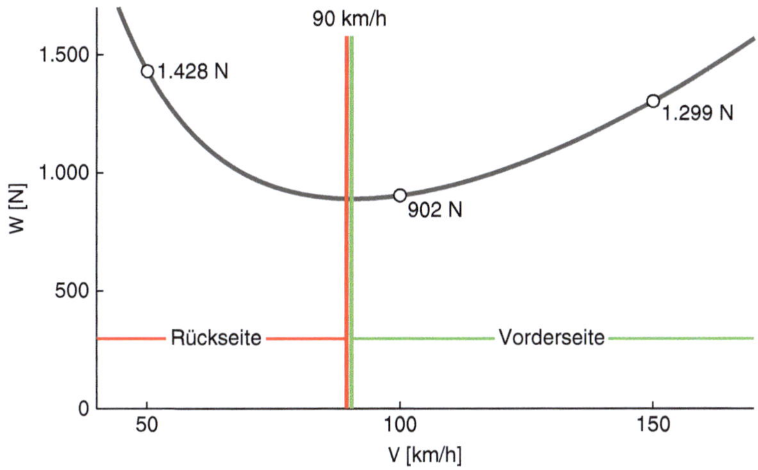

Abb. 5.7 Der Widerstand nimmt zunächst mit der Fluggeschwindigkeit ab, erreicht bei einer mittleren Fluggeschwindigkeit sein Minimum und steigt dann wieder an (Daten Referenztragschrauber, analytische Formel)

$$n = \frac{A_R}{W} \approx \frac{3.850 \text{ N}}{890 \text{ N}} \approx 4{,}3.$$

Im Langsamflug bei $V \approx 50$ km/h und im Schnellflug bei $V \approx 150$ km/h sinkt die Gleitzahl auf den Wert $n \approx 3$.

▶ Prof. Achtung weist darauf hin, dass die Gleitzahl im senkrechten Sinkflug gleich Null ist. Außerdem ist die Gleitzahl bei einem Triebwerksausfall kleiner, weil der Propeller in dem Fall stark bremst.

Unterhalb einer Fluggeschwindigkeit von $V \approx 90$ km/h befindet sich der Tragschrauber auf der Rückseite der Leistungskurve. Hier verhält sich der Tragschrauber grundlegend anders als auf der Vorderseite. Zur Verdeutlichung betrachten wir zwei Beispiele:

Im ersten Beispiel auf der Vorderseite der Leistungskurve, also z. B. bei einer Fluggeschwindigkeit von $V \approx 120$ km/h bewirkt ein Ziehen am Steuerknüppel, dass der

Tragschrauber die Nase hochnimmt und verzögert. Der Widerstand sinkt aufgrund der niedrigeren Fluggeschwindigkeit. Der Tragschrauber beginnt zu steigen. Auf der Rückseite der Leistungskurve, also z. B. bei einer Fluggeschwindigkeit von $V \approx 70$ km/h, nimmt der Tragschrauber nach dem Ziehen am Steuerknüppel ebenfalls die Nase hoch. Der Tragschrauber verzögert daraufhin und erzeugt dann allerdings mehr Widerstand. Bei unveränderter Schubhebelstellung geht er in den Sinkflug über.

Tab. 5.2 fasst dieses Verhalten zusammen.

Beim zweiten Beispiel befindet sich der Tragschrauber im Landeanflug und die Szene könnte sich wie folgt abspielen, siehe Abb. 5.8.

- Der Pilot leitet den Abfangbogen mit der korrekten Anfluggeschwindigkeit von $V \approx 100$ km/h zu früh ein.
- Der Tragschrauber nimmt die Nase hoch, verzögert und fliegt nach einigen Sekunden etwa parallel zur Bahn.
- Der Tragschrauber verzögert weiter bis auf die Rückseite der Leistungskurve und beginnt zu sinken.
- Wenn der Pilot zur Reduktion des Sinkens den Steuerknüppel weiter zieht, dann erreicht er genau das Gegenteil und der Tragschrauber sinkt noch stärker. Das Aufsetzen wird hart.

Tab. 5.2 Verhalten des Tragschraubers auf Vorder- und Rückseite der Leistungskurve

Vorderseite ($V \approx 120$ km/h beim Referenztragschrauber)	Rückseite ($V \approx 70$ km/h beim Referenztragschrauber)
Pilot zieht am Steuerknüppel	Pilot zieht am Steuerknüppel
Tragschrauber nimmt die Nase hoch	Tragschrauber nimmt die Nase hoch
Geschwindigkeit nimmt ab	Geschwindigkeit nimmt ab
Widerstand sinkt	Widerstand steigt
Tragschrauber steigt	Tragschrauber sinkt

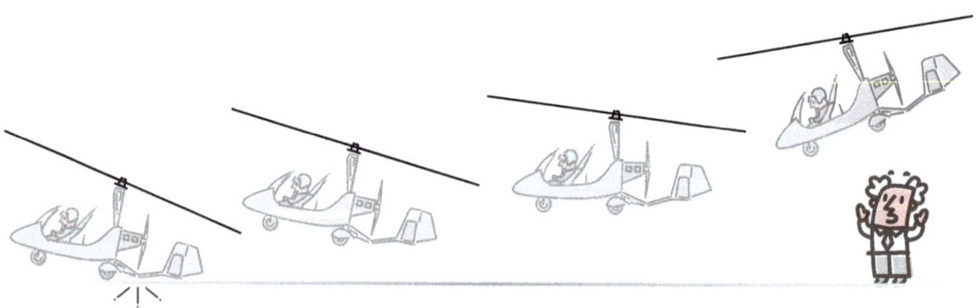

Abb. 5.8 Der Pilot fängt zu früh ab, fliegt auf der Rückseite der Leistungskurve und der Tragschrauber setzt hart auf

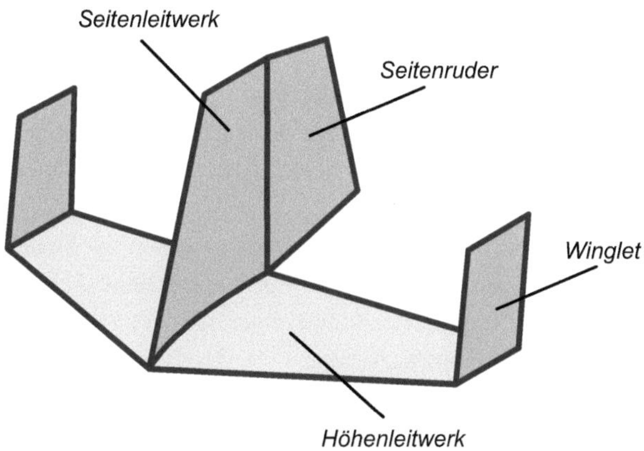

Abb. 5.9 Höhen- und Seitenleitwerke des Referenztragschraubers

Wir haben bei der Erklärung der Besonderheiten auf der Rückseite der Leistungskurve bereits das Thema „Flugsteuerung" angeschnitten im Sinne „... Pilot zieht am Steuerknüppel ...Tragschrauber nimmt die Nase hoch ...".

Jetzt betrachten wir die Betätigung des Steuerknüppels etwas genauer.

5.2 Flugsteuerung

Ein Tragschrauber wird im Flug mit dem Steuerknüppel, den Pedalen und dem Gashebel gesteuert. Mit dem Gashebel kontrolliert der Pilot die Motorleistung, und damit die Flugbahn. Die Steuerung um die Hochachse erfolgt durch die Pedale, die mit dem Seitenruder verbunden sind. Im Gegensatz zum Hubschrauber wird kein Heckrotor benötigt, weil kein Drehmoment um die Hochachse kompensiert werden muss. Das Höhenleitwerk ist zur Verbesserung der Flugstabilität erforderlich und ohne Ruder ausgeführt, siehe Abb. 5.9.

Das Besondere am Tragschrauber ist die Kippkopfsteuerung [1], mit der wir uns nun eingehend beschäftigen.

5.2.1 Kippkopfsteuerung

Die vom Piloten mit dem Steuerknüppel vorgegebenen Bewegungen und Kräfte werden mechanisch an den Rotorkopf übertragen. Bei einem Flugzeug entsprechen diese Bewegungen den Ansteuerungen des Quer- und Höhenruders. Die Funktion „Höhenruder" wird beim Tragschrauber durch eine Neigung des Rotorkopfes um die Querachse realisiert. Das entsprechende Gelenk nennen wir „Rotornickachse". Als Abkürzung verwenden wir PPB

(„Pitch Pivot Bolt"). Durch die Steuerung wird der Rotorkopf um die Rotornickachse (PPB) geneigt, siehe Abb. 5.10.

Dieses Prinzip wird „Kippkopfsteuerung" genannt.

Grundsätzlich wäre auch eine Steuerung mit einer Taumelscheibe möglich. Dabei wäre die Rotorwelle gegenüber der Zelle feststehend. Allerdings wäre in diesem Fall die Ansteuerung der Rotorblätter komplizierter.

Beim Referenztragschrauber mit Kippkopfsteuerung werden die Steuerausschläge des Piloten über die Steuerstangen an den Rotorkopf übertragen, siehe Abb. 5.11.

Zieht der Pilot den Steuerknüppel nach hinten, dann bewegen sich beide Steuerstangen gleichsinnig nach unten und der Rotorkopf neigt sich nach hinten.

Für das Verständnis dieses speziellen Steuerungssystems definieren wir zwei wichtige Winkel:

- Der Steuerwinkel η_{RH} beschreibt den Neigungswinkel des Rotorkopfes gegenüber der Längsachse des Tragschraubers.
- Der Knüppelwinkel η_{Stick} beschreibt den Steuerwinkel des Knüppels gegenüber seiner Mittelstellung.

Abb. 5.12 zeigt den Zusammenhang zwischen dem Steuerwinkel des Rotorkopfes η_{RH} und dem Knüppelwinkel η_{Stick}.

Der Steuerwinkel η_{RH} und der Knüppelwinkel η_{Stick} hängen aufgrund der mechanischen Verbindung direkt zusammen. Wenn sich der Steuerknüppel des Referenztragschraubers am vorderen Anschlag befindet, dann ist er um $\eta_{Stick} \approx -20°$ gegenüber der Mittelstellung geneigt. Der Rotorkopf ist dann gegenüber der Längsachse um etwa $\eta_{RH} \approx -5°$ nach vorne

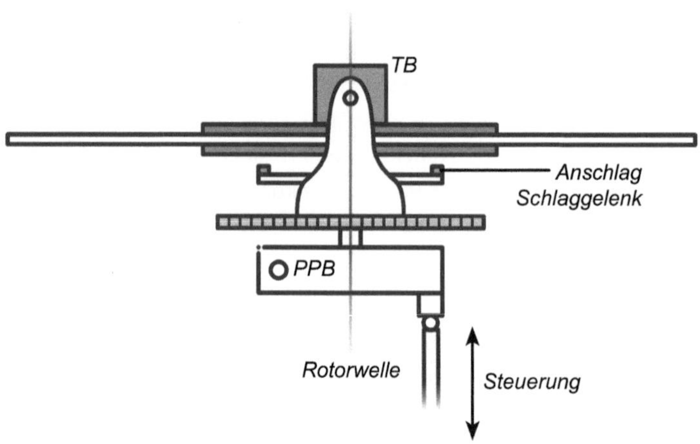

Abb. 5.10 Kippkopfsteuerung: Durch die Steuerung wird der Rotorkopf um den Bolzen PPB (Pitch Pivot Bolt) geneigt

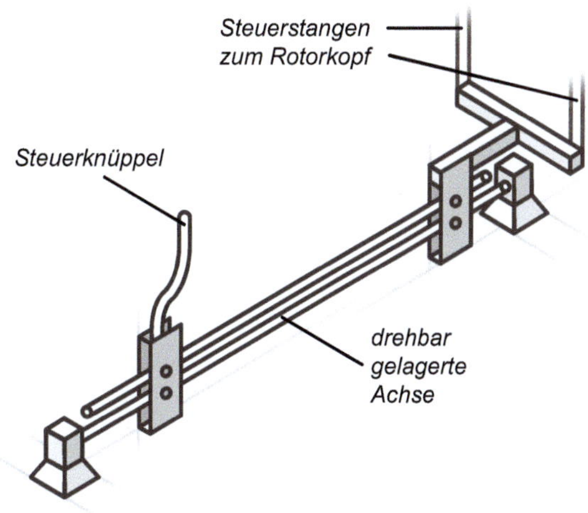

Abb. 5.11 Die Steuerausschläge des Piloten werden über die Steuerstangen an den Rotorkopf übertragen (Ausführung beim Referenztragschrauber)

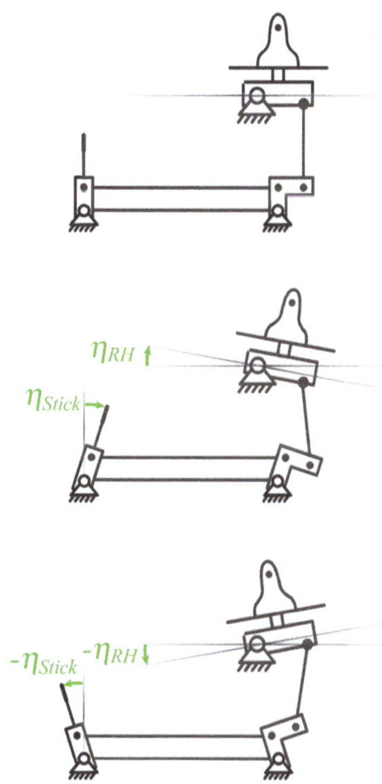

Abb. 5.12 Die Steuereingaben werden mechanisch vom Steuerknüppel an den Rotorkopf übertragen (Ausführung beim Referenztragschrauber)

geneigt. Befindet sich der Steuerknüppel am hinteren Anschlag, also bei $\eta_{Stick} \approx 20°$, dann ist der Rotorkopf des Referenztragschraubers um $\eta_{RH} \approx 15°$ nach hinten geneigt, siehe Tab. 5.3.

Wir nehmen vereinfacht an, die Steuerübertragung beim Referenztragschrauber sei linear. Damit können wir folgende Formel herleiten:

$$\eta_{RH} \approx \frac{\eta_{Stick}}{i_R} + \eta_{RH0}. \tag{5.8}$$

Die Steuerübersetzung liegt bei $i_R = 2$. Der Nullsteuerwinkel des Rotorkopfes, also der Steuerwinkel des Rotorkopfes, der sich bei Mittelstellung des Knüppels ergibt, liegt bei $\eta_{RH0} \approx 5°$.

▶ Prof. Achtung weist darauf hin, dass die Steuerübertragung nicht unbedingt linear ist. Die kinematische Anordnung kann zu Nichtlinearitäten führen. Außerdem gibt es mechanisches Spiel und Flexibilität in der Steuerung, die zu Hysterese-Effekten führen.

Wir bedanken uns für den berechtigten Hinweis und stellen Gl. 5.8 um:

$$\eta_{Stick} \approx (\eta_{RH} - \eta_{RH0}) \cdot i_R. \tag{5.9}$$

Nachdem wir verstanden haben, wie die Steuerung mechanisch funktioniert, erklären wir nun, wie damit der Tragschrauber im Flug gesteuert wird. Der Referenztragschrauber fliegt mit einer Geschwindigkeit von $V_0 = 100\,\text{km/h}$.

Hinweis: Wir verwenden den Index „0" für den Ausgangszustand und das Symbol „Δ" für die Abweichung aufgrund der Steuerung.

Um langsamer zu fliegen, zieht der Pilot den Steuerknüppel um den Wert $\Delta\eta_{Stick} = 2°$ nach hinten, siehe Abb. 5.13. Damit neigt sich der Rotorkopf um den Wert $\Delta\eta_{RH} = 1°$ nach hinten. Dies führt im ersten Moment zu einer Vergrößerung des Blattanstellwinkels an der Position „Rotorblatt rechts" genau um den Wert $\Delta\eta_{RH}$ sowie einer entsprechenden Verkleinerung an der Position „Rotorblatt links" um den Wert $-\Delta\eta_{RH}$.

Die Vergrößerung des Blattanstellwinkels an der Position „Rotorblatt rechts" führt zu einem größeren Auftrieb auf der vorlaufenden Seite. Das Rotorblatt beginnt, nach oben zu

Tab. 5.3 Zusammenhang zwischen Knüppelstellung und Steuerwinkel des Rotorkopfes (Daten Referenztragschrauber)

Knüppelstellung	Knüppelwinkel η_{Stick} [°]	Steuerwinkel η_{RH} [°]
Vorderer Anschlag	−20	−5°
Mittelstellung	0	5°
Hinterer Anschlag	20	15°

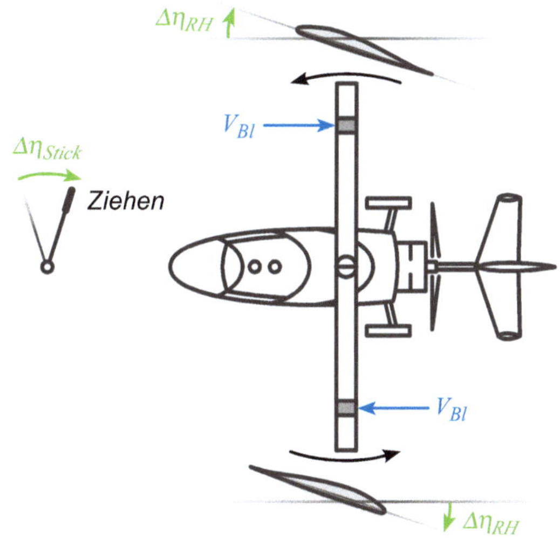

Abb. 5.13 Die Bewegung des Steuerknüppels nach hinten bewirkt eine Vergrößerung des Blattanstellwinkels an der Position „Rotorblatt rechts" und eine Verkleinerung an der Position „Rotorblatt links"

schlagen. Den maximalen Ausschlag nach oben erreicht das Rotorblatt nach einer Viertelumdrehung, also 90° später. Daher neigt sich die Rotorkreisebene um den Steuerwinkel des Rotorkopfes $\Delta\eta_{RH}$ nach hinten und der Rotoranstellwinkel steigt entsprechend:

$$\alpha_R = \alpha_{R0} + \Delta\eta_{RH} \approx 6{,}4° + 1° \approx 7{,}4°.$$

5.2.2 Neigung der Rotorkreisebene

Es stellt sich die Frage, warum sich die Rotorkreisebene genau um den Wert des Steuerwinkels $\Delta\eta_{RH}$ neigt?

Um dies besser zu verstehen, betrachten wir wieder die zwei Ebenen:

Die Rotorkreisebene ist bei einer Fluggeschwindigkeit von $V_0 = 100\,\text{km/h}$ um den maximalen Schlagwinkel $\beta_{Blc0} \approx 2{,}4°$ gegenüber der Rotordrehebene geneigt (siehe Abschn. 3.1.2). Der Rotorkopfanstellwinkel liegt damit bei

$$\alpha_{RH0} \approx \alpha_{R0} - \beta_{Blc0} \approx 6{,}4° - 2{,}4° \approx 4{,}0°.$$

Abb. 5.14 zeigt den Zustand vor der Steuereingabe.

Der Pilot zieht nun den Steuerknüppel sehr schnell zurück und neigt den Rotorkopf um den Wert $\Delta\eta_{RH} = 1°$ nach hinten. Damit neigt er zunächst nur die Rotorwelle und vergrößert den Rotorkopfanstellwinkel auf den Wert:

$$\alpha_{RH} = \alpha_{RH0} + \Delta\eta_{RH} \approx 4{,}0° + 1° \approx 5{,}0°.$$

Wir können auch sagen, er neigt die Rotordrehebene um $\Delta\eta_{RH} = 1°$ nach hinten. Unter der Annahme, dass sich der Rotoranstellwinkel unmittelbar nach der Steuereingabe nicht verändert hat, sinkt der maximale Schlagwinkel genau um den Wert des Steuerwinkels auf:

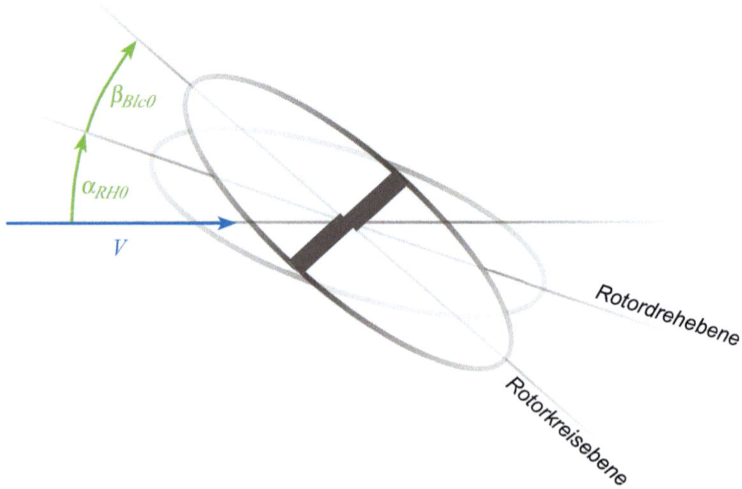

Abb. 5.14 Im Ausgangszustand ist die Rotorkreisebene gegenüber der Rotordrehebene um den Wert des maximalen Schlagwinkels nach hinten geneigt (Daten Referenztragschrauber, Fluggeschwindigkeit 100 km/h)

$$\beta_{Blc} = \beta_{Blc0} - \Delta\eta_{RH} \approx 2{,}4° - 1° \approx 1{,}4°.$$

Abb. 5.15 zeigt den Zustand unmittelbar nach der Steuereingabe.

Hinweis: Bei dieser Betrachtung haben wir angenommen, dass der Pilot den Steuerknüppel unendlich schnell nach hinten zieht.

Dieser Zustand kann allerdings nicht von langer Dauer sein, denn der Rotor will wieder seinen ursprünglichen Schlagwinkel von $\beta_{Blc0} \approx 2{,}4°$ einnehmen. Die Fluggeschwindigkeit hat sich aufgrund der schnellen Steuereingabe praktisch nicht geändert. Nach einem Übergangsvorgang, der wenige zehntel Sekunden dauert, stellt der Rotor selbstständig den ursprünglichen Wert des Schlagwinkels $\beta_{Blc} = \beta_{Blc0}$ wieder ein. Der Rotoranstellwinkel steigt auf den Wert:

$$\alpha_R = \alpha_{RH} + \beta_{Blc0} \approx 5{,}0° + 2{,}4 \approx 7{,}4°.$$

Abb. 5.16 zeigt den Zustand nach dem Übergangsvorgang.

Tab. 5.4 fasst die Werte zusammen:

Unscharf formuliert: Neigt der Pilot den Rotorkopf mit der Steuerung, lässt dies den Rotor im allerersten Moment unbeeindruckt. Die Rotorkreisebene behält ihre Lage im Raum zunächst bei. Nach einer kurzen Übergangszeit neigt sich die Rotorkreisebene genau um den Wert des Steuerwinkels $\Delta\eta_{RH}$.

Wie reagiert der Tragschrauber auf die Steuereingabe?

Die Vergrößerung des Rotoranstellwinkels α_R durch die Steuereingabe bewirkt eine Neigung der Rotorkraft F_R nach hinten, siehe Abb. 5.17. Dies bewirkt ein aufnickendes Moment und der Tragschrauber nimmt die Nase hoch. Als Konsequenz steigen die

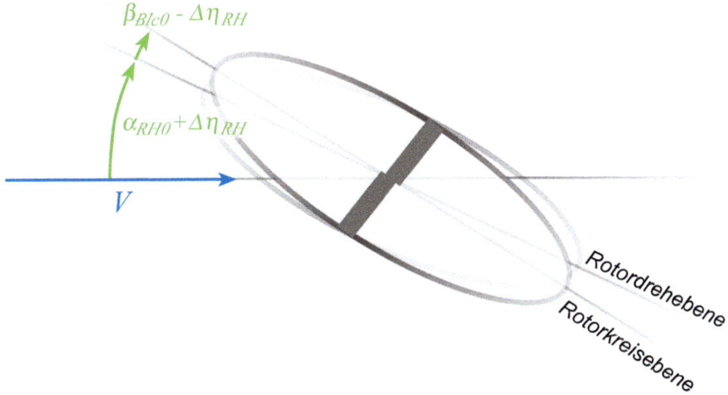

Abb. 5.15 Im Zustand unmittelbar nach der Steuereingabe hat sich die Rotordrehebene um den Wert des Steuerwinkels der Rotorkreisebene angenähert (Daten Referenztragschrauber, Fluggeschwindigkeit 100 km/h)

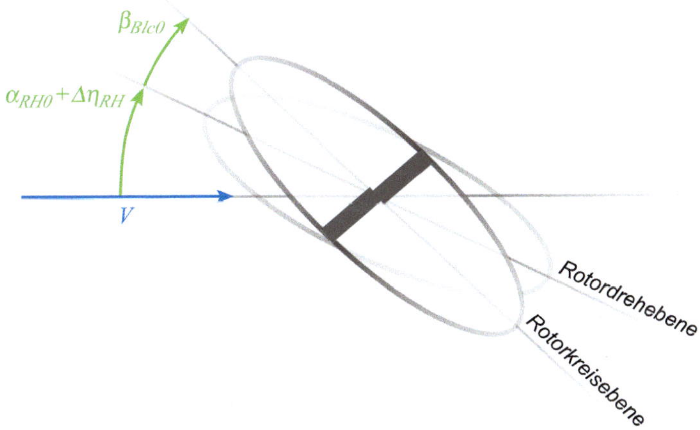

Abb. 5.16 Nach einer Übergangszeit stellt der Rotor selbstständig den ursprünglichen Wert des Schlagwinkels wieder ein und der Rotoranstellwinkel steigt um den Wert des Steuerwinkels (Daten Referenztragschrauber, Fluggeschwindigkeit 100 km/h)

Tab. 5.4 Winkelveränderungen aufgrund einer Steuereingabe (Daten Referenztragschrauber, Fluggeschwindigkeit 100 km/h)

	$\Delta\eta_{RH}$ [°]	α_{RH} [°]	β_{Blc} [°]	α_R [°]
Vor der Steuereingabe	0	4,0	2,4	6,4
Unmittelbar nach der Steuereingabe	1	5,0	1,4	6,4
Nach dem Übergangsvorgang	1	5,0	2,4	7,4

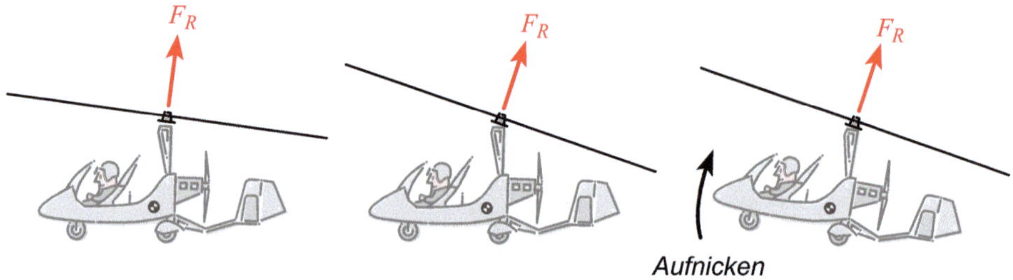

Abb. 5.17 Die Vergrößerung des Rotoranstellwinkels durch die Steuereingabe führt zu einer Neigung der Rotorkraft nach hinten und zu einem Aufnicken des Tragschraubers

Rotorkraft F_R und die Rotordrehzahl n_R. Der Tragschrauber geht in den Steigflug über und seine Fluggeschwindigkeit nimmt ab.

Nachdem wir die Steuerung mit dem Rotorkopf verstanden haben, beschäftigen wir uns nun mit der Berechnung von Fluglage und Steuerwinkel für unterschiedliche Fluggeschwindigkeiten.

5.3 Fluglage und Steuerwinkel

Im Flug hängt die Zelle des Tragschraubers unter dem Rotor. Der Rumpf und der Rotor nehmen im Flug jeweils einen Fluglagewinkel ein. Auch wenn es Prof. Achtung nicht gefällt, verwenden wir die Anstellwinkel von Rumpf α und Rotor α_R anstelle der Fluglagewinkel. Für den Horizontalflug ist das in Ordnung.

Der Anstellwinkel α hängt mit dem Rotoranstellwinkel α_R, dem maximalen Schlagwinkel β_{Blc} sowie dem Steuerwinkel η_{RH} wie folgt zusammen:

$$\alpha = \alpha_R - \beta_{Blc} - \eta_{RH}. \tag{5.10}$$

In Abb. 5.18 ist dieser Zusammenhang dargestellt.

Dabei ist β_{Blc} der Winkel, um den die Rotorkreisebene gegenüber der Rotordrehebene geneigt ist. Der Steuerwinkel des Rotorkopfes η_{RH} beschreibt die Neigung des Rotorkopfes gegenüber der Längsachse des Tragschraubers.

Auf unserem Weg zur Berechnung des Anstellwinkels α gehen wir wie folgt vor:

Wir betrachten den Rotoranstellwinkel α_R bei bekannter Flugmasse m und konstanter Fluggeschwindigkeit V als konstant. Diesen Wert können wir mit der bekannten Formel berechnen (siehe Abschn. 3.5.4):

$$\alpha_R \approx \frac{t_{Bl}}{r_R} \cdot \left[K_{\alpha 0} + \frac{K_{\alpha 2}}{\mu_R^2} \right] + \frac{K_{\alpha 1}}{\mu_R}, \tag{5.11}$$

mit dem Fortschrittsgrad:

$$\mu_R = \frac{V}{r_R \cdot \Omega_R}. \tag{5.12}$$

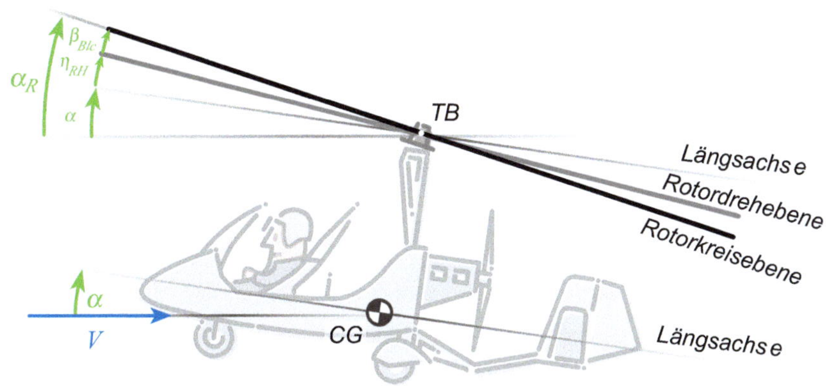

Abb. 5.18 Zusammenhang zwischen Anstellwinkel des Rumpfes und des Rotors, sowie Schlag- und Steuerwinkel

Das Gleiche gilt für den maximalen Schlagwinkel β_{Blc}, um den die Rotorkreisebene gegenüber der Rotordrehebene geneigt ist (siehe Abschn. 3.5.3):

$$\beta_{Blc} \approx K_{\beta 0} + K_{\beta 1} \cdot \mu_R. \tag{5.13}$$

Zur Berechnung des Anstellwinkels α betrachten wir ein Gleichgewicht der Momente um den Schwerpunkt des Tragschraubers (CG). Dabei nehmen wir an, das Schlaggelenk (TB) und die Rotornickachse (PPB) lägen in einem Punkt. Diese Annahme ist aufgrund der Längenverhältnisse gerechtfertigt: Der Abstand CG-PPB ist deutlich größer als PPB-TB.

Zum besseren Verständnis steigern wir die Komplexität in drei Schritten:

1. Kein Schuboffset, keine Leitwerkskraft: Die Wirklinie der Schubkraft des Propellers F_{Prop} verläuft genau durch den Schwerpunkt des Tragschraubers (CG). Die Luftkraft des Höhenleitwerks wird vernachlässigt.
2. Schuboffset, keine Leitwerkskraft: Die Schubkraft des Propellers F_{Prop} greift mit dem Abstand h_{Prop} oberhalb des Schwerpunkts (CG) an. Die Luftkraft des Höhenleitwerks wird vernachlässigt.
3. Schuboffset, Leitwerkskraft: Die Schubkraft des Propellers F_{Prop} greift mit dem Abstand h_{Prop} oberhalb des Schwerpunkts (CG) an. Die Luftkraft des Höhenleitwerks wird berücksichtigt.

5.3.1 Sonderfall ohne Schuboffset und Höhenleitwerk

In dieser vereinfachten Betrachtung verlaufen die Wirklinien der Kräfte des parasitären Widerstands W_P, des Propellerschubs F_{Prop} sowie der Gewichtskraft $m \cdot g$ genau durch den Schwerpunkt (CG) . Sie erzeugen damit kein Moment um den Schwerpunkt (CG), so dass die Wirklinie der Rotorkraft F_R genau durch den Schwerpunkt verlaufen muss, damit sich ein Gleichgewicht der Momente ergibt, siehe Abb. 5.19.

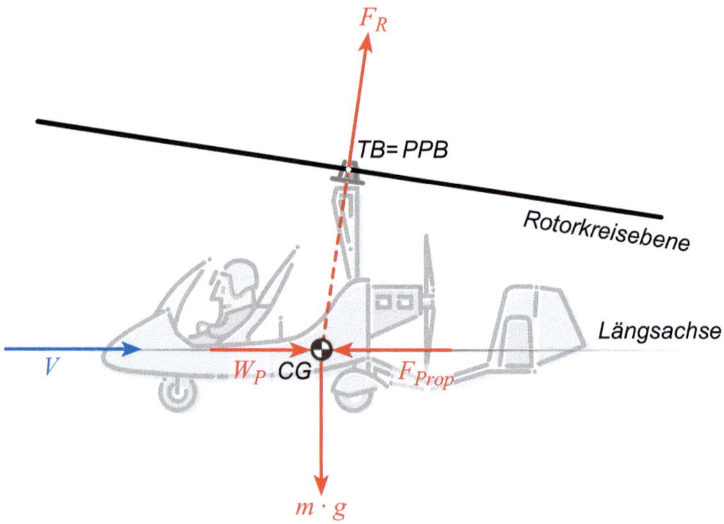

Abb. 5.19 Die Wirklinie der Rotorkraft verläuft durch den Schwerpunkt (CG), wenn der parasitäre Widerstand und die Schubkraft des Propellers im Schwerpunkt angreifen (Hinweis: Die Leitwerkskraft wird vernachlässigt)

Hinweis: Der Verlauf der Wirklinie der Rotorkraft genau durch den Schwerpunkt (CG) wäre in diesem Fall unabhängig vom Anstellwinkel α und der Fluggeschwindigkeit V.

Wir wissen, dass dies in Realität nicht der Fall ist, denn es gibt eine Kraft am Höhenleitwerk und die Schubkraft des Propellers F_{Prop} greift mit dem Abstand h_{Prop} oberhalb des Schwerpunkts an. Dieser vereinfachte Fall ist allerdings gut für den Einstieg in das Thema geeignet.

Wir betrachten nun die Neigung der Rotorkraft F_R. Diese ist um den Winkel $\eta_{RH} + \beta_{Blc}$ gegenüber der Hochachse des Tragschraubers nach hinten geneigt, siehe Abb. 5.20.

Hinweis: Die Hochachse steht senkrecht auf der Längsachse des Tragschraubers.

Da der Schlagwinkel β_{Blc} nicht direkt steuerbar ist, stellt sich nun die Frage, wie groß der Steuerwinkel η_{RH} sein muss, damit sich ein Gleichgewicht der Momente um den Schwerpunkt ergibt?

Hierzu sehen wir uns die konstruktiven Verhältnisse am Tragschrauber an und denken uns eine Verbindungslinie zwischen der Rotornickachse (PPB) und dem Schwerpunkt des Tragschraubers (CG), siehe Abb. 5.21. Den Winkel zwischen dieser Linie und der Hochachse nennen wir ν_R, mit:

$$\nu_R = \arcsin \frac{l_R}{h_R} \approx \frac{l_R}{h_R}. \tag{5.14}$$

- l_R ist der horizontale Abstand zwischen Rotornickachse (PPB) und Schwerpunkt (CG).
- h_R ist der vertikale Abstand zwischen Rotornickachse (PPB) und Schwerpunkt (CG).

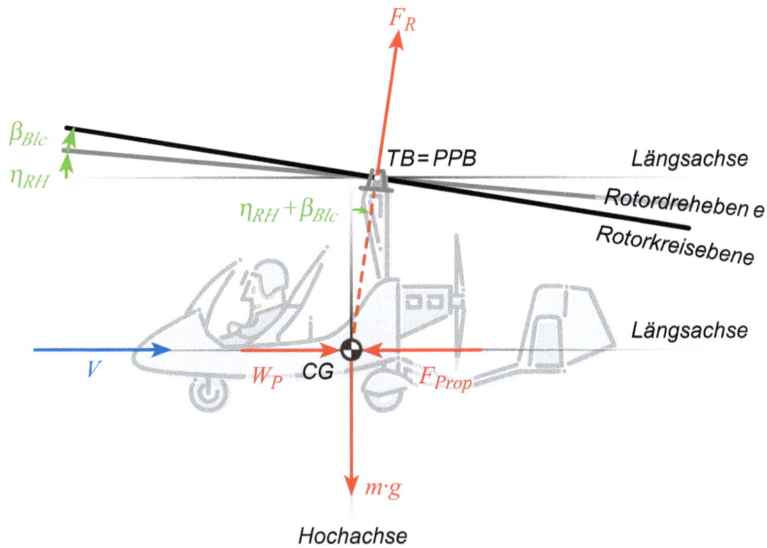

Abb. 5.20 Die Wirklinie der Rotorkraft ist gegenüber der Hochachse des Tragschraubers geneigt

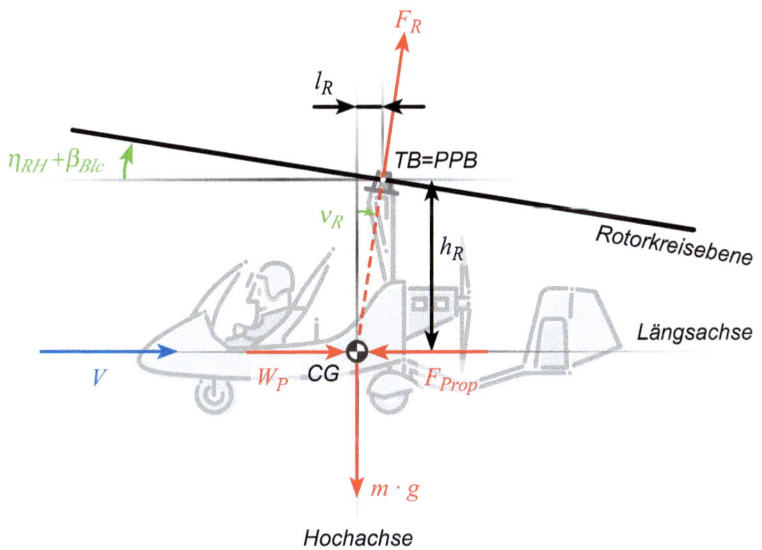

Abb. 5.21 Konstruktiver Winkel zwischen der Verbindungslinie von Rotornickachse (PPB) und Schwerpunkt (CG)

Den Winkel ν_R können wir uns klar machen, indem wir uns vorstellen, dass ein Riese den Tragschrauber an der Rotornickachse (PPB) hochhebt. Die Nase des Tragschraubers wird sich um den Winkel ν_R nach unten neigen. Bei dem Referenztragschrauber liegt der Winkel bei:

$$\nu_R \approx \frac{l_R}{h_R} \approx \frac{0{,}06m}{1{,}69m} \approx 2°.$$

Für ein Gleichgewicht der Momente um den Schwerpunkt (CG) muss der Steuerwinkel η_{RH} so groß sein, dass die Wirklinie der Rotorkraft F_R genau durch den Schwerpunkt (CG) verläuft.

Aus Abb. 5.21 wird klar:

$$\eta_{RH} + \beta_{Blc} = \nu_R \approx \frac{l_R}{h_R}. \tag{5.15}$$

Aufgelöst nach dem Steuerwinkel des Rotorkopfes ergibt sich:

$$\eta_{RH} \approx \frac{l_R}{h_R} - \beta_{Blc}. \tag{5.16}$$

Hinweis: Dies gilt für den vereinfachten Fall ohne Schuboffset und ohne Leitwerkskraft.

Wir fassen die neuen Formeln und Zahlenwerte zusammen:

Rotorkopfanstellwinkel: $\alpha_{RH} = \alpha_R - \beta_{Blc}$.

Steuerwinkel: $\eta_{RH} \approx \frac{l_R}{h_R} - \beta_{Blc}$, $l_R = 0{,}06\,\text{m}$, $h_R = 1{,}69\,\text{m}$.

Anstellwinkel: $\alpha = \alpha_R - \beta_{Blc} - \eta_{RH}$.

Mit den Werten aus Tab. 5.1 berechnen wir die Anstell- und Steuerwinkel des Referenztragschraubers für drei Fluggeschwindigkeiten, siehe Tab. 5.5.

Mit diesen Überlegungen stellen wir fest, dass der Steuerwinkel des Rotorkopfes η_{RH} nahezu linear um etwa 1° pro 50 km/h abnimmt. Dies ergibt sich ausschließlich daraus, dass der Schlagwinkel um etwa 1° pro 50 km/h zunimmt.

Nun wollen wir wissen, wie sich der Schuboffset auswirkt.

5.3.2 Einfluss des Schuboffsets

Im Fall mit Schuboffset verläuft die Wirklinie des Propellerschubs mit dem Abstand h_{Prop} oberhalb des Schwerpunkts (CG), siehe Abb. 5.22.

Tab. 5.5 Anstell- und Steuerwinkel des Referenztragschraubers (Fall 1: Ohne Schuboffset, ohne Leitwerkskraft)

V [km/h]	μ_R [-]	α_R [°]	β_{Blc} [°]	α_{RH} [°]	η_{RH} [°]	α [°]
50	*0,10*	*19,9*	*1,4*	18,5	0,6	17,9
100	*0,19*	*6,4*	*2,4*	4,0	–0,4	4,4
150	*0,28*	*3,5*	*3,3*	0,2	–1,3	1,5

Die Werte in kursiv stammen aus Tab. 5.1

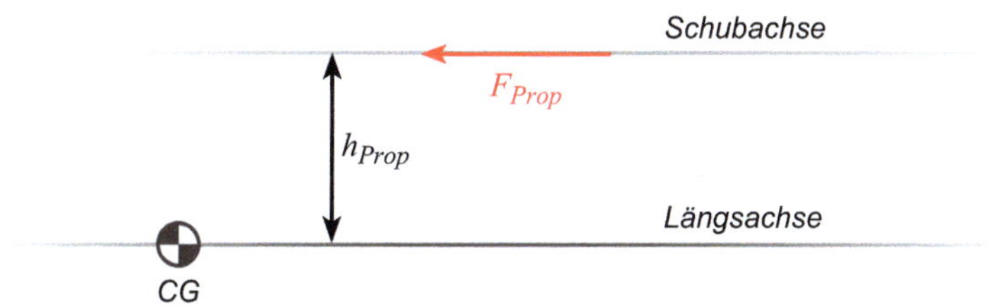

Abb. 5.22 Mit Schuboffset verläuft die Wirklinie des Propellerschubs oberhalb des Schwerpunkts und erzeugt ein abnickendes Moment um den Schwerpunkt (CG)

Aufgrund des Schuboffsets entsteht ein Moment M_{Prop} um den Schwerpunkt (CG), das die Nase des Tragschraubers nach unten drückt. Dadurch neigt sich die Längsachse des Rumpfes und wir erwarten einen kleineren Anstellwinkel α als im Fall ohne Schuboff set.

Bei den folgenden Überlegungen nehmen wir an, dass das Schubmoment M_{Prop} den Rotorkopfanstellwinkel α_{RH} nicht ändert. Dem Rotor ist es quasi egal, wie die Wirklinie des Propellerschubs verläuft. Er muss in beiden Fällen etwa den gleichen Auftrieb liefern. Durch die Neigung der Nase nach unten steigt dann der Steuerwinkel η_{RH}.

Das Schubmoment ist laut Definition negativ, da die Nase heruntergedrückt wird:

$$M_{\text{Prop}} = -F_{\text{Prop}} \cdot h_{\text{Prop}}.$$

Wir nehmen weiterhin an, dass der parasitäre Widerstand im Schwerpunkt (CG) angreift und dass keine Leitwerkskraft wirkt. Für unser gesuchtes Gleichgewicht muss das Schubmoment M_{Prop} nun durch ein Gegenmoment ausgeglichen werden. Hierzu muss die Rotorkraft F_R durch die Steuerung so geneigt werden, dass ihre Wirklinie vor dem Schwerpunkt (CG) entlang verläuft, siehe Abb. 5.23.

Den Neigungswinkel zwischen der Wirklinie der Rotorkraft F_R und der Verbindungslinie zwischen Rotornickachse (PPB) und Schwerpunkt (CG) nennen wir λ_R.

Hinweis: Im Fall ohne Schuboffset verlief die Wirklinie der Rotorkraft F_R genau durch den Schwerpunkt. Der Neigungswinkel λ_R wäre in diesem Fall gleich Null. Durch den Schuboffset ergibt sich ein positiver Neigungswinkel λ_R.

Die Wirklinie der Rotorkraft F_R hat den Abstand l_λ vom Schwerpunkt (CG) und es gilt folgender Zusammenhang:

$$\lambda_R = \arcsin \frac{l_\lambda}{h_R} \approx \frac{l_\lambda}{h_R}. \tag{5.17}$$

Die Vereinfachung ist zulässig, da der Neigungswinkel klein ist. Der Abstand zwischen der Wirklinie der Rotorkraft F_R und dem Schwerpunkt (CG) beträgt:

$$l_\lambda \approx \lambda_R \cdot h_R. \tag{5.18}$$

Das Moment der Rotorkraft um den Schwerpunkt ergibt sich zu:

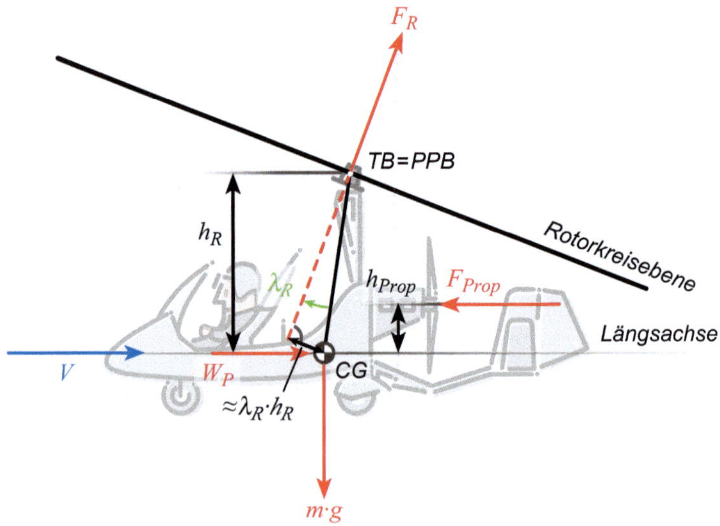

Abb. 5.23 Aufgrund des Schuboffsets verläuft die Wirklinie der Rotorkraft vor dem Schwerpunkt (CG) entlang (Hinweis: Die Leitwerkskraft wird vernachlässigt)

$$M_R \approx \lambda_R \cdot h_R \cdot F_R. \tag{5.19}$$

Für das Gleichgewicht der Momente um den Schwerpunkt (CG) gilt:

$$M_R + M_{Prop} \approx \lambda_R \cdot h_R \cdot F_R - F_{Prop} \cdot h_{Prop} = 0. \tag{5.20}$$

Umgeformt:

$$\lambda_R \approx \frac{F_{Prop}}{F_R} \cdot \frac{h_{Prop}}{h_R}. \tag{5.21}$$

Da sich der Rotorkopfanstellwinkel α_{RH} aufgrund des Schubmoments M_{Prop} nicht ändert, neigt sich der Rumpf um den Wert λ_R weiter nach unten als ohne Schuboffset.

Der Anstellwinkel α sinkt somit um den Wert der Rotorkraftneigung λ_R:

$$\alpha \approx \underbrace{\alpha_R - \frac{l_R}{h_R}}_{\text{ohne Schuboffset}} - \lambda_R. \tag{5.22}$$

Rotorkraftneigung:	$\lambda_R \approx \frac{F_{Prop}}{m \cdot g} \cdot \frac{h_{Prop}}{h_R}$ mit $F_{Prop} = W$, $h_{Prop} = 0{,}37\,\text{m}$, $h_R = 1{,}69\,\text{m}$.
Steuerwinkel:	$\eta_{RH} \approx \frac{l_R}{h_R} - \beta_{Blc} + \lambda_R$, mit $l_R = 0{,}06$ m, $h_R = 1{,}69$ m.
Anstellwinkel:	$\alpha = \alpha_R - \beta_{Blc} - \eta_{RH}$.

Tab. 5.6 Anstell- und Steuerwinkel des Referenztragschraubers (Fall 2: Mit Schuboffset, ohne Leitwerkskraft)

					Ohne Schuboffset		Mit Schuboffset		
V [km/h]	μ_R [-]	α_R [°]	β_{Blc} [°]	F_{Prop} [N]	η_{RH} [°]	α [°]	λ_R [°]	η_{RH} [°]	α [°]
50	*0,10*	*19,9*	*1,4*	*1.428*	0,6	17,9	4,7	5,3	13,2
100	*0,19*	*6,4*	*2,4*	*902*	–0,4	4,4	2,9	2,5	1,5
150	*0,28*	*3,5*	*3,3*	*1.299*	–1,3	1,5	4,2	2,9	–2,7

Die Werte in kursiv stammen aus Tab. 5.5

Der Steuerwinkel steigt somit um den Wert λ_R. Wir fassen die neuen Formeln und Zahlenwerte für den Referenztragschrauber zusammen:

Diese Formeln berechnen wir für die drei Fluggeschwindigkeiten mit den Werten aus Tab. 5.5, siehe Tab. 5.6.

Der Neigungswinkel der Rotorkraft λ_R verändert sich mit der Fluggeschwindigkeit V, weil sich die Schubkraft des Propellers F_{Prop} ändert. Wir stellen fest:

▶ Die Nase des Referenztragschraubers wird durch den Schuboffset von $h_{Prop} = 0{,}37\,\text{m}$ je nach Fluggeschwindigkeit um etwa 3° bis 4° nach unten gedrückt.

Diese Überlegungen sind eine wichtige Basis für die Betrachtung der Flugstabilität des Tragschraubers (siehe Abschn. 5.5).

Nun nehmen wir das Höhenleitwerk dazu.

5.3.3 Einfluss des Höhenleitwerks

Wir berücksichtigen nur den Auftrieb A_H des Höhenleitwerks. Der Widerstand des Höhenleitwerks ist bei unserer Betrachtung bereits im parasitären Widerstand W_P berücksichtigt. Wir setzen folgende Formel für den Auftrieb des Höhenleitwerks an:

$$A_H = \frac{\rho}{2} \cdot V^2 \cdot S_H \cdot C_{AH}. \tag{5.23}$$

Effekte aufgrund der Interaktion mit Propeller und Rotor vernachlässigen wir. Das ist natürlich eine Steilvorlage für Prof. Achtung.

▶ Prof. Achtung weist darauf hin, dass der Abwind am Höhenleitwerk nicht konstant ist. Hier spielen zahlreiche Effekte eine Rolle. Insbesondere der Propellerstrahl wirkt je nach Triebwerksleistung unterschiedlich auf das Leitwerk. Auch der induzierte Abwind des Rotors und der Nachlauf des Rumpfes wirken sich auf die Aerodynamik des Leitwerks aus.

Wir nehmen diese hochinteressante Ausführung zur Kenntnis und beschließen, dass wir es trotzdem mit den einfachen Ansätzen versuchen.

Der Auftriebsbeiwert des Höhenleitwerks beträgt:

$$C_{AH} \approx C_{AH\alpha} \cdot \alpha_H. \tag{5.24}$$

Der Auftriebsgradient des Höhenleitwerks liegt beim Referenztragschrauber bei $C_{AH\alpha} = 3{,}6$, (siehe Anhang). Der Einstellwinkel des Höhenleitwerks, also der Winkel zwischen der Profilsehne des Höhenleitwerks und der Längsachse, liegt beim Referenztragschrauber bei $\varepsilon_H \approx -5°$. Der Anstellwinkel des Höhenleitwerks ergibt sich zu:

$$\alpha_H = \alpha + \varepsilon_H. \tag{5.25}$$

Abb. 5.24 zeigt den Zusammenhang.

Damit ergibt sich der Auftrieb des Höhenleitwerks zu:

$$A_H \approx \frac{\rho}{2} \cdot V^2 \cdot S_H \cdot C_{AH\alpha} \cdot (\alpha + \varepsilon_H). \tag{5.26}$$

Die Leitwerksfläche des Referenztragschraubers beträgt $S_H = 0{,}65\ \text{m}^2$ (siehe Anhang). Ohne Anstellwinkel des Höhenleitwerks ($\alpha_H = 0$) verschwindet der Auftrieb des Höhenleitwerks ($A_H = 0$). Dieser Fall tritt für unseren Referenztragschrauber ein, wenn der Anstellwinkel $\alpha \approx 5°$ beträgt. Bei größeren Anstellwinkeln entsteht ein Auftrieb, bei kleineren ein Abtrieb. Der Auftrieb des Höhenleitwerks erzeugt ein Moment um den Schwerpunkt von:

$$M_H = -A_H \cdot l_H \cdot \cos\alpha \approx -A_H \cdot l_H. \tag{5.27}$$

Zusammen mit Gl. 5.26 ergibt sich:

$$M_H \approx -\frac{\rho}{2} \cdot V^2 \cdot S_H \cdot l_H \cdot C_{AH\alpha} \cdot (\alpha + \varepsilon_H). \tag{5.28}$$

Beim Referenztragschrauber beträgt der Hebelarm vom Höhenleitwerk zum Schwerpunkt (CG) $l_H = 1{,}7\ \text{m}$ (siehe Anhang). Im Fall eines positiven Auftriebs, also einer Kraft nach

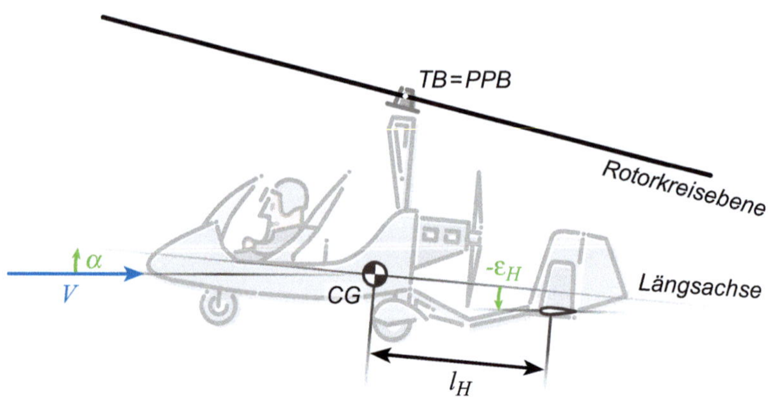

Abb. 5.24 Der Anstellwinkel des Höhenleitwerks ergibt sich aus dem Anstellwinkel des Rumpfes und dem Einstellwinkel

oben, würde das Höhenleitwerk ein Moment um den Schwerpunkt erzeugen, das die Nase nach unten drückt. Per Definition ist dies ein negatives Moment. Beim Referenztragschrauber wirkt der Auftrieb des Höhenleitwerks oberhalb einer Fluggeschwindigkeit von $V \approx 70$ km/h nach unten, wie wir sehen werden. Die Auftriebskraft nach unten, wir nennen sie Abtrieb, erzeugt nach dieser Logik ein Moment M_H, das die Nase aufrichtet, siehe Abb. 5.25.

Das zusätzliche Moment des Höhenleitwerks M_H um den Schwerpunkt (CG) wird durch eine geänderte Neigung der Rotorkraft F_R kompensiert. Je nach Größe des Abtriebs und des Schuboffsets verläuft die Wirklinie der Rotorkraft F_R hinter dem Schwerpunkt (CG) entlang.

Abb. 5.26 zeigt die Neigung der Rotorkraft für den Fall mit Schuboffset und Höhenleit werk.

Für das ersehnte Gleichgewicht der Momente um den Schwerpunkt (CG) gilt:

$$M_R + M_{Prop} + M_H = 0. \tag{5.29}$$

Einsetzen der drei Anteile ergibt:

$$F_R \cdot h_\mathrm{R} \cdot \lambda_R - F_{Prop} \cdot h_{Prop} - \frac{\rho}{2} \cdot V^2 \cdot S_H \cdot C_{AH\alpha} \cdot (\alpha + \varepsilon_H) \cdot l_H = 0. \tag{5.30}$$

Die Rotorkraftneigung λ_R und der Anstellwinkel α hängen nach Gl. 5.22 wie folgt zusammen:

$$\lambda_R = \alpha_R - \alpha - \frac{l_R}{h_R}. \tag{5.31}$$

Eingesetzt in die Formel mit $F_R \approx m \cdot g$ und aufgelöst nach dem Anstellwinkel

$$\alpha \approx \frac{m \cdot g \cdot h_R \cdot \left(\alpha_R - \frac{l_R}{h_R} \right) - F_{Prop} \cdot h_{\mathrm{Prop}} - \frac{\rho}{2} \cdot V^2 \cdot S_H \cdot C_{AH\alpha} \cdot l_H \cdot \varepsilon_H}{m \cdot g \cdot h_R + \frac{\rho}{2} \cdot V^2 \cdot S_H \cdot C_{AH\alpha} \cdot l_H} \tag{5.32}$$

sind wir am Ziel unserer Träume angelangt.

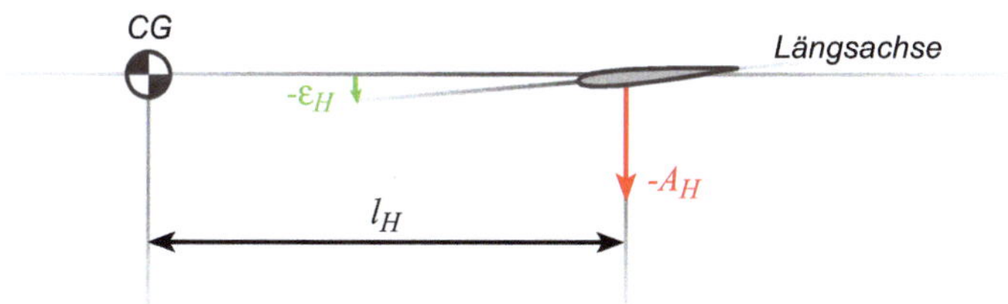

Abb. 5.25 Der Abtrieb des Höhenleitwerks erzeugt ein Moment um den Schwerpunkt (CG), das die Nase des Tragschraubers aufrichtet

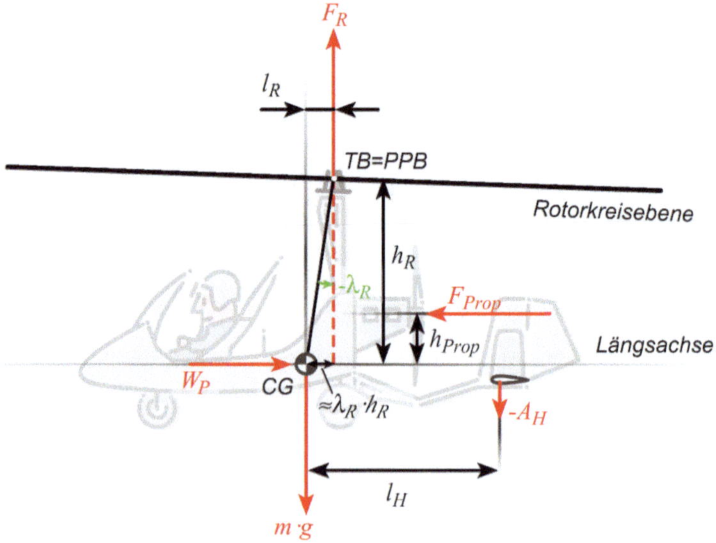

Abb. 5.26 Abhängig vom Abtrieb des Höhenleitwerks und vom Schuboffset verläuft die Wirklinie der Rotorkraft hinter dem Schwerpunkt (CG) entlang

Wir berechnen den Anstellwinkel mit Gl. 5.32, den Daten des Referenztragschraubers sowie den Werten aus Tab. 5.5.

Daten:	$S_H = 0{,}65\ \text{m}^2,\ l_H = 1{,}7\,\text{m},\ C_{AH\alpha} \approx 3{,}6,\ \varepsilon_H \approx -5°,$ $h_{\text{Prop}} = 0{,}37\,\text{m},\ h_R = 1{,}69\,\text{m},\ l_R = 0{,}06\,\text{m}.$
Steuerwinkel:	$\eta_{RH} = \alpha_R - \alpha - \beta_{Blc}.$
Auftrieb Höhenleitwerk:	$A_H \approx \frac{\rho}{2} \cdot V^2 \cdot S_H \cdot C_{AH\alpha} \cdot (\alpha + \varepsilon_H).$

Tab. 5.7 zeigt die Werte für Anstell-, Steuer- und Knüppelwinkel sowie Auftrieb des Höhenleitwerks.

Diese einfachen Berechnungen stimmen vergleichsweise gut mit den Ergebnissen aus den Flugtests mit einem MTOsport überein (siehe Anhang). Prof. Achtung hat jedoch eine Anmerkung.

▶ Prof. Achtung weist darauf hin, dass bei 150 km/h ein erheblicher Abtrieb am Höhenleitwerk entsteht. Damit die Masse getragen werden kann, muss der Auftrieb des Rotors um den Betrag dieses Abtriebs steigen. Und da das Leitwerk bei kleinen Fluggeschwindigkeiten besonders stark vom Propellerstrahl beeinflusst wird, ist der für 50 km/h berechnete Wert fraglich. Außerdem ändern sich Auftrieb, Widerstand und Nickmoment der Zelle abhängig vom Anstellwinkel.

Tab. 5.7 Anstell-, Steuer- und Knüppelwinkel sowie Auftrieb des Höhenleitwerks unseres Referenztragschraubers (Fall 3: Mit Schuboffset und Leitwerkskraft)

V [km/h]	α_R [°]	β_{Blc} [°]	W [N]	α [°]	η_{RH} [°]	η_{Stick} [°]	A_H [N]
50	*19,9*	*1,4*	*1.428*	12,7	5,8	1,6	37
100	*6,4*	*2,4*	*902*	2,2	1,8	−6,4	−53
150	*3,5*	*3,3*	*1.299*	0,3	−0,1	−10,2	−204

Die Werte in kursiv stammen aus Tab. 5.5

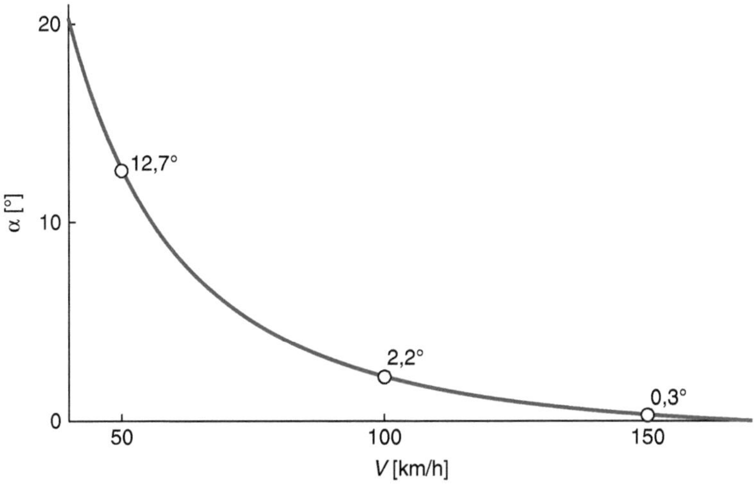

Abb. 5.27 Der Anstellwinkel nimmt mit der Fluggeschwindigkeit ab (Daten Referenztragschrauber, analytische Formel)

Der Professor hat natürlich Recht. Wir sind trotzdem sehr zufrieden mit der erreichten Genauigkeit.

Abb. 5.27 zeigt den Verlauf des Anstellwinkels α abhängig von der Fluggeschwindigkeit V. Bei einer Fluggeschwindigkeit von $V = 150\,\text{km/h}$ liegt der Anstellwinkel bei $\alpha \approx 0$ und die Längsachse des Tragschraubers ist etwa horizontal ausgerichtet. Bei einer Fluggeschwindigkeit von $V = 50\,\text{km/h}$ nimmt der Tragschrauber die Nase stark nach oben. Der Anstellwinkel liegt dann bei $\alpha \approx 13°$.

Der Steuerknüppel befindet sich bei einer Fluggeschwindigkeit von $V = 50\,\text{km/h}$ etwa in der Mitte:

$$\eta_{Stick} \approx 1{,}6°.$$

Bei einer Fluggeschwindigkeit von $V = 150\,\text{km/h}$ beträgt der Knüppelwinkel:

$$\eta_{Stick} \approx -10{,}2°.$$

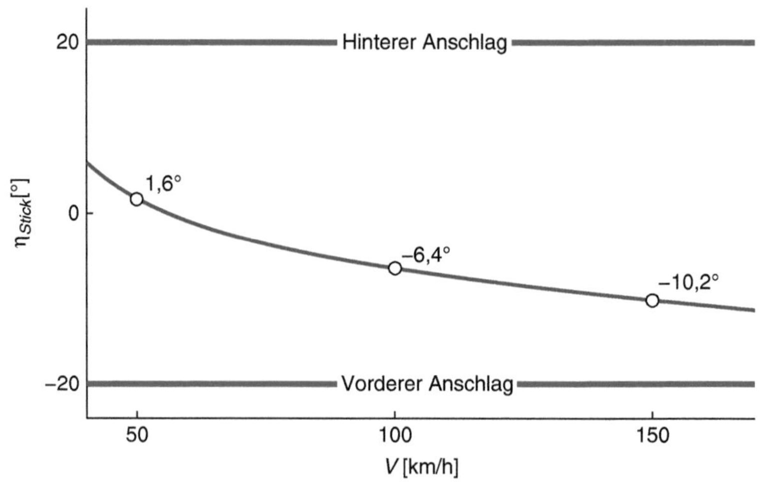

Abb. 5.28 Der Steuerwinkel des Knüppels nimmt mit der Fluggeschwindigkeit ab (Daten Referenztragschrauber, analytische Formel)

Der Steuerknüppel wandert bei dieser Geschwindigkeitsspanne von $\Delta V = 100$ km/h um etwa 12° nach vorne, siehe Abb. 5.28. Dies entspricht bei einer Länge des Steuerknüppels von $l_{Stick} = 0{,}45\,\text{m}$ einem Weg von etwa 9 cm.

Abb. 5.29 zeigt den Auftrieb des Höhenleitwerks A_H abhängig von der Fluggeschwindigkeit V. Oberhalb einer Fluggeschwindigkeit von $V = 75\,\text{km/h}$ erzeugt das Höhenleitwerk des Referenztragschraubers einen Abtrieb, also eine Luftkraft nach unten.

5.3.4 Einfluss der Beladung

Abschließend fragen wir uns, wie sich die Fluglage mit der Schwerpunktlage bzw. der Beladung ändert. Wir nehmen an, dass anstelle unseres Referenzpiloten mit 82 kg,

- eine 57 kg leichte Pilotin oder
- ein 107 kg schwerer Pilot

den Referenztragschrauber fliegt.

Eine Variation der Masse von ±25 kg auf dem Pilotensitz bewirkt eine horizontale Schwerpunktverschiebung von etwa $\pm 0{,}05$ m (siehe Anhang). Wir werten damit die Formeln für eine Fluggeschwindigkeit von $V = 100\,\text{km/h}$ aus, siehe Tab. 5.8.

Die Schwerpunktverschiebung von $\pm 0{,}05$ m zusammen mit der Massenänderung von ±25 kg ändert den Anstellwinkel α und damit die Fluglage des Rumpfes um etwa ±1°. Der Knüppelwinkel η_{Stick} ändert sich um etwa ±3°.

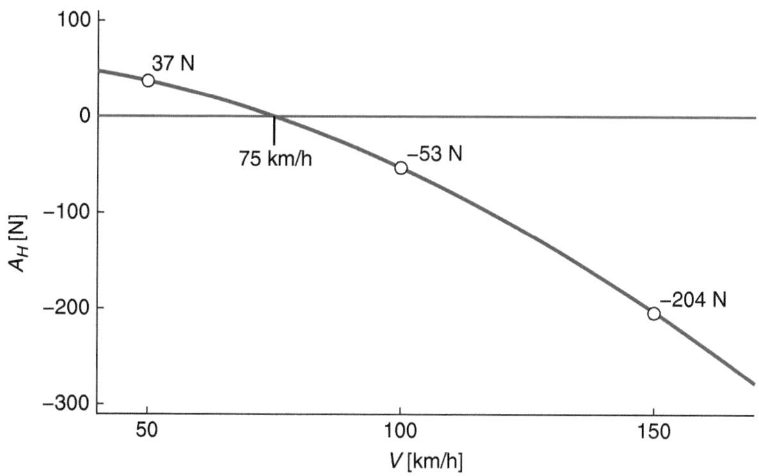

Abb. 5.29 Oberhalb einer Fluggeschwindigkeit von 75 km/h entsteht ein Abtrieb am Höhenleitwerk (Daten Referenztragschrauber, analytische Formel)

Tab. 5.8 Einfluss der Schwerpunktlage und Masse auf den Anstell- und den Steuerwinkel des Knüppels (Daten Referenztragschrauber, Fluggeschwindigkeit 100 km/h, analytische Formel)

	m [kg]	l_R [m]	α_R [°]	β_{Blc} [°]	W [N]	α [°]	η_{RH} [°]	η_{Stick} [°]
Leichte Pilotin 57 kg	367	0,01	6,1	2,5	856	3,3	0,3	–9,4
Referenzpilot 82 kg	392	0,06	6,4	2,4	902	2,2	1,8	–6,4
Schwerer Pilot 107 kg	417	0,11	6,7	2,3	951	1,1	3,3	–3,4

Wir haben es damit mathematisch bewiesen: Bei schlanken Frauen ist die Nase ein wenig weiter oben. Dies gilt allerdings nur im Tragschrauber, siehe Abb. 5.30.

Nachdem wir verstanden haben, wie sich der Steuerwinkel und die Fluglage im Vorwärtsflug verhalten, interessiert uns nun eine mindestens genauso wichtige Größe, und zwar die Handkraft am Steuerknüppel.

5.4 Handkraft

Die Handkraft ist eine sehr wichtige Rückmeldung für Piloten beim Fliegen. Sie ist sogar wichtiger als die Stellung des Steuerknüppels, solange sich dieser nicht in der Nähe eines Anschlags befindet.

Wir beschäftigen uns nun mit der Frage, wie die Handkraft im Vorwärtsflug entsteht und wie groß sie etwa ist. Hierzu betrachten wir ein weiteres System am Tragschrauber, und zwar die Trimmanlage, kurz die Trimmung. Heutige Tragschrauber sind mit Trimmanlagen

Abb. 5.30 Die Nase des Tragschraubers neigt sich bei einer leichteren Pilotin nach oben

ausgestattet, die entweder pneumatisch oder mechanisch Zusatzkräfte am Rotorkopf aufbringen. Damit kann die Handkraft am Steuerknüppel „weggetrimmt" werden und der Pilot kann den Steuerknüppel im Flug zumindest kurzzeitig loslassen.

Zieht der Pilot im ausgetrimmten Flug den Steuerknüppel nach hinten, so spürt er eine Handkraft F_{Hand}, die dem Ziehen entgegenwirkt. Nimmt er die Handkraft zurück, so bewegt sich der Steuerknüppel wieder an die Ausgangsposition zurück. Abhängig von der Gashebelstellung, der Flugmasse, der Schwerpunktlage und der Fluggeschwindigkeit gibt es eine definierte Knüppelstellung, an der die Handkraft verschwindet.

Der Pilot eines Tragschraubers steuert mit dem Knüppel die Lage des Rotorkopfes und neigt damit die Rotorkraft. Beispiel: Der Pilot zieht bei einer ausgetrimmten Fluggeschwindigkeit von $V_0 = 100\,\mathrm{km/h}$ mit einer Kraft von 1 N, also dem Gewicht einer Tafel Schokolade, am Steuerknüppel. Dies führt zu einer minimalen Neigung des Steuerknüppels hinten. Damit neigt sich der Rotorkopf leicht nach hinten. Der Rotoranstellwinkel steigt, der Tragschrauber verzögert und findet bei einer kleineren Fluggeschwindigkeit $V_1 < 100\,\mathrm{km/h}$ ein neues Gleichgewicht. Der Pilot muss nun allerdings ständig mit 1 N ziehen, um die neue Geschwindigkeit V_1 zu halten.

Diesen Vorgang wollen wir etwas genauer betrachten, nachdem wir uns klar gemacht haben, wie die Handkraft bei einem Flugzeug entsteht, siehe Abb. 5.31.

Der Pilot des Flugzeugs zieht am Steuerknüppel mit der Handkraft F_{Hand}. Daraufhin bewegt sich der Steuerknüppel nach hinten und das Höhenruder nach oben. Es entsteht eine Ruderkraft F_{Ruder}, die ein Moment um das Scharnier erzeugt und über die Steuerung an den Knüppel übertragen wird. Dies ist die Handkraft F_{Hand}, die der Pilot spürt.

Abb. 5.31 Bei einem Flugzeug mit mechanischer Steuerung überträgt sich die Ruderkraft zum Steuerknüppel und ist für den Piloten als Handkraft spürbar

Wenn das Ruder nach oben ausschlägt, erzeugt das Höhenleitwerk einen Abtrieb und damit ein aufnickendes Moment um den Schwerpunkt des Flugzeugs (CG). Das Flugzeug nimmt die Nase nach oben.

Zurück zum Tragschrauber: Wenn der Pilot den Steuerknüppel mit der Handkraft F_{Hand} nach hinten zieht, wird der Rotorkopf über das Steuergestänge um die Rotornickachse (PPB) nach hinten geneigt. Zur Abschätzung der Handkraft F_{Hand} betrachten wir nun das Moment um die Rotornickachse (PPB).

5.4.1 Moment um die Rotornickachse

Der Rotorkopf des Referenztragschraubers ist so konstruiert, dass es

- einen horizontalen Abstand zwischen Rotornickachse (PPB) und Schlaggelenk (TB) l_{RH} sowie
- einen vertikalen Abstand zwischen Rotornickachse (PPB) und Schlaggelenk (TB) h_{RH}

gibt, siehe Abb. 5.32.

Den horizontalen Abstand l_{RH} nennen wir „Offset des Rotorkopfes".

Die beiden Abstände l_{RH} und h_{RH} sind wichtig für die entstehende Handkraft F_{Hand}, die der Pilot spürt. Um die Auswirkung der beiden Abstände zu verdeutlichen, beginnen wir mit der Betrachtung des Gleichwichts der Momente um die Rotornickachse (PPB). Zum Einstieg in das Thema verlassen wir kurzzeitig den Vorwärtsflug und betrachten den senkrechten Sinkflug, denn dabei ist der Schlagwinkel β_{Blc} gleich Null.

Am Schlaggelenk (TB) wirken die Gewichtskraft des Rotors $m_R \cdot g$ und die Rotorkraft F_R, siehe Abb. 5.33.

Das Rotormoment um die Rotornickachse (PPB) beträgt dann:

$$M_{PPB} \approx -F_{\mathrm{R}} \cdot l_{RH} + m_R \cdot g \cdot l_{RH}. \tag{5.33}$$

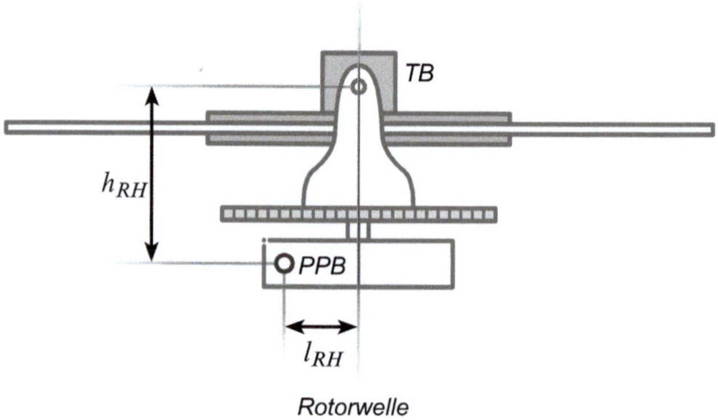

Abb. 5.32 Bezogen auf die Rotorwelle gibt es einen horizontalen und einen vertikalen Abstand zwischen Rotornickachse (PPB) und Schlaggelenk (TB)

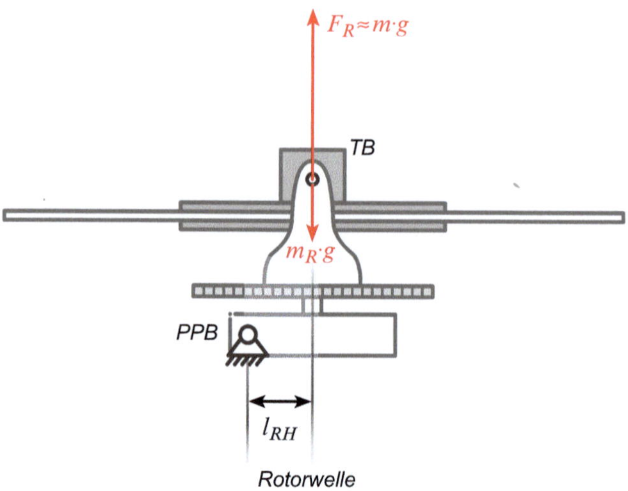

Abb. 5.33 Der Offset des Rotorkopfes bewirkt ein abnickendes Moment des Rotors um die Rotornickachse (PPB) (Hinweis: Darstellung senkrechter Sinkflug ohne Schlagwinkel)

Dabei ist m_R die Rotormasse, bestehend aus dem Rotorkopf und den beiden Rotorblättern. Mit $F_R = m \cdot g$ erhalten wir das Rotormoment um die Rotornickachse (PPB):

$$M_{PPB} \approx -(m - m_R) \cdot g \cdot l_{RH}. \tag{5.34}$$

Der negative Wert zeigt, dass der Rotor eigentlich immer abnicken will. Für den Referenztragschrauber mit einem Offset des Rotorkopfes von $l_{RH} = 0{,}02\,\mathrm{m}$ und einer Rotormasse von $m_R = 30\,\mathrm{kg}$ ergibt sich:

$$M_{PPB} \approx -(m - m_R) \cdot g \cdot l_{RH} = (392\ \mathrm{kg} - 30\ \mathrm{kg}) \cdot 9{,}81\ \mathrm{m/s^2} \cdot 0{,}02\ \mathrm{m} \approx -71\ \mathrm{Nm}.$$

Dies entspricht bei einer Länge des Steuerknüppels von $l_{Stick} = 0{,}45\,\text{m}$ und einer Steuerübersetzung von $i_R = 2$ einer Handkraft von:

$$F_{Hand} \approx \frac{-\Delta M_{PPB}}{i_R \cdot l_{Stick}} \approx \frac{71\ \text{Nm}}{2 \cdot 0{,}45\ \text{m}} \approx 79N.$$

Der Pilot müsste ohne Einsatz der Trimmung mit etwa „8 Kilo" ziehen, um den Referenztragschrauber im senkrechten Sinkflug zu halten. Üblicherweise haben heutige Tragschrauber eine vom Piloten ansteuerbare Trimmanlage, die eine Zusatzkraft erzeugt, so dass die Handkraft verschwindet. Diese würde der Pilot normalerweise nutzen, um die Handkraft zu minimieren.

Wir gehen wieder in den Vorwärtsflug über und betrachten die Handkräfte für verschiedene Fluggeschwindigkeiten. Zur besseren Vergleichbarkeit setzen wir die Trimmkraft auf Null. Das Rotormoment um die Rotornickachse (PPB) besteht im unbeschleunigten Flug aus den folgenden drei Anteilen:

- Moment aufgrund der Rotorkraft F_R,
- Moment aufgrund der Gewichtskraft des Rotors $m_R \cdot g$,
- Moment aufgrund des Widerstands des Rotorkopfes W_{RH}.

Wir beginnen mit dem Moment aufgrund der Rotorkraft.

Anteil der Rotorkraft

Dieser Anteil war bereits in unserem Beispiel der senkrechten Autorotation wirksam und zwar für den Sonderfall Schlagwinkel gleich Null. Im Vorwärtsflug mit einem Schlagwinkel $\beta_{Blc} > 0$ verringert sich der Abstand zwischen der Wirklinie der Rotorkraft F_R und der Rotornickachse (PPB), siehe Abb. 5.34. Der Abstand der Wirklinie der Rotorkraft zur Rotornickachse (PPB) beträgt:

$$l_1 = l_{RH} - h_{RH} \cdot \sin\beta_{Blc} \approx l_{RH} - h_{RH} \cdot \beta_{Blc}. \tag{5.35}$$

Das Moment um die Rotornickachse (PPB) aufgrund der Rotorkraft beträgt:

$$M_{PPB,1} \approx -F_R \cdot (l_{RH} - h_{RH} \cdot \beta_{Blc}). \tag{5.36}$$

Mit $F_R \approx m \cdot g$ ergibt sich:

$$M_{PPB,1} \approx -m \cdot g \cdot (l_{RH} - h_{RH} \cdot \beta_{Blc}). \tag{5.37}$$

Das Moment um die Rotornickachse (PPB) ist negativ, wenn gilt:

$$l_{RH} - h_{RH} \cdot \beta_{Blc} > 0. \tag{5.38}$$

Dies ist der Normalfall. Für unrealistisch große Schlagwinkel von $\beta_{Blc} > 5°$ ergäbe sich ein positives Moment um die Rotornickachse (PPB).

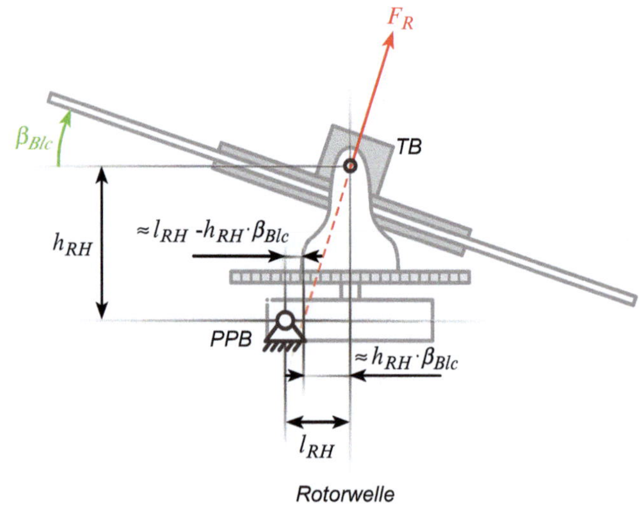

Abb. 5.34 Der Hebelarm der Rotorkraft zur Rotornickachse (PPB) hängt vom Schlagwinkel ab

Anteil der Gewichtskraft des Rotors

Die Gewichtskraft des Rotors $m_R \cdot g$ wirkt immer genau nach unten. Abhängig vom Rotorkopfanstellwinkel hat die Wirklinie der Gewichtskraft des Rotors einen Abstand zur Rotornickachse (PPB) von:

$$l_2 = h_{RH} \cdot \sin\alpha_{RH} + l_{RH} \cdot \cos\alpha_{RH} \approx h_{RH} \cdot \alpha_{RH} + l_{RH}. \tag{5.39}$$

Das Moment um die Rotornickachse (PPB) aufgrund der Gewichtskraft des Rotors beträgt:

$$M_{PPB,2} \approx m_R \cdot g \cdot \left(h_{RH} \cdot \alpha_{RH} + l_{RH}\right). \tag{5.40}$$

Abb. 5.35 zeigt den Anteil des Moments um die Rotornickachse (PPB) aufgrund der Gewichtskraft des Rotors $m_R \cdot g$.

Dieser Anteil ist im Horizontalflug üblicherweise positiv. Der Rotorkopf wird durch die Gewichtskraft des Rotors immer nach hinten gezogen.

► Prof. Achtung weist darauf hin, dass in dieser Betrachtung der Nickwinkel des Rotorkopfes eingesetzt werden müsste. Dieser entspricht nur im Horizontalflug dem Rotorkopfanstellwinkel. Im Steigflug vergrößert sich der Nickwinkel des Rotorkopfes und das Moment um den PPB steigt.

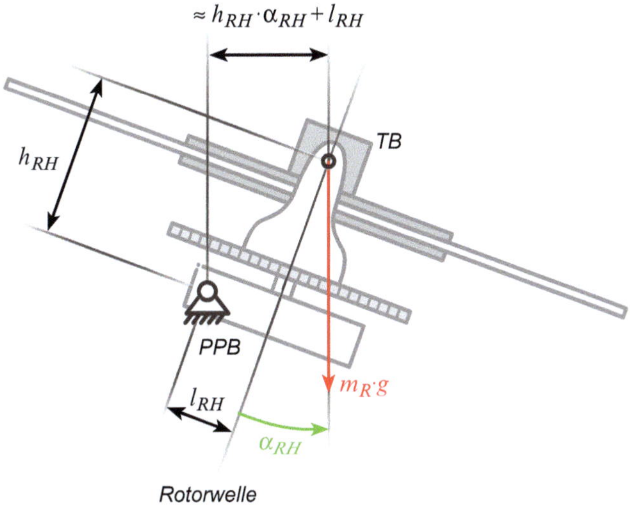

Abb. 5.35 Das Moment um die Rotornickachse (PPB) aufgrund der Gewichtskraft des Rotors steigt mit dem Anstellwinkel des Rotorkopfes

Der Professor hat Recht, wir behandeln hier aber nur den Horizontalflug.

Anteil des Widerstands des Rotorkopfes

Der Widerstand des Rotorkopfes einschließlich Rotorbrücke und allen Anbauteilen ist bei unserer bisherigen Betrachtung im parasitären Widerstand des Tragschraubers enthalten. Für die Analyse der Momente um die Rotornickachse (PPB) betrachten wir diesen Anteil nun separat. Wir nehmen an, dass der Widerstand des Rotorkopfes auf Höhe des Schlaggelenkes (TB) angreift, siehe Abb. 5.36. Das entstehende Moment um die Rotornickachse (PPB) beträgt dann:

$$M_{PPB,3} \approx W_{RH} \cdot h_{RH} \cdot \cos\alpha_{RH}. \tag{5.41}$$

Dieser Anteil wirkt immer positiv. Der Rotorkopf wird durch seinen Widerstand nach hinten gezogen. Aber wie groß ist der Widerstand des Rotorkopfes W_{RH}?

Wir wissen es nicht und leiten die Fragestellung an Prof. Achtung weiter.

▶ Prof. Achtung führt aus, dass die Umströmung des Rotorkopfes zahlreiche komplexe aerodynamische Phänomene mit teilweise abgelöster Strömung hervorruft. Der Widerstand des Rotorkopfes kann nur mit numerischen Strömungssimulationen berechnet oder im Windkanal gemessen werden. Außerdem weist der Professor darauf hin, dass das Moment negativ wird, wenn der Tragschrauber rückwärts fliegt.

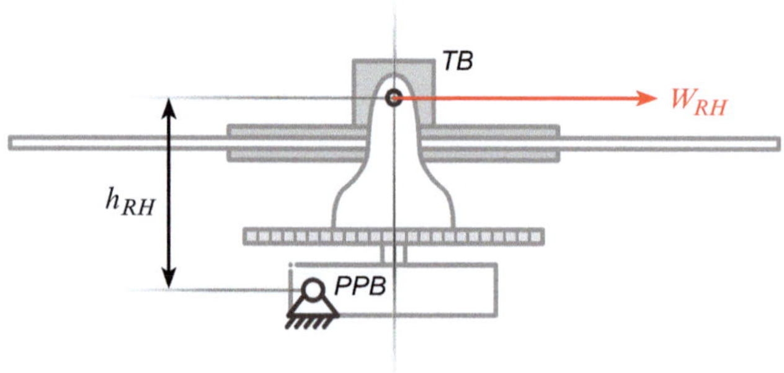

Abb. 5.36 Der parasitäre Widerstand des Rotorkopfes bewirkt ein aufnickendes Moment um die Rotornickachse (PPB)

Den Punkt „Rückwärtsfliegen" nehmen wir etwas verstört zur Kenntnis. Die weiteren Ausführungen haben wir nicht komplett verstanden und gehen davon aus, dass der parasitäre Widerstand des Rotorkopfes W_{RH} quadratisch mit der Fluggeschwindigkeit V zunimmt. Außerdem schwankt der Widerstand zweimal pro Rotorumdrehung. Es ist offensichtlich, dass der Widerstand maximal ist, wenn die Rotorbrücke quer zur Flugrichtung steht. Wir betrachten allerdings nur den Mittelwert über eine Umdrehung:

$$W_{RH} = \frac{\rho}{2} \cdot V^2 \cdot S_{RH} \cdot C_{WRH} . \tag{5.42}$$

Wir kennen den Widerstandsbeiwert des Rotorkopfes leider nicht. Wir schätzen, dass der Widerstand des Rotorkopfes etwa 5 % des gesamten parasitären Widerstands des Referenztragschraubers entspricht (siehe Anhang). Damit ergibt sich:

$$S_{RH} \cdot C_{WRH} \approx 0{,}05.$$

5.4.2 Einfluss der Fluggeschwindigkeit

Aus den drei Anteilen ergibt sich das Moment um die Rotornickachse (PPB):

$$\begin{aligned} M_{PPB} \approx & \underbrace{-m \cdot g \cdot (l_{RH} - h_{RH} \cdot \beta_{Blc})}_{\text{1. aus Rotorkraft}} \\ & + \underbrace{m_R \cdot g \cdot \left(h_{RH} \cdot \alpha_{RH} + l_{RH}\right)}_{\text{2. aus Gewichtskraft des Rotors}} \\ & + \underbrace{W_{RH} \cdot h_{RH}}_{\substack{\text{3. aus Widerstand} \\ \text{des Rotorkopfes}}} . \end{aligned} \tag{5.43}$$

Das Moment M_{PPB} wird ohne Nutzung der Trimmanlage durch die Handkraft des Piloten am Steuerknüppel F_{Hand} ausgeglichen.

Wir fassen alle neuen Formeln und Zahlenwerte des Referenztragschraubers zusam men:

Moment um die Rotornickachse:	$M_{PPB} \approx -m \cdot g \cdot (l_{RH} - h_{RH} \cdot \beta_{Blc}) + m_R \cdot g \cdot (h_{RH} \cdot \alpha_{RH} + l_{RH})$ $+W_{RH} \cdot h_{RH}$ mit $m = 392\,\text{kg}$, $l_{RH} = 0{,}02\,\text{m}$, h_{RH}, $= 0{,}23\,\text{m}$, $m_R = 30\,\text{kg}$.
Rotorkopfanstellwinkel:	$\alpha_{RH} = \alpha + \eta_{RH}$.
Widerstand des Rotorkopfes:	$W_{RH} = \frac{\rho}{2} \cdot V^2 \cdot S_{RH} \cdot C_{WRH}$, mit $S_{RH} \cdot C_{WRH} \approx 0{,}05\,\text{m}^2$.
Handkraft:	$F_{Hand} \approx -\frac{M_{PPB}}{i_R \cdot l_{Stick}}$, mit $i_R \approx 2, l_{Stick} = 0{,}45$ m.

Diese Formeln berechnen wir für die drei Fluggeschwindigkeiten mit den Werten aus Tab. 5.7, siehe Tab. 5.9.

Wir stellen fest, dass die Handkraft F_{Hand} grundsätzlich mit der Fluggeschwindigkeit V abnimmt. Eine genauere Betrachtung zeigt allerdings, dass die Handkraft bei einer Fluggeschwindigkeit von $V \approx 65$ km/h maximal ist, siehe Abb. 5.37.

Tab. 5.9 Mit zunehmender Fluggeschwindigkeit nimmt die Handkraft ab (Daten Referenztragschrauber, analytische Formel)

V[km/h]	β_{Blc} [°]	α [°]	η_{RH} [°]	α_{RH} [°]	W_{RH} [N]	M_{PPB} [Nm]	F_{Hand} [N]
50	*1,4*	*12,7*	*5,8*	*18,5*	6	–26	29
100	*2,4*	*2,2*	*1,8*	*4,0*	24	–24	26
150	*3,3*	*0,3*	*–0,1*	*0,2*	53	–7	8

Die Werte in kursiv stammen aus Tab. 5.5

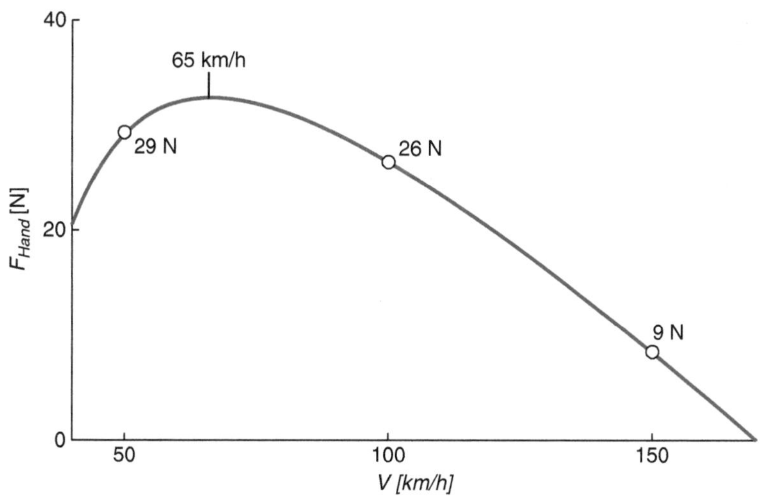

Abb. 5.37 Die Handkraft ist bei einer Fluggeschwindigkeit von etwa 65 km/h maximal (Daten Referenztragschrauber, analytische Formel)

Unterhalb einer Fluggeschwindigkeit von $V \approx 65$ km/h nimmt die Handkraft F_{Hand} wieder ab, weil die Gewichtskraft den Rotorkopf bei einem großen Rotorkopfanstellwinkel α_{RH} nach hinten zieht (vgl. Abb. 5.35). Oberhalb von $V \approx 65$ km/h nimmt die Handkraft F_{Hand} aufgrund des steigenden Schlagwinkels β_{Blc} und Widerstands des Rotorkopfes W_{RH} ab.

Hinweis: Bei einer Fluggeschwindigkeit von $V \approx 170$ km/h wäre die Handkraft für den Referenztragschrauber theoretisch gleich Null.

Wir betrachten nun den Fall, dass der Pilot die Handkraft wegtrimmt. Mit der Trimmanlage erzeugt er eine Trimmkraft von 26 N, so dass der Referenztragschrauber bei einer Fluggeschwindigkeit von $V \approx 100$ km/h ohne Handkraft fliegt. Bei dieser Trimmkraft kann der Pilot den Steuerknüppel loslassen und der Tragschrauber hält die Fluggeschwindigkeit.

Abb. 5.38 zeigt die Handkraft für den Fall mit eingesetzter Trimmung.

Es zeigt sich, dass die Handkraft auch bei einer Fluggeschwindigkeit von $V \approx 46$ km/h verschwindet. Bei dieser kleinen Fluggeschwindigkeit verhält sich der Tragschrauber allerdings ungewöhnlich: Lässt der Pilot bei dieser geringen Fluggeschwindigkeit den Steuerknüppel los, dann hält der Tragschrauber die Fluggeschwindigkeit nicht. Dies können wir uns wie folgt klar machen:

Wenn der Tragschrauber aufgrund einer Böe verzögert, muss der Pilot eine Handkraft aufbringen, um die Geschwindigkeit zu halten. Bei einer Fluggeschwindigkeit von $V \approx 40$ km/h ist z. B. eine Handkraft von $F_{Hand} \approx -5$ N erforderlich, damit der Tragschrauber nicht weiter verzögert. Der Pilot muss also mit etwa einem „halben Kilo" drücken. Drückt der Pilot nicht, so wird der Tragschrauber weiter verzögern.

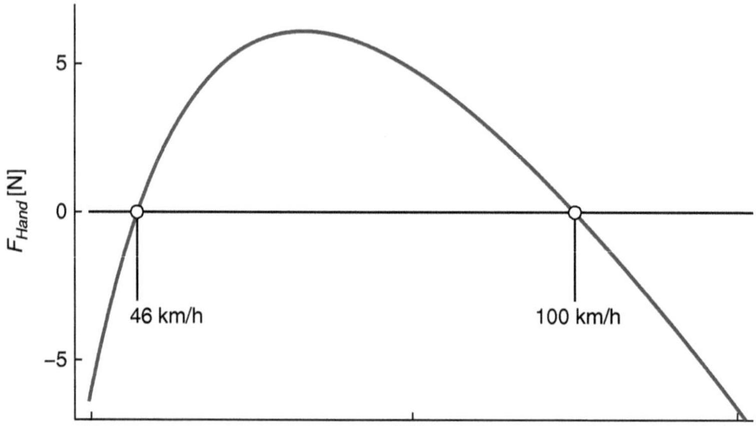

Abb. 5.38 Bei einer Trimmkraft von 26 N ist die Handkraft bei zwei Fluggeschwindigkeiten gleich Null (Daten Referenztragschrauber, analytische Formel)

Der Grund für dieses ungewöhnliche Verhalten ist die Masse des Rotors, die den Rotorkopf bei einem sehr großen Rotorkopfanstellwinkel nach hinten zieht (vgl. Abb. 5.35). Der Pilot muss in dem Fall drücken, um den Rotorkopf in der gewünschten Stellung zu halten.

5.4.3 Einfluss der Beladung

Wie verhält sich die Handkraft F_{Hand} bei veränderter Beladung und Schwerpunktlage?

Wir betrachten hierzu wieder den Fall der schlanken Dame und des etwas kräftigeren jungen Herren (vgl. Tab. 5.8).

Tab. 5.10 fasst die Ergebnisse der Auswertung zusammen.

Die schlanke Dame muss mit etwa „1 Kilo" weniger am Steuerknüppel ziehen als der schwere Mann. Diese Reduktion der Handkraft F_{Hand} ergibt sich ausschließlich aus der kleineren Masse m und der damit gesunkenen Rotorkraft F_R. Die Schwerpunktverschiebung spielt dabei keine Rolle.

5.4.4 Steuereingaben

Nachdem wir die Entstehung der Handkraft im unbeschleunigten Vorwärtsflug verstanden haben, betrachten wir nun Steuereingaben des Piloten am Knüppel und am Gashebel. Wir beginnen mit dem Ziehen des Steuerknüppels:

Bei einer Fluggeschwindigkeit von $V \approx 100$ km/h zieht der Pilot den Steuerknüppel um $\Delta\eta_{Stick} = 2°$ nach hinten. Die Rotorkreisebene neigt sich nach einer Übergangszeit von wenigen zehntel Sekunden nach hinten und der Rotoranstellwinkel steigt um $\Delta\alpha_R = 1°$ (Abschn. 5.2). Damit steigt der Rotorwiderstand näherungsweise um:

$$\Delta W_R \approx m \cdot g \cdot \Delta\alpha_R \approx 3.850 \text{ N} \cdot 1° \cdot \frac{\pi}{180°} \approx 67 \text{ N}.$$

Unter Annahme konstanter Schubkraft des Propellers nimmt die Geschwindigkeit des Tragschraubers ab. Der Tragschrauber verzögert entsprechend dem Gesetz von Isaac Newton „Beschleunigung gleich Kraft durch Masse" mit:

$$a = \frac{-\Delta W_R}{m} \approx \frac{-67 \text{ N}}{392 \text{ kg}} \approx -0{,}2 \text{ m/s}^2.$$

Tab. 5.10 Die Handkraft nimmt mit der Masse zu (Daten Referenztragschrauber, analytische Formel)

	m [kg]	β_{Blc} [°]	α [°]	η_{RH} [°]	α_{RH} [°]	W_{RH} [N]	F_{Hand} [N]
Leichte Pilotin 57 kg	367	2,5	3,3	0,3	3,6	24	23
Referenzpilot 82 kg	392	2,4	2,2	1,8	4,0	24	26
Schwerer Pilot 107 kg	417	2,3	1,1	3,3	4,4	24	30

Dies entspricht einer Geschwindigkeitsabnahme von etwa 3 m/s oder etwa 10 km/h innerhalb von 15 Sekunden. Diese kleine Verzögerung bewirkt eine Kraft am Rotorschwerpunkt (CG_R) von:

$$m_R \cdot a \approx 30\,\text{kg} \cdot \left(-0{,}2\,\text{m/s}^2\right) \approx -6\,\text{N}.$$

Wir nehmen an, der Rotorschwerpunkt (CG_R) läge etwa im Schlaggelenk (TB). Mit dieser Massenpunktbetrachtung wird klar, dass die Kraft aufgrund der Verzögerung der Rotormasse mit dem Hebelarm $h_{RH} = 0{,}23\text{m}$ um die Rotornickachse (PPB) wirkt. Dies ergibt ein Moment von

$$\Delta M_{PPB} \approx -6\,\text{N} \cdot 0{,}23\,\text{m} \approx -1{,}4\,\text{Nm}$$

und damit eine Handkraft von

$$F_{Hand} \approx \frac{-\Delta M_{PPB}}{i_R \cdot l_{Stick}} \approx \frac{1{,}4\,\text{Nm}}{2 \cdot 0{,}45\,\text{m}} \approx 1{,}5\,\text{N}.$$

Die vergleichsweise kleine Handkraft passt zu der kleinen Verzögerung des Tragschraubers, siehe Abb. 5.39.

▶ Prof. Achtung weist darauf hin, dass der Tragschrauber aufgrund der Steuereingaben seine Fluglage ändert. Dies wirkt sich auf die Handkraft aus.

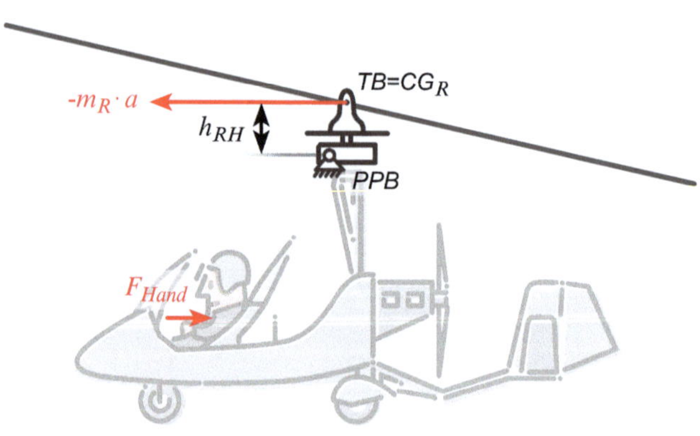

Abb. 5.39 Die Verzögerung zieht die Rotormasse nach vorne und bewirkt ein Moment um die Rotornickachse (PPB), das als Handkraft für den Piloten spürbar ist

Der Professor hat natürlich wieder einmal Recht. Für eine grobe Abschätzung und die Erklärung des Effekts ist die gewählte Vorgehensweise aber ausreichend.

Die Massenkräfte des Rotors wirken ebenfalls, wenn der Pilot die Motorleistung steigert, indem er den Gashebel nach vorne schiebt. Wir betrachten den Fall, dass der Pilot die Motorleistung steigert, bis der Propellerschub um den Wert $\Delta F_{Prop} = 392\mathrm{N}$ zugenommen hat. Dies führt zu einer Beschleunigung des Tragschraubers von etwa:

$$a = \frac{\Delta F_{Prop}}{m} = \frac{392\ \mathrm{N}}{392\ \mathrm{kg}} = 1\ \mathrm{m/s^2}.$$

Dadurch wird der Rotorkopf mit der Kraft

$$a \cdot m_R \approx 1\ \mathrm{m/s^2} \cdot 30\ \mathrm{kg} \approx 30\ \mathrm{N}.$$

nach hinten gezogen. Dies ergibt ein Moment um die Rotornickachse (PPB) von:

$$\Delta M_{PPB} \approx a \cdot m_R \cdot h_{RH} \approx 30\ \mathrm{N} \cdot 0{,}23\ \mathrm{m} \approx 7\ \mathrm{Nm}.$$

Dies entspricht einer Handkraft von:

$$F_{Hand} \approx \frac{-\Delta M_{PPB}}{i_R \cdot l_{Stick}} \approx \frac{-7\ \mathrm{Nm}}{2 \cdot 0{,}45\ \mathrm{m}} \approx -8\ \mathrm{N}.$$

Der Pilot muss den Knüppel mit etwa 8 N, also mit etwa „einem Kilo", nach vorne drücken, siehe Abb. 5.40. Wenn der Pilot nicht drückt, wandert der Knüppel nach dem Gasgeben zurück und der Rotoranstellwinkel steigt. Damit steigt auch die Rotorkraft und ein aufnickendes Moment entsteht. Ohne Handkraft des Piloten würde der Tragschrauber in den Steigflug übergehen.

Ein Tragschrauber wird absurderweise langsamer, wenn der Pilot Gas gibt und dabei den Knüppel nicht drückt.

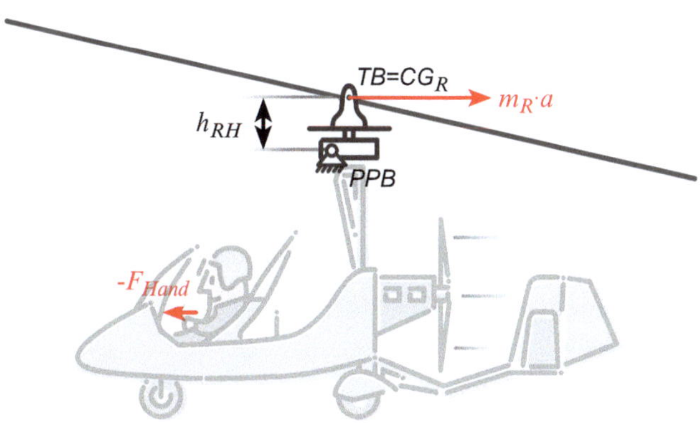

Abb. 5.40 Die Beschleunigung beim Gasgeben zieht die Rotormasse nach hinten und bewirkt ein Moment um die Rotornickachse (PPB), das als Handkraft für den Piloten spürbar ist

Wie verhält sich ein Flugzeug in diesem Fall?

Wenn ein Flugzeug getrimmt fliegt und der Pilot Gas gibt, dann geht das Flugzeug üblicherweise mit nahezu unveränderter Fluggeschwindigkeit in den Steigflug über. Der Pilot muss die Handkraft am Steuerknüppel nicht anpassen.

Damit haben wir einige wesentliche Effekte verstanden, die die Handkraft im Vorwärtsflug beeinflussen. Eine wichtige Größe dabei ist der Offset des Rotorkopfes.

Warum gibt es den Offset des Rotorkopfes?

Er bewirkt, dass der Pilot den Knüppel im Flug loslassen kann und der Tragschrauber annähernd stabil weiterfliegt. Dies bringt uns zur Frage der Flugstabilität.

5.5 Flugstabilität

Ein gut ausgelegter Tragschrauber fliegt stabil geradeaus. Stabil bedeutet, dass der Pilot den Steuerknüppel loslassen kann und der Tragschrauber die Geschwindigkeit und die Fluglage beibehält. Wir betrachten die drei wesentlichen Einflussfaktoren

1. Höhenleitwerk,
2. Schuboffset sowie
3. Offset des Rotorkopfes.

Bevor wir einsteigen, machen wir uns klar, was der Begriff „Stabilität" bedeutet.

5.5.1 Statische und dynamische Stabilität

Allgemein verstehen wir unter „Stabilität" die Eigenschaft eines Systems, nach einer Auslenkung wieder in die Ausgangsposition zurückzukehren. Ein gutes Bild zur Erklärung der Stabilität ist die Kugel in der Mulde, siehe Abb. 5.41.

Wird die Kugel zur Seite ausgelenkt und losgelassen, so will sie in die Mitte zurückkehren, denn es wirkt eine „Rückstellkraft". Die Rückstellkraft ist abhängig von der Position der Kugel. Ist die Kugel nach rechts ausgelenkt, so wirkt die Rückstellkraft nach links. Sie wirkt ständig, also auch bei Stillstand der Kugel. Wenn die Kugel sich genau in der Mitte befindet, ist die Rückstellkraft gleich Null.

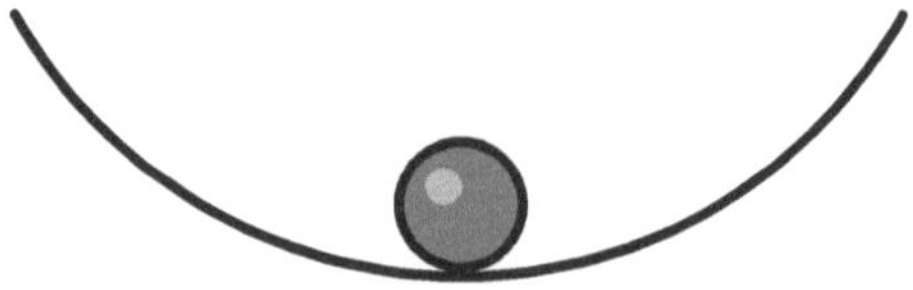

Abb. 5.41 Das System ist stabil, wenn die Kugel nach einer Auslenkung in die Mitte zurückkehrt

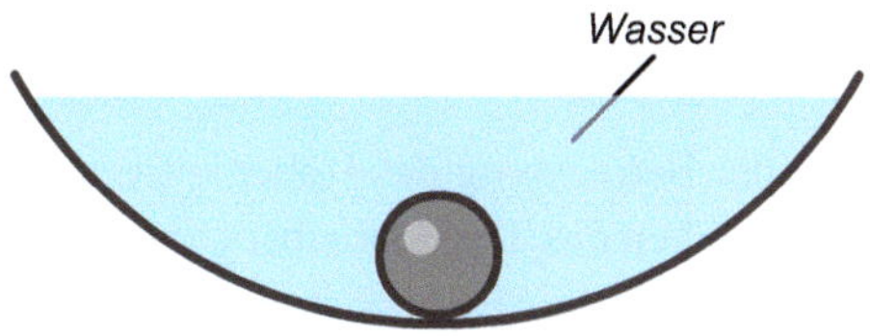

Abb. 5.42 Durch Wasser wird die Bewegung der Kugel gedämpft (dynamische Stabilität)

Abb. 5.43 Stabilität bedeutet, dass das Luftfahrzeug nach einer Störung in seine Ausgangslage zurückkehrt

Wir betrachten für den akademischen Fall ohne Reibung das Verhalten der Kugel nach einer Auslenkung nach rechts: Die Kugel würde sich nach links bewegen und aufgrund ihrer Trägheit über die Mitte hinausschießen. Ohne Reibung würde sie dann die gleiche Strecke nach links zurücklegen, die nach rechts ausgelenkt war. Es ergäbe sich eine endlose Schwingung. Da die Kugel nicht in die Ausgangsposition zurückkehrt, wäre dieses System nicht stabil. Damit die Bewegung der Kugel gebremst wird, muss eine Kraft wirken, die entgegen der Bewegungsrichtung der Kugel wirkt. Dies ist die Dämpfungskraft, also eine von der Geschwindigkeit der Kugel abhängige Kraft. Die Dämpfungskraft entsteht, wenn wir die Mulde mit Wasser füllen, siehe Abb. 5.42. Dann wirkt an der Kugel ein Widerstand abhängig von der Geschwindigkeit.

Mit diesem Wissen können wir die wichtige Unterscheidung zwischen statischer und dynamischer Stabilität vornehmen:

- Statische Stabilität liegt vor, wenn eine Rückstellkraft entgegen der Auslenkungsrichtung wirkt. Dies entspricht dem Fall der Kugel ohne Wasser in der Mulde, also dem akademischen Fall ohne Reibung.
- Dynamische Stabilität liegt vor, wenn eine Dämpfungskraft der Bewegungsrichtung entgegenwirkt, in unserem Beispiel durch das Wasser in der Mulde verursacht. Diese Kraft bremst die Bewegung der Kugel und führt dazu, dass sie in die Mitte zurückkehrt.

Für eine „gute Flugstabilität" sind statische und dynamische Stabilität erforderlich. Das Luftfahrzeug sollte nach einer Störung selbstständig in den Ausgangszustand zurückkehren. Beispiel: Ein Luftfahrzeug fliegt ausgetrimmt geradeaus und wird durch eine Böe „gestört". Es wird daraufhin einige Schwingungen durchführen und den unbeschleunigten Geradeausflug zeitweise verlassen, um nach einer Übergangszeit wieder den ursprünglichen Zustand einzunehmen, siehe Abb. 5.43.

5.5.2 Einfluss des Höhenleitwerks

Bei der Betrachtung des Höhenleitwerks beginnen wir mit einem Blick auf den nächsten Verwandten des Tragschraubers, das Flugzeug [2].

Die statische Stabilität eines Flugzeugs wird im Allgemeinen durch das Höhenleitwerk erreicht. Ein Flugzeug ist so gebaut, dass das Höhenleitwerk eine Kraft nach unten, also einen Abtrieb $A_H < 0$ erzeugt. Der Abtrieb wird durch den Einstellwinkel ε_H des Höhenleitwerks erreicht. Dadurch wird ein aufnickendes Moment um den Schwerpunkt (CG) erzeugt. Für ein Gleichgewicht der Momente muss der Auftrieb des Flügels A_F hinter dem Schwerpunkt (CG) angreifen, siehe Abb. 5.44.

Was hat das mit statischer Stabilität zu tun?

Wir betrachten eine Störung des Flugzeugs aufgrund einer Vertikalböe. Diese führt zu einer Vergrößerung des Anstellwinkels $\Delta\alpha$ und damit zu einer Vergrößerung des Auftriebs am Flügel ΔA_F und am Leitwerk ΔA_H, siehe Abb. 5.45. Beide Kraftänderungen erzeugen ein abnickendes Moment ΔM um den Schwerpunkt (CG), das die Nase des Flugzeugs nach unten drückt.

Durch den Aufwind aufgrund der Böe würde das Flugzeug eigentlich steigen. Dem Aufwind wirkt aber das selbstständige Senken der Nase entgegen. Der Auftrieb des Flügels A_F wird kleiner. Wir haben ein stabiles Flugverhalten und das Flugzeug kehrt nach einer Übergangszeit in den Ausgangszustand zurück.

Dabei ist es möglich, dass das Flugzeug einige Male um den Ausgangszustand schwingt. Dass diese Schwingung abklingt, verdanken wir ebenfalls dem Höhenleitwerk. Es wirkt der Drehgeschwindigkeit um die Querachse, der Nickgeschwindigkeit q, entgegen und dämpft somit die Schwingung. Die Nickgeschwindigkeit q verändert den lokalen Anstellwinkel des Höhenleitwerks α_H. Wenn das Flugzeug die Nase hochbewegt, also im Falle einer positiven Nickgeschwindigkeit $q > 0$, bewegt sich das Höhenleitwerk mit der

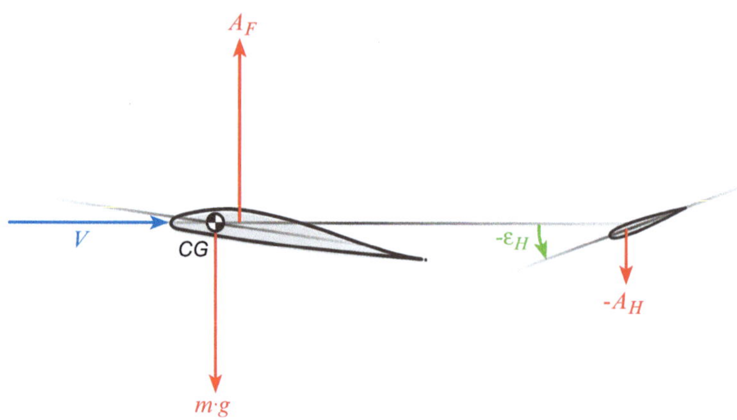

Abb. 5.44 Wenn das Höhenleitwerk des Flugzeugs Abtrieb erzeugt, dann greift der Auftrieb des Flügels hinter dem Schwerpunkt an

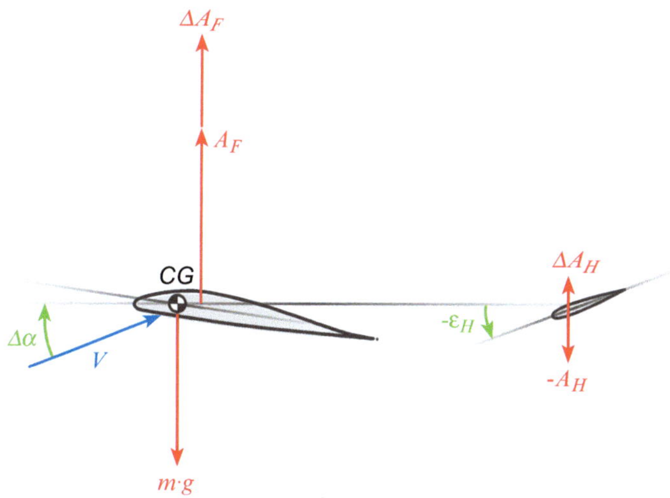

Abb. 5.45 Eine vertikale Böe von unten bewirkt bei einem stabilen Flugzeug ein abnickendes Moment um den Schwerpunkt (CG)

Geschwindigkeit $q \cdot l_H$ nach unten. Dies fühlt sich für das Höhenleitwerk an wie eine zusätzliche Anströmung von unten. Der lokale Anstellwinkel des Höhenleitwerks α_H steigt, siehe Abb. 5.46.

Die Veränderung des Anstellwinkels des Höhenleitwerks $\Delta\alpha_H$ aufgrund der Nickgeschwindigkeit q beträgt:

$$\Delta\alpha_H = \arctan\frac{q \cdot l_H}{V} \approx \frac{q \cdot l_H}{V}. \tag{5.44}$$

Die Vereinfachung gilt für kleine Nickgeschwindigkeiten. Damit vergrößert sich der Auftrieb des Höhenleitwerks um:

$$\begin{aligned}\Delta A_H &= \frac{\rho}{2} \cdot V^2 \cdot S_H \cdot \Delta C_{AH} \\ &\approx \frac{\rho}{2} \cdot V^2 \cdot S_H \cdot C_{AH\alpha} \cdot \Delta\alpha_H \\ &\approx \frac{\rho}{2} \cdot V^2 \cdot S_H \cdot C_{AH\alpha} \cdot \frac{q . l_H}{V}.\end{aligned} \tag{5.45}$$

Es entsteht ein abnickendes Moment um den Schwerpunkt (CG) von:

$$\Delta M = -\Delta A_H \cdot l_H \approx -\frac{\rho}{2} \cdot S_H \cdot l_H^2 \cdot V \cdot q \cdot C_{AH\alpha}. \tag{5.46}$$

Zusammengefasst: Eine positive Nickgeschwindigkeit $q > 0$, also ein „Aufnicken" erzeugt aufgrund des Höhenleitwerks ein negatives Moment $\Delta M < 0$, also ein

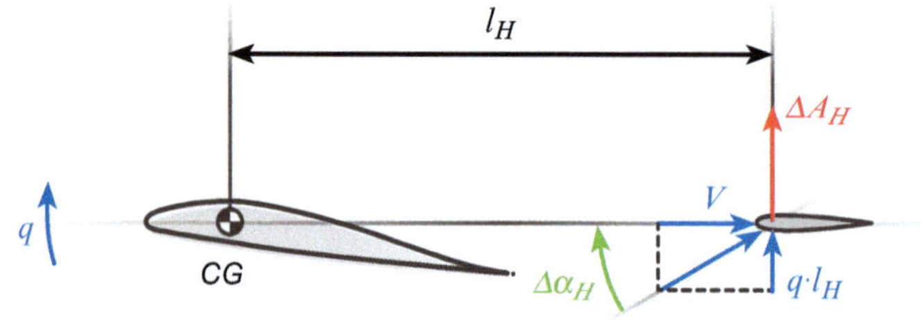

Abb. 5.46 Die Nickgeschwindigkeit verändert den Auftrieb des Höhenleitwerks und es entsteht ein Moment, das der Nickgeschwindigkeit entgegenwirkt (Nickdämpfung)

„Abnicken" um den Schwerpunkt (CG). Das Moment wirkt der Drehbewegung entgegen und erzeugt so die dynamische Stabilität des Flugzeugs. Ähnlich wie bei der Kugel im Wasser: Je schneller sie sich bewegt, desto größer ist die Gegenkraft.

Nach diesem kurzen Ausflug in die Welt der Starrflügler kommen wir zurück zum Tragschrauber. Wir können es kurz fassen: Das Höhenleitwerk hat die gleiche dämpfende Wirkung wie beim Flugzeug.

Eine kleine Abschätzung: Bei einer Fluggeschwindigkeit des Referenztragschraubers von $V = 100\,\mathrm{km/h}$ erzeugt das Höhenleitwerk eine Kraft von $\mathrm{A_H} = -53\,\mathrm{N}$ (vgl. Tab. 5.7). Dies ergibt bei einem Leitwerkshebelarm von $l_H = 1{,}7\,\mathrm{m}$ ein Moment um den Schwerpunkt (CG) von:

$$M_H = -A_\mathrm{H} \cdot l_\mathrm{H} \approx -(-53\,\mathrm{N}) \cdot 1{,}7\,\mathrm{m} \approx 90\,\mathrm{Nm}.$$

Wenn der Tragschrauber dabei mit einer Nickgeschwindigkeit von $q = 10°/s$ aufnickt, dann ergibt sich ein zusätzliches dämpfendes Moment von:

$$\Delta M \approx -\frac{1{,}225\,\mathrm{kg/m^3}}{2} \cdot 0{,}65\,\mathrm{m^2} \cdot 1{,}7^2\,\mathrm{m^2} \cdot \frac{100}{3{,}6}\,\mathrm{m/s} \cdot 10°/\mathrm{s} \cdot \frac{\pi}{180°} \cdot 3{,}6 \approx -20\,\mathrm{Nm}.$$

Dieses Moment wirkt der Nickbewegung entgegen.

▶ Prof. Achtung erklärt uns, dass Tendenzen zu PIO (Pilot Induced Oscillations) auftreten können, wenn das Höhenleitwerk zu klein ist oder der Leitwerkshebelarm zu kurz ausgeführt ist. In dem Fall werden Schwingungen nicht ausreichend gedämpft und können durch die Steuereingaben des Piloten verstärkt werden.

Jetzt betrachten wir endlich die statische Stabilität des Tragschraubers: Aufgrund des negativen Einstellwinkels erzeugt das Höhenleitwerk unseres Referenztragschraubers bei einer Fluggeschwindigkeit oberhalb von $V \approx 70\,\text{km/h}$ eine Kraft nach unten, also einen Abtrieb. Dieser bewirkt ein aufnickendes Moment um den Schwerpunkt (CG). Im Gleichgewicht muss dann die Wirklinie der Rotorkraft hinter dem Schwerpunkt (CG) entlang verlaufen, siehe Abb. 5.47.

Dieser Fall ist direkt vergleichbar mit der statischen Stabilität des Flugzeugs und es gelten die gleichen Regeln hinsichtlich des Verhaltens bei einer „Störung“: Eine Vergrößerung des Anstellwinkels $\Delta\alpha$ bewirkt eine Vergrößerung der Rotorkraft ΔF_R und damit ein abnickendes Moment ΔM um den Schwerpunkt (CG). Der Tragschrauber neigt die Nase nach unten, der Anstellwinkel α wird kleiner. Unter der Annahme, dass der Pilot den Knüppel festhält, verkleinert sich der Rotoranstellwinkel um den gleichen Wert:

$$\Delta\alpha_R = \Delta\alpha.$$

Damit sinkt die Rotorkraft F_R und der Einfluss der Böe wird kompensiert.

Was passiert bei lose gehaltenem Knüppel? Hierzu später mehr, wenn wir den Einfluss des Rotorkopfes betrachten.

Hinweis: Bei dieser Überlegung haben wir vereinfachend angenommen, dass der Schlagwinkel β_{Blc} sich nicht ändert.

Soweit zum Höhenleitwerk, nun betrachten wir den Einfluss des Schuboffsets auf die statische Stabilität des Tragschraubers.

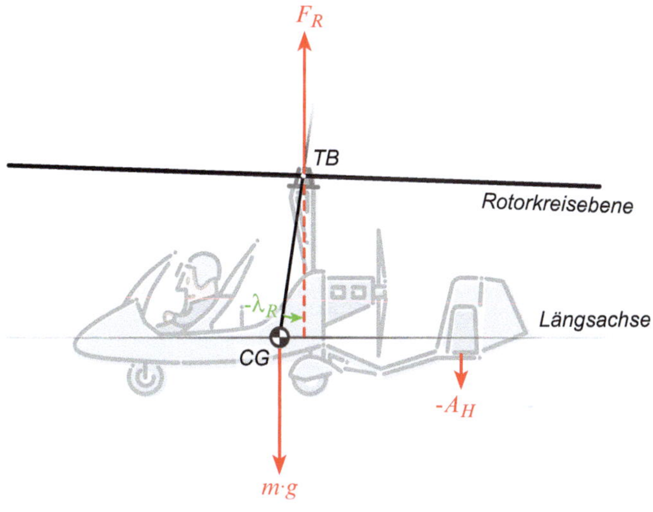

Abb. 5.47 Der Abtrieb des Höhenleitwerks verschiebt die Wirklinie der Rotorkraft hinter den Schwerpunkt (CG) und bewirkt damit statische Stabilität

5.5.3 Einfluss des Schuboffsets

Da wir üblicherweise mit Schubkraft fliegen, wollen wir nun wissen, wie sich der Schuboffset des Propellers h_{Prop} auf die statische Stabilität des Tragschraubers auswirkt. Wir haben in Abschn. 5.2 gezeigt, dass die Nase des Tragschraubers durch den Schuboffset nach unten gedrückt wird. Da der Rotor seine Lage im Raum beibehält, verläuft die Wirklinie der Rotorkraft in diesem Fall vor dem Schwerpunkt (CG) entlang. Dies führt zu statischer Instabilität.

Unscharf formuliert, macht der Schuboffset die gute Arbeit des Höhenleitwerks hinsichtlich statischer Stabilität kaputt.

Dies sehen wir uns einmal in Zahlen für den Referenztragschrauber an. Wir betrachten das Gleichgewicht der Momente um den Schwerpunkt (CG). Entsprechend Abschn. 5.2 gibt es gibt drei Anteile:

Rotormoment:	$M_R = m \cdot g \cdot h_R \cdot \lambda_R.$
Schubmoment:	$M_{Prop} = -F_{Prop} \cdot h_{Prop}.$
Höhenleitwerksmoment:	$M_H = -A_H \cdot l_H.$

Der Winkel λ_R beschreibt die Neigung der Rotorkraft gegenüber der Verbindungslinie zwischen Rotornickachse (PPB) und Schwerpunkt (CG). Wenn der Neigungswinkel der Rotorkraft λ_R positiv ist, dann verläuft die Wirklinie der Rotorkraft vor dem Schwerpunkt (CG) entlang. Für statische Stabilität muss die Wirklinie der Rotorkraft allerdings hinter dem Schwerpunkt (CG) entlang verlaufen. Der Neigungswinkel der Rotorkraft λ_R muss kleiner als Null sein. Dies überprüfen wir nun mit den Werten des Referenztragschraubers und bilden das Gleichgewicht der Momente um den Schwerpunkt (CG):

$$M_R + M_{Prop} + M_H = 0. \tag{5.47}$$

Einsetzen der drei Anteile ergibt (siehe Abschn. 5.3):

$$m \cdot g \cdot \lambda_R \cdot h_R - F_{Prop} \cdot h_{Prop} - A_H \cdot l_H = 0. \tag{5.48}$$

Aufgelöst nach dem Neigungswinkel der Rotorkraft:

$$\lambda_R \approx \underbrace{\frac{F_{Prop}}{m \cdot g} \cdot \frac{h_{Prop}}{h_R}}_{\lambda_R(Prop)} + \underbrace{\frac{A_H}{m \cdot g} \cdot \frac{l_H}{h_R}}_{\Delta\lambda_R(H)}. \tag{5.49}$$

Dabei ist

- λ_R (Pr op) die Neigung der Wirklinie der Rotorkraft aufgrund des Schuboffsets.
- λ_R (H) die Neigung der Wirklinie der Rotorkraft aufgrund des Höhenleitwerks.

Zur Auswertung fassen wir die Formeln und Zahlenwerte zusammen:

Daten Referenztragschrauber:	$m \cdot g \approx 3 \cdot 850\,\text{N},\ h_{Prop} = 0{,}37\,\text{m},$ $h_R = 1{,}69\,\text{m},\ l_H = 1{,}7\,\text{m}.$
Neigungswinkel aufgrund des Schuboffsets:	$\lambda_R(\text{Prop}) \approx \frac{F_{Prop}}{m \cdot g} \cdot \frac{h_{Prop}}{h_R}.$
Neigungswinkel aufgrund des Höhenleitwerks:	$\lambda_R(\text{H}) \approx \frac{A_H}{m.g} \cdot \frac{l_H}{h_R}.$
Neigungswinkel der Rotorkraft:	$\lambda_R \approx \lambda_R(\text{Prop}) + \lambda_R(\text{H}).$

Diese Formeln berechnen wir für die drei Fluggeschwindigkeiten zusammen mit den Werten aus Tab. 5.7, siehe Tab. 5.11.

Wir stellen fest, dass der Neigungswinkel λ_R für die drei betrachteten Fluggeschwindigkeiten positiv ist und somit die Wirklinie der Rotorkraft F_R vor dem Schwerpunkt (CG) entlang verläuft. Je kleiner die Fluggeschwindigkeit V ist, desto weiter verläuft die Wirklinie der Rotorkraft vor dem Schwerpunkt (CG) entlang. Der positive Einfluss des Höhenleitwerks wirkt sich bei kleinen Fluggeschwindigkeiten weniger aus. Der Referenztragschrauber ist demnach statisch instabil. Dies gilt allerdings nur für den Fall, dass der Pilot den Knüppel festhält und sich der Rotorkopf genauso bewegt wie der Rumpf.

Kann der Pilot den Knüppel wirklich in einer Stellung festhalten?

Ein Gedankenexperiment: Wir fahren Fahrrad auf einer geraden Straße. Es fühlt sich an, als würden wir nicht lenken. Wir fahren stabil geradeaus. Nun schweißen wir den Lenker fest und versuchen das gleich noch mal. Nach wenigen Metern schlagen wir ein, siehe Abb. 5.48.

Was wollen wir damit ausdrücken?

- Wir steuern ein Fahrrad oder einen Tragschrauber intuitiv, d. h. die Steuerbewegungen sind unbewusst.
- Es ist möglich, dass wir meinen, den Knüppel festzuhalten, ihn aber in Wirklichkeit ganz leicht nachführen.

Tab. 5.11 Mit steigender Fluggeschwindigkeit nimmt der Neigungswinkel zwischen Rotorkraft und Verbindungslinie PPB-CG ab (Daten Referenztragschrauber, analytische Formeln)

V [km/h]	F_{Prop} [N]	A_H [N]	λ_R(Prop) [°]	λ_R(H) [°]	λ_R [°]
50	*1.428*	*37*	4,7	0,6	5,3
100	*902*	*−53*	2,9	−0,8	2,1
150	*1.299*	*−204*	4,2	−3,1	1,1

Die Werte in kursiv stammen aus Tab. 5.7

Abb. 5.48 Ein Fahrrad mit fest geschweißtem Lenker fährt nicht stabil

Der Pilot hält den Knüppel nicht wirklich fest, sondern der Knüppel „arbeitet" immer ein wenig, da es Rückwirkungen vom Rotor gibt. Somit ist eine Aussage zur Stabilität mit festgehaltenem Knüppel ohne genaue Messmittel mit Vorsicht zu genießen. Beim Fliegen hält der Pilot den Knüppel üblicherweise locker in der Hand und gibt somit dem Rotor eine leichte Bewegungsfreiheit zum Ausgleich von Störungen. Wie der Rotor die Störungen eigenständig ausgleicht und warum der Pilot den Knüppel im Flug sogar loslassen kann, erklären wir jetzt.

5.5.4 Einfluss des Rotorkopfes

Der Rotorkopf des Referenztragschraubers ist mit einem geringen Abstand l_{RH} zwischen Schlaggelenk (TB) und Rotornickachse (PPB) konstruiert (vgl. Abb. 5.32). Dies ist der Offset des Rotorkopfes l_{RH}, der eine entscheidende Größe für die Flugstabilität des Tragschraubers ist. Wir nehmen an, dass die Rotorkraft F_R im Schlaggelenk (TB) angreift und senkrecht zur Rotorkreisebene wirkt. Der Abstand zwischen der Wirklinie der Rotorkraft F_R und dem Schlaggelenk (TB) ergibt sich zu (vgl. Abb. 5.34):

$$l_1 \approx l_{RH} - h_{RH} \cdot \beta_{Blc}.$$

Wir definieren den Neigungswinkel λ_{RH} zwischen der Wirklinie der Rotorkraft F_R und der gedachten Verbindungslinie zwischen Schlaggelenk (TB) und Rotornickachse (PPB):

$$\lambda_{RH} = -\arctan\frac{l_1}{h_{RH}} \approx -\frac{l_1}{h_{RH}} \approx \beta_{Blc} - \frac{h_{RH}}{h_{RH}}. \tag{5.50}$$

Die Vereinfachung ist für kleine Winkel zulässig, siehe Abb. 5.49.

Der Neigungswinkel λ_{RH} ist negativ, wenn die Wirklinie der Rotorkraft F_R hinter der Rotornickachse (PPB) entlang läuft. In dem Fall ist das Rotorsystem statisch stabil.

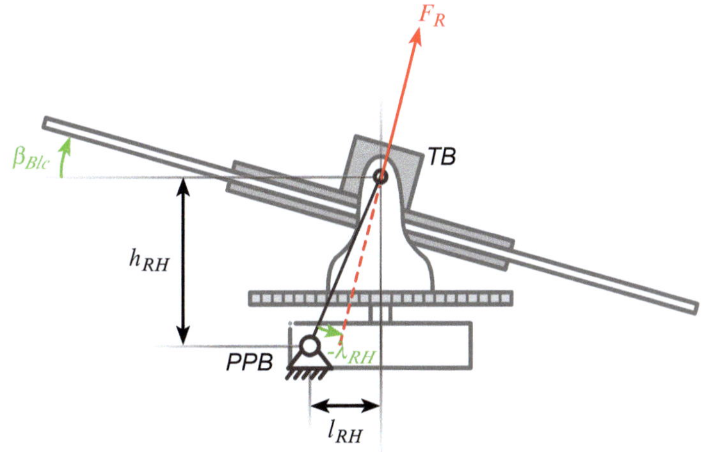

Rotorwelle

Abb. 5.49 Der Neigungswinkel zwischen der Rotorkraft und der Verbindungslinie TB-PPB hängt vom Schlagwinkel ab

Zur Stabilitätsbetrachtung untersuchen wir als Störung eine Anstellwinkeländerung $\Delta\alpha_R$ aufgrund einer Böe von unten, die zu einer Vergrößerung der Rotorkraft ΔF_R führt. Im statisch stabilen Fall mit einem negativen Neigungswinkel λ_{RH} führt die Vergrößerung der Rotorkraft zu einem abnickenden Moment um die Rotornickachse (PPB). Wenn der Pilot den Steuerknüppel im Flug locker hält, nickt der Rotor aufgrund der Störung leicht ab. Der Steuerknüppel bewegt sich minimal nach vorne und der Rotoranstellwinkel $\Delta\alpha_R$ verkleinert sich. Die Rotorkraft F_R wird kleiner und ihre Wirklinie neigt sich gegenüber dem Schwerpunkt (CG) nach hinten. Es entsteht ein rückstellendes Moment. Das System ist somit statisch stabil, siehe Abb. 5.50.

Die Formel für den Neigungswinkel

$$\lambda_{RH} \approx \beta_{Blc} - \frac{l_{\mathrm{RH}}}{h_{RH}} \tag{5.51}$$

berechnen wir für die drei Fluggeschwindigkeiten zusammen mit den Werten aus Tab. 5.7 und den Werten $l_{\mathrm{RH}} = 0{,}02\,\mathrm{m}$ und $h_{\mathrm{RH}} = 0{,}23\,\mathrm{m}$ beim Referenztragschrauber, siehe Tab. 5.12.

Wir stellen fest, dass der Neigungswinkel λ_{RH} im gesamten betrachteten Geschwindigkeitsbereich negativ ist. Somit liegt statische Stabilität des Rotorsystems vor.

▶ Das Steuerungssystem und der gesamte Tragschrauber werden durch den geringen Offset des Rotorkopfes stabilisiert.

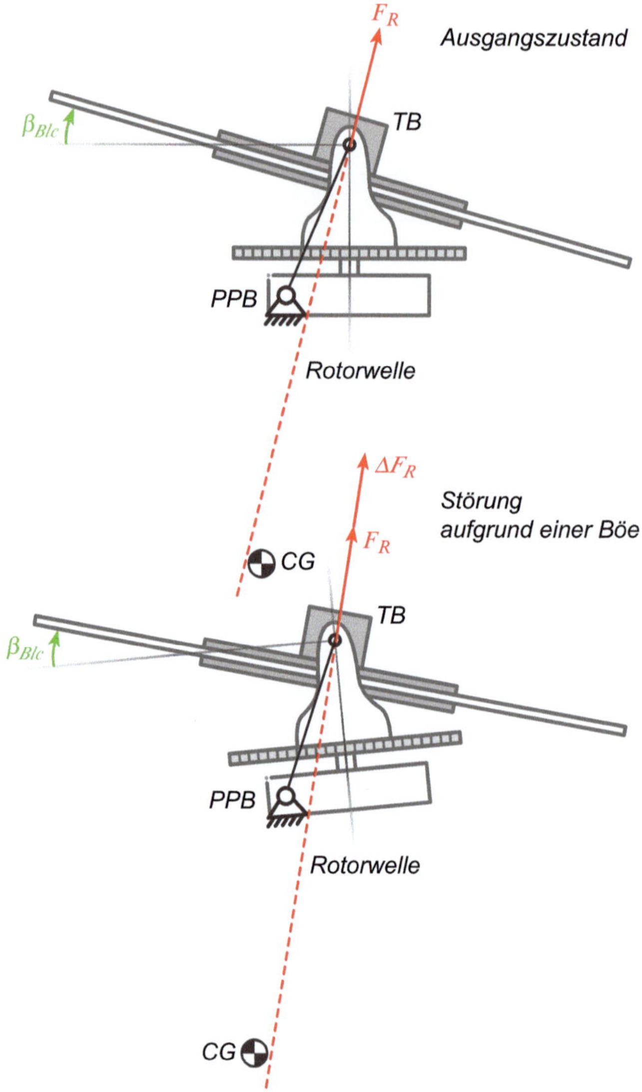

Abb. 5.50 Bei lose gehaltenem Steuerknüppel bewirkt eine Böe von unten ein abnickendes Moment um den Schwerpunkt (CG) und damit statische Stabilität des Tragschraubers

Tab. 5.12 Die Stabilität des Rotors nimmt mit der Fluggeschwindigkeit ab (Daten Referenzrotor, analytische Formeln)

V [km/h]	β_{Blc} [°]	λ_{RH} [°]
50	*1,4*	–3,6
100	*2,4*	–2,6
150	*3,3*	–1,6

Die Werte in kursiv stammen aus Tab. 5.7

Mit steigender Fluggeschwindigkeit nimmt allerdings der Abstand zur Stabilitätsgrenze $\lambda_{RH} = 0°$ ab, weil der Schlagwinkel β_{B1c} mit der Fluggeschwindigkeit steigt. In der Praxis spüren Piloten dies in der Form, dass sich der Knüppel bei großen Fluggeschwindigkeiten „weicher" anfühlt.

5.5.5 Zusammenfassung der Einflussfaktoren

Wir fassen die drei Einflussfaktoren für die Flugstabilität zusammen.

1. Der Abtrieb des Höhenleitwerks bewirkt, dass die Wirklinie der Rotorkraft hinter dem Schwerpunkt (CG) entlang verläuft. Dies verbessert die statische Stabilität für den Fall, dass der Pilot den Steuerknüppel festhält. Ein negativer Einstellwinkel $\varepsilon_H < 0$ vergrößert den Abtrieb des Höhenleitwerks und damit die statische Stabilität. Die dynamische Stabilität steigt mit der Höhenleitwerksfläche S_H und dem Hebelarm l_H im Quadrat.
2. Der Schuboffset des Propellers bewirkt, dass die Wirklinie der Rotorkraft vor dem Schwerpunkt (CG) entlang verläuft. Dies verschlechtert die statische Stabilität für den Fall, dass der Pilot den Steuerknüppel festhält. Je größer der Schuboffset h_{Prop} und die Schubkraft F_{Prop} sind, desto negativer ist die Auswirkung auf die statische Stabilität.
3. Der Offset des Rotorkopfes bewirkt, dass die Wirklinie der Rotorkraft hinter der Rotornickachse (PPB) entlang verläuft. Dies führt zu statischer Stabilität des Rotorsystems und verbessert die statische Stabilität für den Fall, dass der Pilot den Steuerknüppel lose hält. Die statische Stabilität des Rotorsystems nimmt mit der Fluggeschwindigkeit V ab.

Abschließend befragen wir unseren Prof. Achtung zum Thema Flugstabilität.

Prof. Achtung erklärt uns, dass es sich bei der Frage nach der Flugstabilität um eine komplexe Angelegenheit handelt. Der Tragschrauber muss als dynamisches System betrachtet werden. Dies führt in der Längsbewegung zu einem gewöhnlichen Differentialgleichungssystem neunter Ordnung. Daher müssen neun Zustandsgrößen und auch neun Eigenwerte analysiert werden. So können die Eigenbewegungsformen untersucht werden und der formelle Nachweis über die Stabilität erbracht werden. Die Flugbahnschwingung ist bei hohen Fluggeschwindigkeiten grenzstabil. Es gehen weitere Einflussfaktoren ein: Die Dämpfung des Rotors, das Trägheitsmoment des Rotors, das Trägheitsmoment des Rumpfes, um nur einige zu nennen.

Wir haben nicht alle Ausführungen des Professors verstanden, bedanken uns aber dennoch für die Hinweise und fassen kurz zusammen, wo wir stehen.

5.6 Zusammenfassung

Unter der Annahme „Auftrieb gleich Gewicht" haben wir den Widerstand des Tragschraubers berechnet. Die Darstellung des Widerstands abhängig von der Fluggeschwindigkeit führt zu einer Kurve, die Ähnlichkeit mit einer Badewanne hat. Es gibt eine Fluggeschwindigkeit minimalen Widerstands. Sie liegt beim Referenztragschrauber bei einer Fluggeschwindigkeit von $V \approx 90\,\mathrm{km/h}$. Fliegt der Tragschrauber langsamer, befindet er sich auf der Rückseite der Leistungskurve. Ein Ziehen am Steuerknüppel bewirkt hier, dass der Tragschrauber in den Sinkflug übergeht. Ein ungewohntes Verhalten für den Piloten, das zu harten Landungen führen kann.

Die Steuerung des Tragschraubers mit dem Steuerknüppel bewirkt eine Neigung des Rotorkopfes um die Nickachse. Dieses Prinzip wird als Kippkopfsteuerung bezeichnet und ermöglicht, die Richtung der Rotorkraft zu kontrollieren. Ein Ziehen am Steuerknüppel bewirkt eine Vergrößerung des Rotoranstellwinkels und damit eine Neigung der Rotorkraft nach hinten. Das entstehende Moment um den Schwerpunkt führt dazu, dass der Tragschrauber die Nase nach oben nimmt.

Der vertikale Abstand der Wirklinie des Propellerschubs vom Schwerpunkt, kurz „Schuboffset", hat zwei Effekte. Zum einen wird die Nase des Referenztragschraubers um etwa 3–4° nach unten gedrückt, zum anderen verläuft die Wirklinie der Rotorkraft vor dem Schwerpunkt entlang. Dies wirkt sich negativ auf die Flugstabilität aus. Analytische Formeln ermöglichen die Berechnung von Fluglage, Steuerwinkel und Auftrieb des Höhenleitwerks. Beim Referenztragschrauber ergibt sich ab einer Fluggeschwindigkeit von $V \approx 75\,\mathrm{km/h}$ ein Abtrieb.

Am Beispiel einer leichten Pilotin haben wir den Einfluss der Schwerpunktlage erklärt. Es ergibt sich ein größerer Anstellwinkel aufgrund einer Schwerpunktrücklage. Die Nase des Tragschraubers ist dadurch etwas höher und der Steuerknüppel steht etwas weiter vorne, da sich der Rotoranstellwinkel durch Änderung der Schwerpunktlage praktisch nicht ändert.

Die Handkraft am Steuerknüppel ergibt sich aufgrund der Neigung der Rotorkreisebene gegenüber der Rotordrehebene und hängt damit vom maximalen Schlagwinkel ab. Weitere Einflüsse aufgrund der Masse des Rotors und des Rotorkopfwiderstands führen dazu, dass die Handkraft im Fall des Referenztragschraubers bei einer Fluggeschwindigkeit von $V \approx 65\,\mathrm{km/h}$ maximal ist. Anhand einiger Beispiele haben wir erklärt, wie sich die Handkraft aufgrund von Steuereingaben am Knüppel und am Gashebel ändert.

Das Höhenleitwerk ist beim Tragschrauber zur Verbesserung der statischen und insbesondere der dynamischen Flugstabilität erforderlich. Es verschiebt die Wirklinie der Rotorkraft hinter den Schwerpunkt und kompensiert damit teilweise die negativen Effekte des Schuboffsets. Der Referenztragschrauber ist bei festgehaltenem Steuerknüppel statisch instabil. Für den praxisrelevanten Fall des lose gehaltenen Steuerknüppels bewirkt der Offset des Rotorkopfes die wichtige statische Stabilität des Tragschraubers. Damit wird klar, warum der Pilot den Steuerknüppel im Flug loslassen kann und der Tragschrauber geradeaus weiterfliegt.

Literatur

1. Harris FD (2011) Introduction to autogyros, helicopters and other V/STOL aircraft. Volume I: overview and autogyros. NASA/SP–2011-215959. Piedmont
2. McCormick BW (1995) Aerodynamics, aeronautics, and flight mechanics, 2. Aufl. Wiley, Hoboken

Der Rotor, dynamisch betrachtet

6

Im Vorwärtsflug in ruhiger Luft und ohne nennenswerte Steuereingaben des Piloten befindet sich der Rotor in einer „Autorotation im Gleichgewicht“. Das Moment um die Rotorwelle ist gleich Null, antreibende und bremsende Luftkräfte gleichen sich aus. Da reines Geradeausfliegen aber auf Dauer langweilig ist, fliegen wir nun gedanklich eine Kurve. Dabei übersteigt die Rotorkraft die Gewichtskraft und abhängig von der Schräglage entsteht die „g-Kraft“. Die Rotordrehzahl steigt nach dem Einleiten der Kurve relativ schnell an und das Gleichgewicht wird gestört. Bei diesem Manöver handelt es sich um einen Übergangsvorgang, der durch die dynamische Betrachtung des Rotors erklärt werden kann. Dabei kommt eine wichtige Variable neu ins Spiel: Die Zeit.

„Zeit ist relativ“, sagte schon Albert Einstein und wir kennen das aus dem täglichen Leben: Eine Stunde im Tragschrauber bei traumhaftem Wetter und toller Landschaft vergeht buchstäblich wie im Flug. Dagegen können fünf schmerzhafte Minuten beim Zahnarzt schon eine Ewigkeit bedeuten. Wahrscheinlich ist die Zeit einfach eine Erfindung des menschlichen Gehirns.

Zurück zum Tragschrauber: Wir wollen das Verhalten des Rotors bei schnellen Änderungen der Anströmung untersuchen. Hierzu beginnen wir mit einem kleinen Ausflug in die Welt der Dynamik und Schwingungen im Allgemeinen. Zum besseren Verständnis der Schlagbewegung „beamen“ wir den Rotor kurzzeitig ins Weltall, danach geht es zurück auf die Erde, wo die Luftkräfte am Rotor wirken. Wir betrachten das Drehzahlverhalten des Rotors aufgrund schneller Änderungen der Anströmung. Anhand der Simulation eines Startvorgangs erklären wir das dynamische Verhalten des Rotors hinsichtlich Drehzahl und Schlagwinkel. Wir untersuchen die Ursachen für Drehzahlschwankungen im Zusammenhang mit der „Unterhängung“. Mit einer kurzen Betrachtung der „Kreiseleffekte“ schließen wir das Kapitel ab.

H. Duda, J. Seewald, *Flugphysik der Tragschrauber*,
DOI 10.1007/978-3-662-52834-1_6

Dabei versuchen wir Antworten für die folgenden Fragen zu finden:

Wie schnell ändert sich die Rotordrehzahl bei veränderter Anströmung?
Wie groß sind die Drehzahlschwankungen im Vorwärtsflug?
Wie verhalten sich Rotordrehzahl und Schlagwinkel beim Start?
Wie wirkt sich die Rotormasse auf das dynamische Verhalten aus?
Wie entsteht das „Bladeflapping"?
Warum ist das Schlagmoment aufgrund der Luftkräfte des Rotors gleich Null?
Warum ist eine Unterhängung erforderlich?
Wie wirken sich die Kreiseleffekte aus?

Wir gewinnen damit ein tieferes Verständnis über den Rotor und die Autorotation an sich. Als Einstieg machen wir einen kleinen Ausflug in die Welt der Dynamik.

6.1 Am Anfang war die Kraft

Unter Dynamik verstehen wir nicht die steigenden Beiträge bei Lebensversicherungen mit der Laufzeit, sondern das Bewegungsverhalten von „Körpern" unter dem Einfluss von Kräften. Die „Körper", dies können z. B. die Rotorblätter eines Tragschraubers sein, zeichnen sich durch eine träge Masse aus.

Das grundlegende physikalische Gesetz von Sir Isaac Newton besagt:

▶ Kraft gleich Masse mal Beschleunigung.

Es muss demnach eine Kraft geben, damit sich die Geschwindigkeit einer trägen Masse verändert. Das gleiche gilt für die Rotation eines Körpers, beispielsweise eines Rotors. Ein Drehmoment ändert die Drehgeschwindigkeit, wir nennen sie Winkelgeschwindigkeit des Körpers. Die Trägheit eines Körpers gegenüber Winkelbeschleunigungen nennt man „Trägheitsmoment". Wir kommen später auf diese für den Rotor so wichtige Größe zurück. Das Gesetz von Herrn Newton, angewendet auf die Rotation, lautet:

▶ Moment gleich Trägheitsmoment mal Winkelbeschleunigung.

6.1.1 Bewegungsgleichungen

Die mathematische Darstellung eines dynamischen Systems führt zu Bewegungsgleichungen, in denen die Zeit t als unabhängige Variable auftritt. Die Beschleunigung a ist die Änderung der Geschwindigkeit ΔV innerhalb eines Zeitintervalls Δt:

$$a = \frac{\Delta V}{\Delta t}. \tag{6.1}$$

Tab. 6.1 Die Beschleunigung eines PKW nimmt mit der Geschwindigkeit ab

t [s]	0	1	2	3	4	5	6	7	8	9	10
a [m/s²]	3	5	5	4	3	2	2	2	1	1	0

Beispiel: Ein Auto beschleunigt in 10 Sekunden von Null auf $V \approx 100\,\text{km/h}$:

$$\Delta t = 10\,\text{s und}\,\Delta V = 100\,\text{km/h} \approx 28\,\text{m/s}.$$

Dies entspricht einer Beschleunigung von:

$$a \approx \frac{28\,\text{m/s}}{10\,\text{s}} \approx 2{,}8\,\text{m/s}^2.$$

Dies ist der Mittelwert der Beschleunigung in einem Zeitintervall von zehn Sekunden. Tatsächlich nimmt die Beschleunigung eines Autos mit zunehmender Geschwindigkeit ab, weil die Antriebsleistung begrenzt ist. Wenn der Fahrer das Gaspedal voll durchtritt, wird er beim Losfahren zunächst stärker in den Sitz gepresst als bei 100 km/h. Um diesen Vorgang genauer zu verstehen, betrachten wir den Beschleunigungsvorgang an elf Zeitpunkten $t_0 = 0\text{ s}$ bis $t_{10} = 10\text{ s}$. Die Werte der Beschleunigung zu den jeweiligen Zeitpunkten sind in Tab. 6.1 beispielhaft dargestellt.

Die Beschleunigung a verändert sich mit der Zeit t. Ihr Mittelwert liegt bei $a \approx 2{,}8\,\text{m/s}^2$. Gesucht sind nun die Werte der Geschwindigkeit V an den elf Zeitpunkten. Dafür arbeiten wir uns vom Zeitpunkt $t_0 = 0\text{ s}$ in Schritten von $\Delta t = 1\text{ s}$ in die Zukunft vor. Zum Zeitpunkt $t_0 = 0\text{ s}$ ist die Geschwindigkeit gleich Null, das Auto steht $V(t_0) = 0\text{ m/s}$.

Die Geschwindigkeit bei $t_1 = 1\text{ s}$ liegt bei:

$$V(t_1) = V(t_0) + a(t_0) \cdot \Delta t = 0\text{ m/s} + 3\text{ m/s}^2 \cdot 1\text{s} = 3\text{ m/s}.$$

Entsprechend liegt die Geschwindigkeit bei $t_2 = 2\text{ s}$ bei:

$$V(t_2) = V(t_1) + a(t_1) \cdot \Delta t = 3\text{ m/s} + 5\text{ m/s}^2 \cdot 1\text{s} = 8\text{ m/s}.$$

Tab. 6.2 zeigt die so berechneten Werte der Geschwindigkeiten bis $t_{10} = 10\text{ s}$.

Nach zehn Sekunden liegt die Geschwindigkeit des PKW bei $V = 28\,\text{m/s} \approx 100\,\text{km/h}$.

Bei dieser Berechnung haben wir angenommen, die Beschleunigung sei innerhalb der Zeitintervalle $\Delta t = 1\text{ s}$ konstant. Dies ist eine Näherungsbetrachtung. Um die Genauigkeit zu erhöhen, verkleinern wir das Zeitintervall Δt und nennen es ∂t. Damit ergibt sich die Beschleunigung aus dem „Differenzialquotienten":

$$a(t) = \frac{\partial V(t)}{\partial t}. \tag{6.2}$$

Die übliche Schreibweise dafür ist:

$$a(t) = \dot{V}(t). \tag{6.3}$$

Tab. 6.2 Nach zehn Sekunden liegt die Geschwindigkeit eines PKW bei 28 m/s (etwa 100 km/h)

t [s]	0	1	2	3	4	5	6	7	8	9	10
a [m/s²]	3	5	5	4	3	2	2	2	1	1	0
V [m/s]	0	3	8	13	17	20	22	24	26	27	28

Dieses ist eine Differenzialgleichung, denn es taucht die Ableitung der Geschwindigkeit $\dot{V}(t)$ nach der Zeit auf.

Hinweis: In den folgenden Formeln tauchen die zeitabhängigen Größen ab jetzt immer mit dem Zusatz … (t) auf.

Die Berechnung der Geschwindigkeit aus der Beschleunigung erfolgt durch Integration:

$$V(t) = \int a(t)dt. \tag{6.4}$$

Die Integration ist als die Umkehr der Differenziation zu verstehen.
Der zurückgelegte Weg ergibt sich durch Integration der Geschwindigkeit:

$$s(t) = \int V(t)dt. \tag{6.5}$$

Nun stellt sich die Frage, was zu der Beschleunigung geführt hat: Dies ist nach Newton die Kraft $F(t)$:

$$a(t) = \frac{F(t)}{m}. \tag{6.6}$$

Unter der oftmals berechtigten Annahme, die Masse sei zeitlich konstant, ist die Beschleunigung $a(t)$ also eine Folge der Kraft $F(t)$. Wenn wir also die Beschleunigung eines Körpers beobachten, muss es eine Kraft geben.

6.1.2 Federmasseschwinger

Bevor wir uns mit diesem Wissen an den Rotor wagen, betrachten wir zunächst einen Federmasseschwinger. Dieser besteht aus einer Feder und einer daran befestigten Masse, die sich geradlinig bewegen kann, siehe Abb. 6.1.

Die Betrachtung des Federmasseschwingers soll helfen, die Dynamik der Schlagbewegung besser zu verstehen.

In der Ruhelage ist die Feder entspannt und übt keine Kraft auf die Masse aus, daher wird die Masse nicht beschleunigt. Die Federsteifigkeit c beschreibt das Verhältnis zwischen der Federkraft F_c und dem Weg s der Kugel gegenüber der Ruhelage:

$$c = \frac{F_c(t)}{s(t)}. \tag{6.7}$$

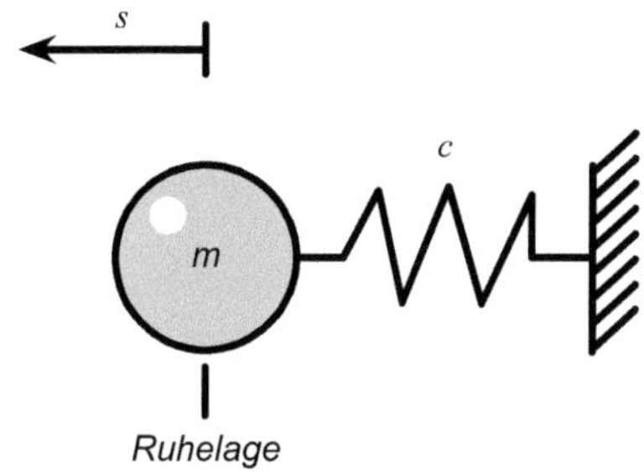

Abb. 6.1 Eine Masse ist an einer Feder befestigt und kann frei schwingen

Beispiel: Eine Feder mit einer Federsteifigkeit von $c = 1.000\,\text{N/m}$ erzeugt bei einem Weg von $s = 0{,}01\,\text{m}$ eine Kraft von $F_c = 10\,\text{N}$. Wenn wir die Masse nach links auslenken $s > 0$ wirkt eine Kraft nach rechts $F_c < 0$. Daher tritt ein negatives Vorzeichen in der Formel für die Federkraft auf:

$$F_c(t) = -c \cdot s(t). \tag{6.8}$$

Wir stellen nun die „Bewegungsgleichung" für den Federmasseschwinger auf. Die Beschleunigung der Kugel ist gleich der Kraft geteilt durch die Masse:

$$a(t) = \frac{F_c(t)}{m} = -\frac{c}{m} \cdot s(t). \tag{6.9}$$

Die Beschleunigung ergibt sich aus zweifacher Differenziation des Weges $a(t) = \ddot{s}(t)$ und führt zu der Bewegungsgleichung:

$$m \cdot \ddot{s}(t) = -c \cdot s(t). \tag{6.10}$$

Um die Kugel aus der Ruhelage $s(t) = 0$ zu bewegen, brauchen wir eine äußere Kraft. Diese bringen wir auf, indem wir die Kugel mit der Hand nach links ziehen. Durch die Auslenkung der Kugel nach links um den Wert s_0 erzeugt die Feder eine Gegenkraft von

$$F_c = -c \cdot s_0 \tag{6.11}$$

nach rechts, die negativ definiert ist und betragsmäßig der Handkraft entspricht, siehe Abb. 6.2.

Die an der Kugel wirkende Kraft ist damit Null:

$$F_c + F_{Hand} = 0. \tag{6.12}$$

Es liegt ein Kräftegleichgewicht vor, die Kugel wird nicht beschleunigt.

Die Bewegungsgleichung, erweitert um die von außen wirkende Handkraft F_{Hand}, lautet:

$$m \cdot \ddot{s}(t) = -c \cdot s(t) + F_{Hand}. \tag{6.13}$$

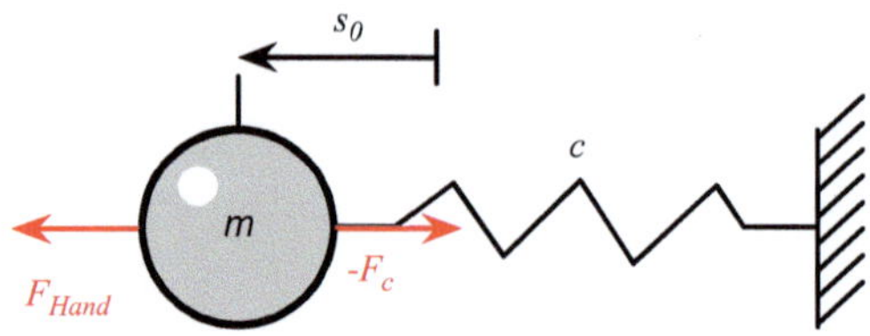

Abb. 6.2 Die Masse wird nicht beschleunigt, weil Hand- und Federkraft sich ausgleichen

Umgeformt ergibt sich:

$$m \cdot \ddot{s}(t) + c \cdot s(t) = F_{Hand}. \tag{6.14}$$

Wenn wir die Kugel loslassen, ist die Handkraft logischerweise Null und es wirkt im ersten Moment nach dem Loslassen nur noch die Federkraft entsprechend Gl. 6.11. Die Kugel beschleunigt nach rechts mit:

$$a(t_0) = -\frac{c}{m} \cdot s_0.$$

Die Kugel bewegt sich in Richtung der Ruhelage, damit verringert sich der Weg zu $s(t) < s_0$ und die Beschleunigung nimmt ab, bis sie in der Ruhelage wieder den Wert Null erreicht. Aufgrund der Massenträgheit schießt die Kugel allerdings über die Ruhelage hinaus und wird ab hier gebremst. Unter Vernachlässigung der Reibung schießt die Kugel genau um den Wert s_0 nach rechts über. Eine Auslenkung nach rechts ist negativ definiert, also:

$$s(t) = -s_0.$$

Danach geht es zurück nach links und dieser Vorgang wiederholt sich theoretisch endlos. Wir erhalten eine harmonische Schwingung, siehe Abb. 6.3. Unter einer „harmonischen Schwingung" verstehen wir dabei nicht eine besonders gute Beziehung zwischen Kugel und Feder, sondern eine sinusförmige Schwingung abhängig von der Zeit.

Warum entsteht diese endlose harmonische Schwingung?

Die Masse wird immer entgegen der aktuellen Auslenkung beschleunigt. Ist die Masse nach links ausgelenkt, so wird die Masse nach rechts beschleunigt und umgekehrt. Eine andere Erklärung ist, dass die in der Feder gespeicherte potenzielle Energie in kinetische Energie umgewandelt wird und umgekehrt.

Wir wollen nun wissen, wie lange es dauert, bis die Kugel nach dem Loslassen wieder an der Stelle des Loslassens angekommen ist. Diese Zeit wird als Schwingungsdauer T bezeichnet. Es gibt eine Formel zur Berechnung der Schwingungsdauer [1]:

$$T = 2 \cdot \pi \cdot \sqrt{\frac{m}{c}}. \tag{6.15}$$

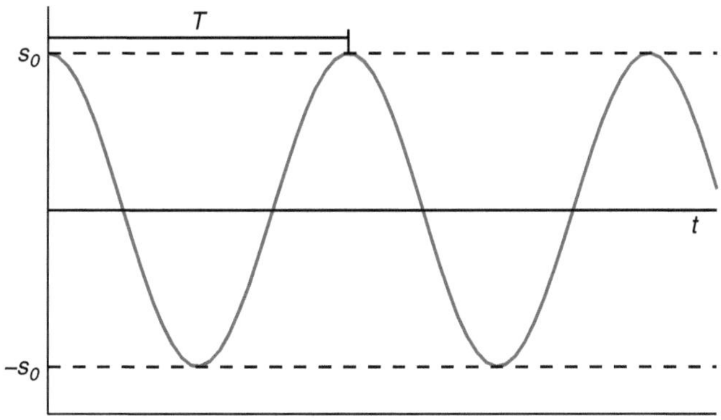

Abb. 6.3 Nach dem Loslassen der Masse ergibt sich eine harmonische Schwingung mit konstanter Schwingungsdauer

Eine schwere Kugel mit großer Masse m hat eine größere Schwingungsdauer als eine leichte Kugel. Das Gleiche gilt für eine weiche Feder mit einer kleineren Federsteifigkeit c.

Beispiel: Bei einer Federsteifigkeit von $c = 1.000\,\text{N/m}$ und einer Masse von $m = 25\,\text{kg}$ ergibt sich eine Schwingungsdauer von:

$$T = 2 \cdot \pi \cdot \sqrt{\frac{25\,\text{kg}}{1.000\,\text{N/m}}} \approx 1\,\text{s}.$$

Die Masse benötigt in diesem Fall etwa eine Sekunde, um einmal von links nach rechts und wieder zurück zu schwingen. Interessant dabei ist, dass es egal ist, wie weit wir die Kugel auslenken. Die Schwingungsdauer T liegt immer bei einer Sekunde. Sie ist eine Eigenschaft des Systems.

Auch die Rotorblätter führen um das Schlaggelenk eine harmonische Schwingung aus. Daher helfen die Überlegungen an dem Federmasseschwinger, die Dynamik der Schlagbewegung des Rotors besser zu verstehen.

6.2 Dynamik der Schlagbewegung

Zum Verständnis der Dynamik der Schlagbewegung stellen wir uns einen Rotor vor, der ohne Einwirkung von Luftkräften rotiert. Dies funktioniert am besten im Weltall.

6.2.1 Rotor im Weltall

Im Weltall gibt es keine Luft, daher wirken keine Luftkräfte am Rotor, siehe Abb. 6.4.

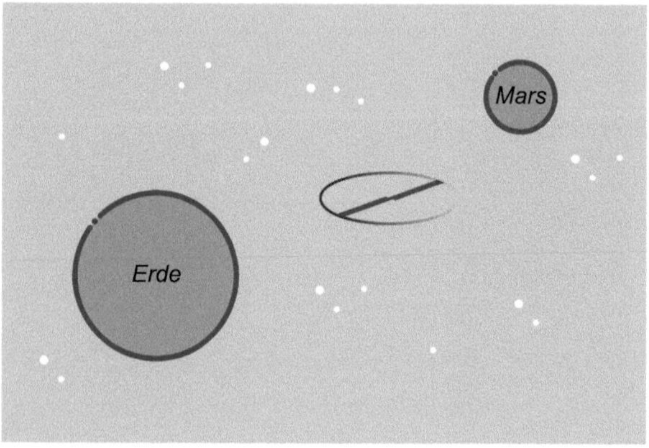

Abb. 6.4 Im Weltall dreht sich der Rotor ohne den Einfluss von Luftkräften

Aus unbekannten Gründen vollführt der Rotor im Weltall eine Schlagbewegung. Die Frage ist nun, ob die Schlagbewegung ohne die äußeren Luftkräfte bestehen bleibt, oder ob sie abklingt. Zur Erinnerung: Aufgrund der Schlagbewegung ist die Rotorkreisebene gegenüber der Rotordrehebene um den maximalen Schlagwinkel β_{Blc} geneigt. Die Rotordrehebene steht definitionsgemäß senkrecht auf der Rotorwelle, siehe Abb. 6.5.

An der Position „Rotorblatt hinten" ($\psi_{Bl} = 0°$) ist das Rotorblatt um den Winkel $-\beta_{Blc}$ gegenüber der Rotordrehebene nach unten geschlagen. An der Position „Rotorblatt vorne" um den gleichen Wert β_{Blc} nach oben. Das Rotorblatt vollführt eine harmonische Schwingung um das Schlaggelenk:

$$\beta_{Bl}(t) = -\beta_{Blc} \cdot \cos\psi_{Bl}(t). \tag{6.16}$$

Der Azimutwinkel eines Rotorblatts ergibt sich durch Integration der Winkelgeschwindigkeit des Rotors:

$$\psi_{Bl}(t) = \int \Omega_R(t) \cdot dt. \tag{6.17}$$

Unter der Annahme konstanter Winkelgeschwindigkeit Ω_R ergibt sich der Azimutwinkel eines Rotorblatts zu:

$$\psi_{Bl}(t) = \Omega_R \cdot t \tag{6.18}$$

und damit der Schlagwinkel:

$$\beta_{Bl}(t) = -\beta_{Blc} \cdot \cos(\Omega_R \cdot t). \tag{6.19}$$

Durch Differenziation erhalten wir die Schlagwinkelgeschwindigkeit:

$$\dot{\beta}_{Bl}(t) = \beta_{Blc} \cdot \Omega_R \cdot \sin(\Omega_R \cdot t). \tag{6.20}$$

Und durch weitere Differenziation die Schlagwinkelbeschleunigung:

$$\ddot{\beta}_{Bl}(t) = \beta_{Blc} \cdot \Omega_R^2 \cdot \cos(\Omega_R \cdot t). \tag{6.21}$$

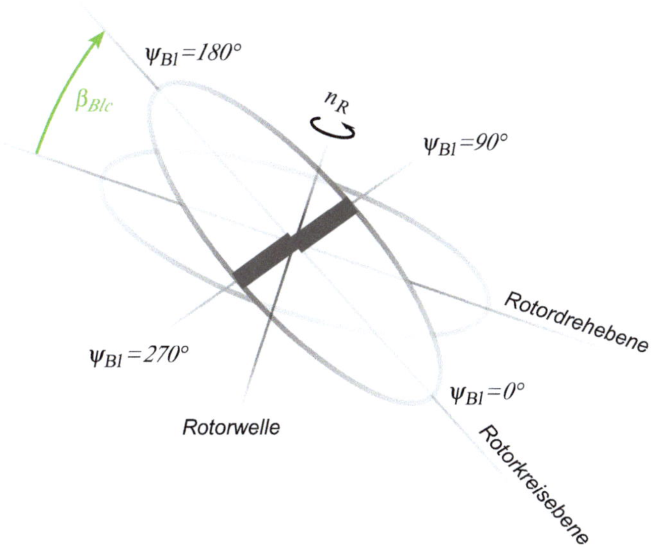

Abb. 6.5 Die Rotorkreisebene ist auch im Weltall gegenüber der Rotordrehebene um den maximalen Schlagwinkel nach hinten geneigt

Tab. 6.3 zeigt die Werte der Schlagbewegung an den vier Rotorblattpositionen:

An der Position „Rotorblätter vorne/hinten" liegt der betragsmäßig größte Schlagwinkel $\beta_{Bl}(t)$ vor und auch die Schlagwinkelbeschleunigung $\ddot{\beta}_{Bl}(t)$ ist an dieser Position betragsmäßig maximal. Also muss auch die Ursache für die Beschleunigung hier maximal sein, also das Schlagmoment $M_{TB}(t)$:

$$M_{TB}(t) = I_R \cdot \ddot{\beta}_{Bl}(t). \tag{6.22}$$

Das Trägheitsmoment des Referenzrotors liegt bei $I_R \approx 189\ \text{kgm}^2$ (siehe Anhang).

Zur einfacheren Vorstellung nehmen wir jedoch zunächst an, die gesamte Masse eines Rotorblatts m_{Bl} läge im Blattschwerpunkt (CG_{Bl}) mit dem Abstand r_{mBl} zur Rotorwelle, siehe Abb. 6.6.

Wenn das Rotorblatt nach oben schlägt, dann bewegt sich der Blattschwerpunkt (CG_{Bl}) aufgrund des Schlagwinkels um den Weg

$$s(t) = r_{mBl} \cdot \sin \beta_{Bl}(t) \approx r_{mBl} \cdot \beta_{Bl}(t) \tag{6.23}$$

nach oben. Dabei ergibt sich eine Beschleunigung der Blattmasse m_{Bl} nach oben von:

$$\ddot{s}(t) \approx r_{mBl} \cdot \ddot{\beta}_{Bl}(t). \tag{6.24}$$

Abb. 6.7 zeigt einen Blick von hinten auf das Rotorblatt.

Tab. 6.3 Die Werte der Schlagbewegung variieren an den vier Rotorblattpositionen

Position Rotorblatt	$\Psi_{Bl}(t)$ [°]	$\beta_{Bl}(t)$	$\dot{\beta}_{Bl}(t)$	$\ddot{\beta}_{Bl}(t)$
Hinten	0	$-\beta_{Blc}$	0	$\beta_{Blc} \cdot \Omega_R^2$
Rechts	90	0	$\beta_{Blc} \cdot \Omega_R$	0
Vorne	180	β_{Blc}	0	$-\beta_{Blc} \cdot \Omega_R^2$
Links	270	0	$-\beta_{Blc} \cdot \Omega_R$	0

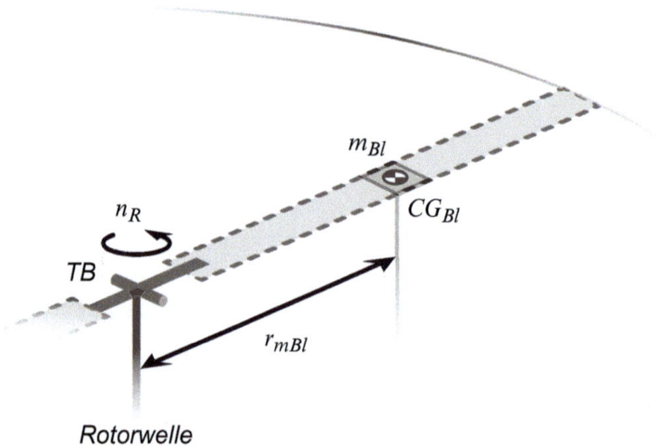

Abb. 6.6 Im Gedankenmodell liegt die gesamte Masse eines Rotorblatts im Blattschwerpunkt

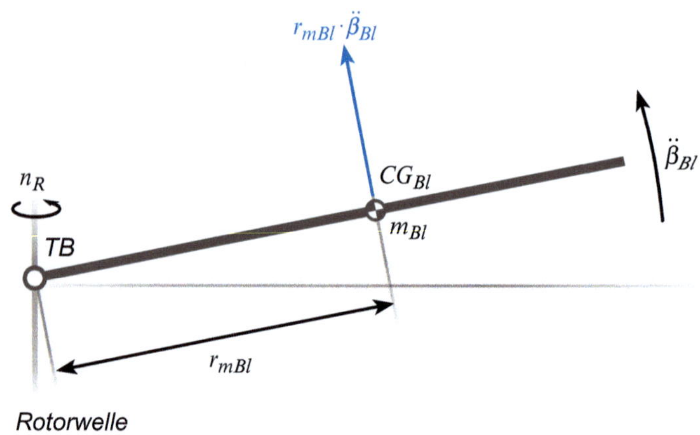

Abb. 6.7 Aufgrund der Schlagbewegung wird die Punktmasse vertikal beschleunigt

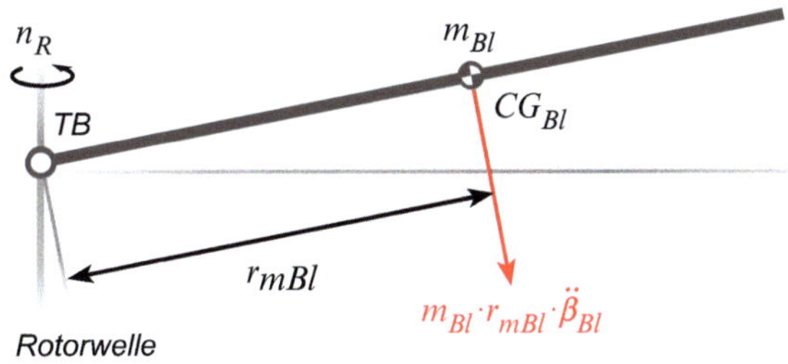

Abb. 6.8 Die Beschleunigung der Punktmasse entspricht einer Kraft, die der Schlagbewegung entgegenwirkt

Diese Beschleunigung der Blattmasse m_{Bl} entspricht einer Kraft von:

$$F = m_{Bl} \cdot r_{mBl} \cdot \ddot{\beta}_{Bl}(t). \tag{6.25}$$

Mit dem Hebelarm von r_{mBl} entsteht ein Moment um das Schlaggelenk (TB) von:

$$M_{TB} = m_{Bl} \cdot r_{mBl} \cdot \ddot{\beta}_{Bl}(t) \cdot r_{mBl} = m_{Bl} \cdot r_{mBl}^2 \cdot \ddot{\beta}_{Bl}(t). \tag{6.26}$$

Abb. 6.8 zeigt einen Blick von hinten auf das Rotorblatt.

Für den angenommenen Fall, dass die gesamte Masse m_{Bl} im Blattschwerpunkt (CG_{Bl}) liegt, ergibt sich folgendes Trägheitsmoment für den Zweiblattrotor [1]:

$$I_R = 2 \cdot m_{Bl} \cdot r_{mBl}^2.$$

Hinweis: Das tatsächliche Trägheitsmoment ist größer (siehe Anhang).

Da im Weltall üblicherweise keine Luftkräfte wirken, könnte man vermuten, dass auch das Schlagmoment gleich Null ist. Gegen diese Vermutung spricht, dass eine Schlagwinkelbeschleunigung abhängig von der Rotorblattposition auftritt. Es muss also ein Moment geben, das diese Winkelbeschleunigungen bewirkt. Die Ursache für dieses Moment ist die Fliehkraft am Rotorblatt, die auch im Weltall wirkt.

Die Fliehkraft wirkt senkrecht zur Rotationsachse, also von der Rotorwelle nach außen. An einem Rotorblatt wirkt folgende Fliehkraft, die im Blattschwerpunkt (CG_{Bl}) angreift:

$$F_{FBl} = m_{Bl} \cdot r_{mBl} \cdot \Omega_R^2. \tag{6.27}$$

Die Fliehkraft ist vergleichsweise groß. Bei einer Rotordrehzahl von $n_R = 324\,\text{U/min}$ ziehen, unscharf formuliert, über „drei Tonnen" an jedem Rotorblatt des Referenzrotors (siehe Abschn. 4.2). Nun ergibt sich aufgrund des Schlagwinkels $\beta_{Bl}(t)$ ein vertikaler Abstand zwischen dem Blattschwerpunkt (CG_{Bl}) und der Rotordrehebene von:

$$h(t) = r_{mBl} \cdot \sin \beta_{Bl}(t) \approx r_{mBl} \cdot \beta_{Bl}(t).$$

Abb. 6.9 zeigt einen Blick von hinten auf das Rotorblatt und verdeutlicht den Hebelarm zwischen der Fliehkraft und dem Schlaggelenk.

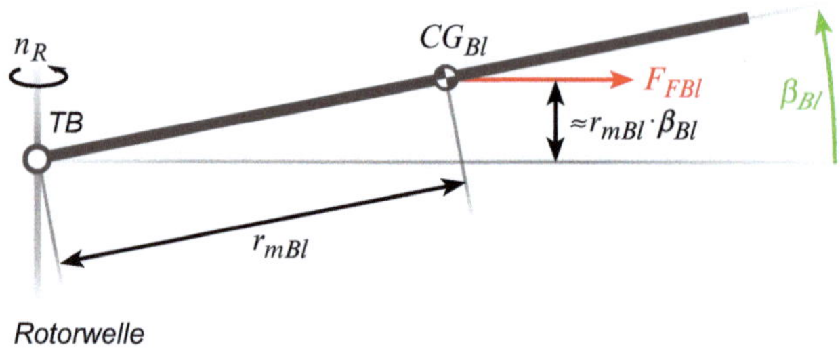

Abb. 6.9 Durch die Fliehkraft und den Hebelarm zum Schlaggelenk entsteht ein Moment um das Schlaggelenk (TB)

Es ergibt sich ein Schlagmoment von:

$$M_{TB}(t) = -\underbrace{m_{Bl} \cdot r_{mBl} \cdot \Omega_R^2}_{\text{Kraft } F_{FBl}} \cdot \underbrace{r_{mBl} \cdot \beta_{Bl}(t)}_{\text{Hebelarm}} = -m_{Bl} \cdot r_{mBl}^2 \cdot \Omega_R^2 \cdot \beta_{Bl}(t). \tag{6.28}$$

Wir können den Term auf der rechten Seite vor dem Schlagwinkel $\beta_{Bl}(t)$ als „Federsteifigkeit der Schlagbewegung" interpretieren:

$$c_S = m_{Bl} \cdot r_{mBl}^2 \cdot \Omega_R^2. \tag{6.29}$$

Die Federsteifigkeit der Schlagbewegung verändert sich mit der Winkelgeschwindigkeit des Rotors. Das Schlagmoment beträgt:

$$M_{TB}(t) = I_R \cdot \ddot{\beta}_{Bl}(t) = -c_S \cdot \beta_{Bl}(t). \tag{6.30}$$

Die Bewegungsgleichung lautet:

$$I_R \cdot \ddot{\beta}_{Bl}(t) + c_S \cdot \beta_{Bl}(t) = 0. \tag{6.31}$$

Damit hat die Bewegungsgleichung die gleiche Struktur wie im Fall des Federmasseschwingers (siehe Abschn. 6.1.2) und wir können die Formel zur Berechnung der Schwingungsdauer auf die Schlagbewegung des Rotors anwenden:

$$T_S = 2 \cdot \pi \cdot \sqrt{\frac{I_R}{c_S}} = 2 \cdot \pi \cdot \sqrt{\frac{m_{Bl} \cdot r_{mBl}^2}{m_{Bl} \cdot r_{mBl}^2 \cdot \Omega_R^2}} = \frac{2 \cdot \pi}{\Omega_R}. \tag{6.32}$$

Die Schwingungsdauer der Schlagbewegung T_S entspricht demnach genau der Dauer einer Rotorumdrehung. Der Rotor befindet sich somit in Resonanz.

Ein Beispiel für Resonanz: Ein Professor hilft seiner Tochter beim Schaukeln. Wenn der Professor der Tochter genau im richtigen Rhythmus einen Schubs gibt, dann ist das System „Professor-Tochter" in Resonanz. Der Professor benötigt dann minimale Kraft, um das Kind zu schaukeln, siehe Abb. 6.10.

Da die Rotoren der Tragschrauber nur äußerst selten im Weltall betrieben werden, beamen wir den Rotor zurück auf die Erde.

Abb. 6.10 Der Professor schubst seine Tochter immer genau im richtigen Moment an und braucht daher minimale Kraft

6.2.2 Zurück auf der Erde

Auf der Erde wirken Luftkräfte am Rotor. Im Vorwärtsflug verursachen diese Luftkräfte eine Schlagbewegung aufgrund der asymmetrischen Anströmung beider Rotorblätter. Das Kuriose ist, dass das Schlagmoment aufgrund der Luftkräfte Null ist. Der Schlagwinkel stellt sich genauso ein, dass kein Schlagmoment aufgrund der Luftkräfte mehr übrig bleibt. Der Grund hierfür ist die eben angesprochene Resonanz: Die durch die Rotation verursachte Anregung passt genau zur Schwingungsdauer der Schlagbewegung.

Wir erklären diesen Sachverhalt nun anhand der Bewegungsgleichung (Gl. 6.31). Auf der rechten Seite steht nun nicht mehr Null, sondern das Schlagmoment aufgrund der Luftkräfte:

$$\ddot{\beta}_{BI}(t)\cdot I_R + c_S\cdot\beta_{BI}(t) = M_{SR}(t). \tag{6.33}$$

Das Schlagmoment aufgrund der Luftkräfte $M_{SR}(t)$ wirkt als Anregung für dieses Schwingungssystem, das sich in Resonanz befindet. Ein System ohne Dämpfung schwingt in Resonanz ohne Anregung, wie beim Federmasseschwinger erklärt (siehe Abschn. 6.1.2). Es handelt sich um ein „System ohne Dämpfung", weil auf der linken Seite der Bewegungsgleichung keine Abhängigkeit von der Schlagwinkelgeschwindigkeit $\dot{\beta}_{BI}$ auftritt.

Damit haben wir gezeigt:

- Das Schlagmoment aufgrund der Luftkräfte $M_{SR}(t)$ ist theoretisch Null, weil sich das Schwingungssystem „Schlagbewegung" in Resonanz befindet.

- Prof. Achtung weist darauf hin, dass es sich hier um eine Näherungsbetrachtung handelt. In Wirklichkeit ergeben sich aufgrund der variierenden Luftkräfte der Rotorblätter höherfrequente Anteile. Diese nehmen bei großen Fortschrittsgraden weiter an Bedeutung zu und können dann nicht mehr vernachlässigt werden.

Wir bedanken uns beim Professor für diesen wichtigen Hinweis. Da wir nur kleine Fortschrittsgrade bis $\mu_R \approx 0{,}3$ betrachten, bleiben wir aber bei der Näherung.

Nachdem wir akzeptiert haben, dass das Schlagmoment aufgrund der Luftkräfte $M_{SR}(t)$ näherungsweise Null ist, wird klar, dass die Schlagwinkelbeschleunigung eines Rotorblatts

$\ddot{\beta}_{Bl}(t)$ ausschließlich durch die Fliehkraft $F_{FBl}(t)$ verursacht wird. Jetzt könnte man annehmen, dass eine Verringerung der Blattmasse m_{Bl} den Schlagwinkel $\beta_{Bl}(t)$ vergrößert, also ein leichter Rotor im Vorwärtsflug stärker schlägt. Der Grund für diesen leichtsinnigen Gedanken ist die Annahme, dass ein leichterer Rotor bei gleichem Schlagmoment aufgrund der Luftkräfte $M_{SR}(t)$ weniger in seiner Schlagbewegung gebremst wird als ein schwerer Rotor. Wo liegt der Denkfehler?

Unabhängig von der Rotormasse m_{Bl} ist das Schlagmoment aufgrund der Luftkräfte näherungsweise Null:

$$M_{SR}(t) \approx 0.$$

Auch wenn es schwer fällt, merken wir uns:

▶ Bei Autorotation im Gleichgewicht ist der maximale Schlagwinkel $\beta_{Bl}(t)$ unabhängig von der Blattmasse m_{Bl}.

Wir haben bis hier vereinfachend angenommen, die gesamte Masse eines Rotorblatts m_{Bl} läge im Blattschwerpunkt (CG_{Bl}). Nun betrachten wir den realistischeren Fall eines Rotorblatts mit inhomogener Massenverteilung. Der Rotor des Referenztragschraubers ist mit Zusatzmassen nahe der Blattspitzen versehen (siehe Abschn. Anhang).

Wie wirkt sich die inhomogene Massenverteilung auf die beschriebene Resonanz aus?

Wir nehmen die Antwort vorweg: Gar nicht.

Wir können die Überlegung mit der Punktmasse im Blattschwerpunkt (CG_{Bl}) entsprechend Abb. 6.6 in gleicher Weise für beliebig viele Massenpunkte durchführen. Damit ergibt sich eine Schlagfedersteifigkeit des Rotors von:

$$c_S = I_R \cdot \Omega_R^2. \tag{6.34}$$

Die Schwingungsdauer der Schlagbewegung liegt damit unverändert bei:

$$T_S = 2 \cdot \pi \cdot \sqrt{\frac{I_R}{c_S}} = \frac{2 \cdot \pi}{\Omega_R}. \tag{6.35}$$

Warum sind dann die Zusatzmassen in den Referenzrotor eingebaut?

Der Rotor speichert mehr Rotationsenergie, weil durch die Zusatzmassen das Trägheitsmoment I_R steigt. Dies wirkt sich auf die Dynamik der Autorotation, insbesondere hinsichtlich des Drehzahlverhaltens bei Störung des Gleichgewichts aus.

6.3 Dynamik der Rotation

Im Gleichgewicht passt die Anströmgeschwindigkeit senkrecht zur Rotorkreisebene w_R genau zur Rotordrehzahl n_R, so dass das Moment um die Rotorwelle M_{DR} aufgrund der Luftkräfte gleich Null ist.

Wir wollen nun wissen, wie sich der Rotor bei einem Übergang zwischen zwei Gleichgewichten verhält, wie z. B. bei veränderter Anströmung oder beim Startvorgang.

6.3.1 Übergangsvorgang

Bei einem Übergangsvorgang ändert sich die Rotordrehzahl n_R in kurzer Zeit. Die Bewegungsgleichung für die Rotation des Rotors lautet:

$$\dot{\Omega}_R(t) = \frac{M_{DR}(t)}{I_R}. \tag{6.36}$$

Für die folgenden Ausführungen treffen wir folgende Annahmen:

- Das Trägheitsmoment um die Rotorwelle I_R ist gleich dem Trägheitsmoment um das Schlaggelenk.
- Das Trägheitsmoment um die Rotorwelle I_R ist unabhängig von der Zeit konstant.

Die analytische Formel für das Rotordrehmoment in der senkrechten Autorotation lautet (siehe Anhang):

$$M_{DR} \approx \rho \cdot t_{Bl} \cdot r_R^2 \cdot \left[\pi \cdot w_{Bl}^2 + K_{M1} \cdot \Omega_R \cdot r_R \cdot w_{Bl} + K_{M2} \cdot (\Omega_R \cdot r_R)^2\right]. \tag{6.37}$$

Die Konstanten K_{M1} und K_{M2} hängen ausschließlich von den Profileigenschaften sowie dem Blatteinstellwinkel ab. Ihre analytische Herleitung ist im Anhang (siehe Anhang) beschrieben. Für den Referenzrotor ergeben sich folgende Werte:

$$K_{M1} \approx 0{,}145,\ K_{M2} \approx -0{,}0016.$$

Als kleinen Test setzen wir in diese Formeln die Werte für ein Gleichgewicht ein (siehe Abschn. 2.5): Mit einer Anströmgeschwindigkeit senkrecht zur Rotorkreisebene von $w_R \approx 7{,}7\,\text{m/s}$, einer induzierten Abwindgeschwindigkeit von $w_{Ri} \approx 6{,}5\,\text{m/s}$ und einer Rotordrehzahl von $n_R \approx 311\,\text{U/min}$ erhalten wir eine Durchströmgeschwindigkeit von:

$$w_{\text{Bl}}(t) = w_R(t) - w_{Ri}(t) \approx 1{,}2\ \text{m/s}.$$

Die Winkelgeschwindigkeit des Referenzrotors beträgt im senkrechten Sinkflug:

$$\Omega_R = n_R \cdot \frac{\pi}{30} \approx 311\ \text{U/min} \cdot \frac{\pi}{30} \approx 32{,}6\,\text{rad/s}.$$

Einsetzen dieser Werte in Gl. 6.37 ergibt ein Rotordrehmoment von:

$$M_{DR} \approx 0.$$

Wir verwenden jetzt die analytische Formel für das Rotordrehmoment, um das Drehzahlverhalten des Rotors aufgrund einer Vergrößerung der Anströmgeschwindigkeit w_R zu untersuchen. Dies entspricht dem Fall, dass der Pilot eine Kurve einleitet. In der Kurve steigen der Rotoranstellwinkel α_R und damit die Anströmgeschwindigkeit senkrecht zur Rotorkreisebene w_R. Rotordrehzahl n_R und Rotorkraft F_R steigen, der Pilot wird stärker in den Sitz gedrückt. Es wirkt die „g-Kraft", weil die Rotorkraft die Gewichtskraft übersteigt.

Zur Vereinfachung bilden wir den Kurvenflug nun gedanklich nach, indem wir uns den Rotor als Windrad vorstellen und den Fall betrachten, dass der Wind schlagartig zunimmt.

Wir beginnen mit dem Referenzfall der senkrechten Autorotation. Dabei beträgt die Anströmgeschwindigkeit der Rotorkreisebene $w_R = 7{,}7\text{ m/s}$. Dies fühlt sich für den Rotor an, als würde er mit $V_{Sink} = 7{,}7\text{ m/s}$ in ruhender Luft sinken. Die analytische Formel lautet (siehe Abschn. 2.5):

$$w_R \approx K_{wBl} \cdot \sqrt{\frac{F_R}{K_{Z0} \cdot \rho \cdot t_{Bl} \cdot r_R}} + K_{wRi} \cdot \sqrt{\frac{F_R}{\rho \cdot \pi \cdot r_R^2}}. \tag{6.38}$$

Mit den Werten des Referenzrotors

$$K_{wBl} \approx 0{,}0092,\ \rho \approx 1{,}225\,\text{kg/m}^3,\ t_{Bl} = 0{,}2\text{m},\ r_R \approx 4{,}2\text{m},\ K_{Z0} \approx 0{,}2,\ K_{wRi} \approx 0{,}86$$

und Auflösung nach der Rotorkraft ergibt sich:

$$F_R \approx 65\text{ kg/m} \cdot w_R^2.$$

Ein kleiner Test: Mit $w_R = 7{,}7\text{m/s}$ ergibt sich:

$$F_R \approx 65\text{ kg/m} \cdot 7{,}7^2 (\text{m/s})^2 \approx 3.850\text{ N}.$$

Die Rotordrehzahl beträgt:

$$n_R \approx \sqrt{\frac{F_R}{K_{Z0} \cdot \rho \cdot t_{Bl} \cdot r_R^3}} \cdot \frac{30}{\pi} \approx 311\text{ U/min}.$$

Die induzierte Abwindgeschwindigkeit liegt bei:

$$w_{Ri} = K_{wRi} \cdot \sqrt{\frac{F_R}{\rho \cdot \pi \cdot r_R^2}} \approx 6{,}5\text{ m/s}.$$

Das Rotordrehmoment ist etwa Null und ohne eine Änderung der Anströmung würde sich nie etwas an der Rotordrehzahl ändern. Zeit und Raum spielten keine Rolle.

Jetzt schlägt die Störung zu: Ab dem Zeitpunkt $t_1 = 1\text{ s}$ steigt die Anströmgeschwindigkeit schlagartig auf $w_R = 8{,}7\text{m/s}$. Das Gleichgewicht ist gestört und die Rotordrehzahl n_R sowie die Rotorkraft F_R steigen, bis sich ein neues Gleichgewicht eingestellt hat. Die Werte für das neue Gleichgewicht des Referenzrotors können wir mit den Formeln abschätzen:

$$F_R \approx 65\,\text{kg/m} \cdot 8{,}7^2 \left(\text{m/s}\right)^2 \approx 4.900\,\text{N}.$$

Die Rotordrehzahl steigt auf:

$$n_R \approx 351\text{ U/min}.$$

Die induzierte Abwindgeschwindigkeit steigt auf:

$$w_{Ri} \approx 7{,}3 \text{ m/s}.$$

Wir wissen allerdings nicht, wie lange der Übergangsvorgang bis zum Erreichen des neuen Gleichgewichts dauert, also wieviel Zeit sich der Rotor nimmt, um von $n_R \approx 311\,\text{U/min}$ auf $n_R \approx 351\,\text{U/min}$ zu beschleunigen, siehe. Abb. 6.11.

6.3.2 Simulation einer Drehzahländerung

Für diese Fragestellung arbeiten wir uns nun ausgehend vom Gleichgewichtszustand zum Zeitpunkt $t_0 = 0\,\text{s}$ in Schritten von $\Delta t = 1\,\text{s}$ in die Zukunft vor. Wir lösen die folgenden Formeln numerisch.

Bewegungsgleichung: $$\dot{\Omega}_R(t) = \frac{M_{DR}(t)}{I_R}.$$

Rotorkraft: $$F_R(t) \approx \rho \cdot t_{Bl} \cdot r_R^3 \cdot \Omega_R^2(t) \cdot \left[\pi \cdot \frac{w_{Bl}(t)}{\Omega_R(t) \cdot r_R} + \frac{1}{3} \cdot (2 \cdot \pi \cdot \varepsilon_{Bl} + C_{ABl0})\right].$$

Induzierte Abwindgeschwindigkeit: $$w_{Ri}(t) \approx K_{wRi} \cdot \sqrt{\frac{F_R(t)}{\rho \cdot \pi \cdot r_R^2}}.$$

Durchströmgeschwindigkeit: $$w_{Bl}(t) = w_R(t) - w_{Ri}(t).$$

Rotordrehmoment: $$M_{DR}(t) \approx \rho \cdot t_{Bl} \cdot r_R^2 \cdot \left[\pi \cdot w_{Bl}^2 + K_{M1} \cdot \Omega_R \cdot r_R \cdot w_{Bl} + K_{M2} \cdot (\Omega_R \cdot r_R)^2\right].$$

Daten Referenzrotor: $\rho = 1{,}225\ \text{kg/m}^3$, $t_{Bl} = 0{,}2\,m$, $r_R = 4{,}2\,m$, $\varepsilon_{Bl} = 2{,}5°$, $C_{ABl0} = 0{,}24$, $K_{M1} \approx 0{,}145$, $K_{M2} \approx -0{,}0016$, $K_{wRi} \approx 0{,}86$.

Das numerische Lösen der Differenzialgleichungen nennt man Simulation [3].

Ausgehend vom Gleichgewicht zum Zeitpunkt $t_0 = 0\,\text{s}$ geht es nun eine Sekunde weiter in die Zukunft: Zum Zeitpunkt $t_1 = 1\,\text{s}$ liegt die Anströmgeschwindigkeit bei:

$$w_{\text{R}}(t_1) = 8{,}7 \text{ m/s}.$$

Zur Berechnung der Durchströmgeschwindigkeit $w_{\text{Bl}}(t_1)$ verwenden wir die induzierte Abwindgeschwindigkeit des vorherigen Zeitpunkts $w_{\text{Ri}}(t_0)$, da wir den neuen Wert noch nicht kennen:

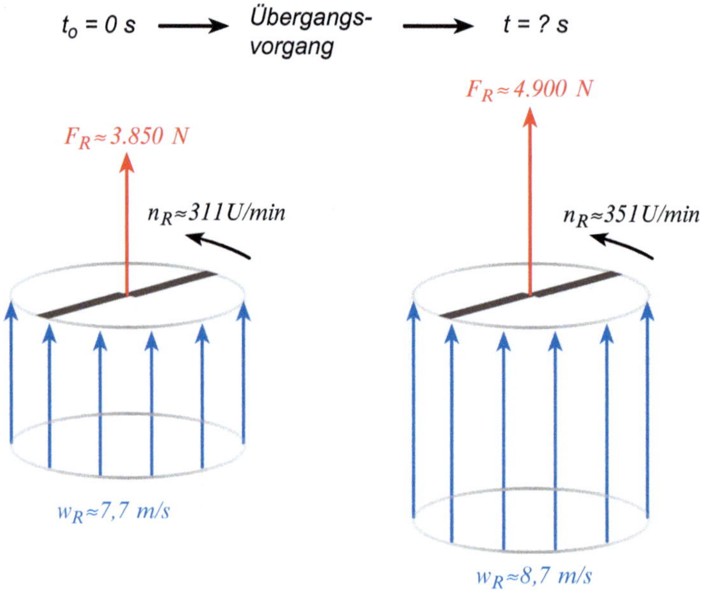

Abb. 6.11 Der Rotor nimmt sich Zeit, um nach der vergrößerten Anströmgeschwindigkeit ein neues Gleichgewicht zu finden (Daten Referenzrotor, analytische Formeln)

$$w_{\mathrm{Bl}}(t_1) = w_{\mathrm{R}}(t_1) - w_{\mathrm{Ri}}(t_0) = 8,7\,\mathrm{m/s} - 6,5\,\mathrm{m/s} \approx 2,2\,\mathrm{m/s}.$$

Zur Berechnung der Rotorkraft verwenden wir die Winkelgeschwindigkeit des Rotors vom vorherigen Zeitpunkt:

$$\Omega_R(t_0) = n_R(t_0) \cdot \frac{\pi}{30} \approx 311\,\mathrm{U/min} \cdot \frac{\pi}{30} \approx 32,6\,\mathrm{rad/s}.$$

Wir erhalten:

$$F_R(t_1) \approx 4.250\ \mathrm{N}.$$

Damit können wir nun einen neuen Wert für die induzierte Abwindgeschwindigkeit berechnen:

$$w_{Ri}(t_1) \approx K_{wRi} \cdot \sqrt{\frac{F_R(t_1)}{\rho \cdot \pi \cdot r_R^2}} \approx 6,8\ \mathrm{m/s}.$$

Das Rotordrehmoment ergibt sich zu:

$$M_{DR}(t_1) \approx 125\ \mathrm{Nm}.$$

Dieses Rotordrehmoment bewirkt eine Drehbeschleunigung des Rotors von:

$$\dot{\Omega}_R(t_1) = \frac{M_{DR}(t_1)}{I_R} \approx \frac{125\ \mathrm{Nm}}{189\ \mathrm{kgm}^2} \approx 0,66\ \mathrm{rad/s}^2.$$

Die Drehzahländerung innerhalb der nächsten Sekunde ergibt sich dann zu:

$$\Delta n_R(t_1) = \dot{\Omega}_R(t_1) \cdot \frac{30}{\pi} \frac{\text{U/min}}{\text{s}} \approx 6 \frac{\text{U/min}}{\text{s}}.$$

Dieses Vorgehen kann beliebig fortgesetzt werden, siehe Tab. 6.4. Wir stellen fest:

- Zum Zeitpunkt $t_1 = 1\,\text{s}$ ist die Rotorkraft um $\Delta F_R \approx 400\text{N}$ von $F_R(t_1) \approx 3.850\ \text{N}$ auf $F_R(t_1) \approx 4.250\,\text{N}$ gestiegen, obwohl die Rotordrehzahl unverändert $n_R(t_1) \approx 311\,\text{U/min}$ beträgt. Dies erklärt sich durch die größere Durchströmgeschwindigkeit der Rotordrehebene von $w_{Bl}(t_1) \approx 2{,}2\,\text{m/s}$.
- Zum Zeitpunkt $t_2 = 2\ \text{s}$ ist die Rotorkraft weiter gestiegen auf $F_R(t_2) \approx 4.300\,\text{N}$. Auch die Rotordrehzahl ist angestiegen auf $n_R(t_2) \approx 317\,\text{U/min}$.
- Zum Zeitpunkt $t_{21} = 21\,\text{s}$, also 20 Sekunden nach Einsetzen der Störung des Gleichgewichts, hat sich annähernd ein neues Gleichgewicht eingestellt. In Tab. 6.4 ist dies daran zu erkennen, dass das Rotordrehmoment sehr klein ist: $M_{DR}(t_{21}) \approx 5\,\text{Nm}$. Die Drehzahländerung innerhalb der nächsten Sekunde ist dann vernachlässigbar $\Delta n_R(t_{21}) < 0{,}5\ \text{U/min/s}$. Die Rotordrehzahl hat sich mit $n_R(t_{21}) \approx 347\,\text{U/min}$ bereits zu 90 % dem neuen Gleichgewichtswert $n_R \approx 351\,\text{U/min}$ angenähert.

▶ Prof. Achtung gibt zu bedenken, dass die induzierte Abwindgeschwindigkeit unmittelbar steigen würde, sobald die Rotorkraft steigt. Daher ist die Annahme, dass die Abwindgeschwindigkeit innerhalb einer Sekunde konstant bleibt, nicht haltbar.

Der Professor hat natürlich Recht. Wir haben die große Zeitschrittweite zur Erklärung des Prinzips verwendet. Wenn wir die Zeitschrittweite auf $\Delta t = 0{,}01\,\text{s}$ verkleinern und den

Tab. 6.4 Übergang in ein neues Gleichgewicht aufgrund der vergrößerten Anströmgeschwindigkeit (Daten Referenzrotor, analytische Formeln)

t [s]	w_R [m/s]	w_{Bl} [m/s]	n_R [U/min]	F_R [N]	w_{Ri} [m/s]	M_{DR} [Nm]	Δn_R [U/min/s]
0	7,7	1,2	311	3.850	6,5	0	0
1	8,7	2,2	311	4.250	6,8	125	6
2	8,7	1,9	317	4.300	6,9	80	4
…	…	…	…	…	…	…	…
21	8,7	1,4	347	4.800	7,3	5	0
…	…	…	…	…	…	…	…

zeitlichen Verlauf der Rotordrehzahl berechnen, erhalten wir ein genaueres Ergebnis, siehe Abb. 6.12.

Es wird deutlich, dass die Rotordrehzahl zunächst schnell ansteigt und nach etwa 20 Sekunden den 90 %-Wert $n_R \approx 347\,\text{U/min}$ erreicht. Zu diesem Zeitpunkt kann der Übergangsvorgang als annähernd abgeschlossen betrachtet werden. Es dauert theoretisch unendlich lange, bis das neue Gleichgewicht mit der Rotordrehzahl von $n_R \approx 351\,\text{U/min}$ erreicht ist.

Wir können uns also grob merken:

> Der Referenzrotor nimmt sich etwa 20 Sekunden Zeit, bis sich das neue Gleichgewicht weitgehend eingestellt hat.

Abb. 6.13 zeigt den zeitlichen Verlauf der Rotorkraft aufgrund der Erhöhung der Anströmgeschwindigkeit von $\Delta w_R = 1\,\text{m/s}$.

Die Rotorkraft steigt sofort nach Einsetzen der Störung an und erreicht nach etwa 16 Sekunden etwa 90 % des Endwerts. Die Rotorkraft F_R steigt also etwas schneller als die Rotordrehzahl n_R, weil die angestiegene Anströmgeschwindigkeit sofort zu einer vergrößerten Luftkraft führt.

Das hier dargestellte Verhalten gilt grundsätzlich auch für eine „negative“ Störung, die zu einer Abnahme der Rotordrehzahl führt. In beiden Fällen braucht ein „schwerer Rotor“, also ein Rotor mit größerem Trägheitsmoment I_R, länger für Drehzahländerungen. Ein schwerer Rotor speichert mehr Energie, dreht allerdings beim Start langsamer hoch.

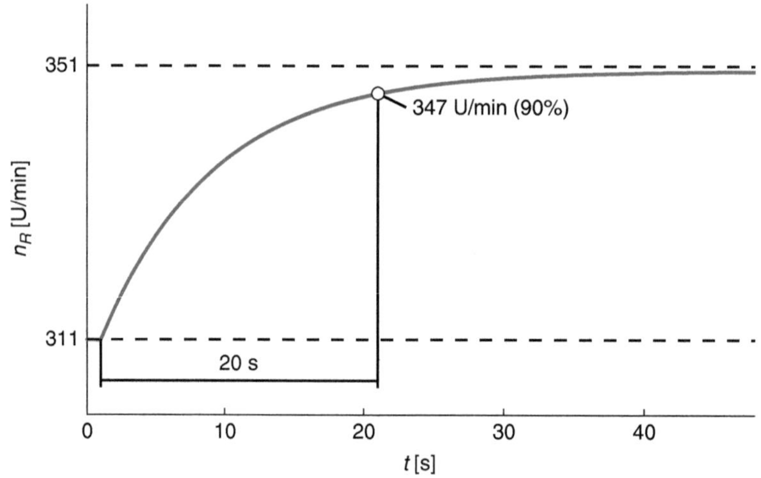

Abb. 6.12 Die Rotordrehzahl steigt nach Vergrößerung der Anströmgeschwindigkeit langsam an und erreicht nach etwa 20 Sekunden den 90 %-Wert des neuen Gleichgewichts (Daten Referenzrotor, analytische Formel)

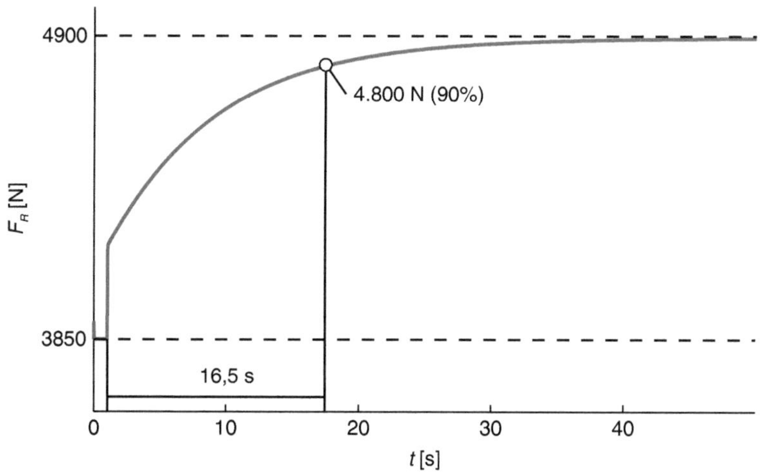

Abb. 6.13 Die Rotorkraft steigt unmittelbar nach Vergrößerung der Anströmgeschwindigkeit an und erreicht nach etwa 16 Sekunden den 90 %-Wert des neuen Gleichgewichts (Daten Referenzrotor, analytische Formel)

Ein leichter Rotor dreht schneller hoch, speichert aber weniger Energie. Im Fall negativer Störungen oder Steuereingaben, birgt ein leichter Rotor die Gefahr, schneller an Drehzahl zu verlieren als ein schwerer Rotor.

Um ein Gefühl für die im Referenzrotor gespeicherte Energie zu bekommen, berechnen wir die kinetische Energie E_{kin} bei einer Rotordrehzahl von $n_R = 324$ U/min ($\Omega_R \approx 34$ rad/s):

$$E_{kin}\left(n_R = 324 \text{ U/min}\right) = \frac{1}{2} \cdot I_R \cdot \Omega_R^2 = \frac{1}{2} \cdot 189 \text{ kgm}^2 \cdot 34^2 \left(rad/s\right)^2 \approx 109 \text{ kJ}.$$

Um diesen Wert einordnen zu können, berechnen wir die kinetische Energie des Tragschraubers im Vorwärtsflug bei einer Fluggeschwindigkeit von $V = 85$ km/h $\approx 23{,}6$ m/s und erhalten die kinetische Energie in gleicher Größenordnung:

$$E_{kin}\left(V = 85 \text{ km/h}\right) = \frac{1}{2} \cdot m \cdot V^2 = \frac{1}{2} \cdot 392 \text{ kg} \cdot 23{,}6^2 \left(m/s\right)^2 \approx 109 \text{ kJ}.$$

Diese im Rotor gespeicherte Energie führt dazu, dass der Rotor auch ohne Anströmung von unten eine gewisse Zeit weiterdreht.

Abb. 6.14 zeigt den zeitlichen Verlauf der Rotordrehzahl bei vollständigem Verlust der Anströmgeschwindigkeit von unten: $w_R = 0$ m/s.

Die Rotordrehzahl sinkt innerhalb der ersten 5 Sekunden um etwa 53 U/min. Die Rotorkraft sinkt dabei auf etwa 30 % des Ausgangswerts. Übertragen auf den Flug entspricht dies etwa „0,3 g“.

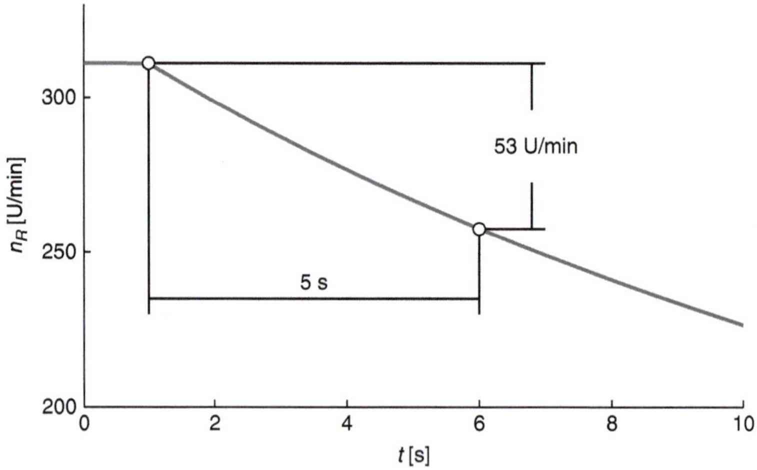

Abb. 6.14 Ohne Anströmgeschwindigkeit von unten sinkt die Rotordrehzahl innerhalb von 5 Sekunden um etwa 53 U/min (Daten Referenzrotor, analytische Formel)

▶ Prof. Achtung weist auf die Gefahren bei Entlastung des Rotors hin. Die rasche Abnahme der Rotordrehzahl ist dabei nur ein Faktor. Bei einem Lastvielfachen von Null kann die Steuerbarkeit verloren gehen. Die Steuerung durch eine Neigung der Rotorkraft funktioniert nicht mehr, wenn keine Rotorkraft mehr vorhanden ist. Allerdings wirken die Kräfte und Momente des Propellertriebwerks weiterhin auf die Zelle ein und es kann zu unkontrollierbaren Flugzuständen kommen. Eine starke Entlastung des Rotors ist unter allen Umständen zu vermeiden.

Wir bedanken uns beim Professor für diesen überaus wertvollen Hinweis.

Mit diesem Wissen über das dynamische Verhalten des Rotors in Übergangsvorgängen wagen wir uns nun an den Start des Tragschraubers. Diesen Fall können wir leider nicht mehr mit den analytischen Formeln erschlagen und verwenden daher die Simulationssoftware [2].

6.4 Simulation eines Startvorgangs

Der Startvorgang eines Tragschraubers ist bestens geeignet, um das dynamische Verhalten des Rotors zu untersuchen. Wir simulieren den Startvorgang wie folgt:

Der Pilot beschleunigt den Referenzrotor mit der Vorrotationsanlage auf eine Grunddrehzahl von $n_R = 200$ U/min. Dann bewegt er den Steuerknüppel an den hinteren Anschlag und neigt damit die Rotordrehebene maximal zurück. Anschließend beschleunigt er den

Tragschrauber mit Vollgas. Nach einer relativ kurzen Startrollstrecke, deren Länge unter anderem abhängig von Beladung, Propellerschub und Atmosphärenbedingungen ist, hebt der Tragschrauber ab.
Bei diesem Vorgang interessieren uns folgende Fragen:

Wie verändert sich die Rotordrehzahl bis zum Abheben?
Wie groß ist der maximale Schlagwinkel?
Wie lang ist die Startrollstrecke?
Was passiert bei zu kleiner Rotordrehzahl?
Was passiert bei falsch ausgeführtem Startverfahren?

Der maximale Standschub des Referenztragschraubers liegt bei:

$$F_{Prop} \approx 2.000 \text{ N}.$$

Dieser Wert ergibt sich aus Messungen mit Vollgas am Boden (siehe Abschn. Anhang). Weiterhin nehmen wir die Schubkraft des Propellers während des Startvorgangs bis zum Abheben als konstant an.

▶ Prof. Achtung weist darauf hin, dass der maximale Propellerschub mit der Geschwindigkeit abnimmt. Dies hängt unter anderem mit der begrenzten Leistung des Triebwerks zusammen. Die Annahme des konstanten Schubs ist daher fraglich.

Wir bedanken uns für den Hinweis, wollen aber die Annahme beibehalten, um die Ergebnisse besser nachvollziehbar zu halten. Außerdem hebt der Tragschrauber bereits bei einer vergleichsweise kleinen Fluggeschwindigkeit ab.

Der Tragschrauber beschleunigt auf der Piste mit:

$$a(t) = \dot{V}(t) = \frac{1}{m} \cdot \left[F_{Prop} - W_R(t) - W_P(t) \right]. \tag{6.39}$$

Der Widerstand des Rotors $W_R(t)$ liegt bei:

$$W_R(t) \approx F_R(t) \cdot \alpha_R(t) \approx F_R(t) \cdot \left[\eta_{RH} + \beta_{Blc}(t) \right]. \tag{6.40}$$

Der parasitäre Widerstand $W_P(t)$ beträgt:

$$W_P(t) = \frac{\rho}{2} \cdot V(t)^2 \cdot S_P \cdot C_{WP}. \tag{6.41}$$

Abb. 6.15 zeigt die parallel zur Längsachse wirkenden Kräfte beim Start des Tragschraubers.

Diese Formeln sehen recht einfach aus, haben es allerdings in sich, wie sich im Folgenden zeigen wird.

Wir betrachten zunächst die Beschleunigung zum Zeitpunkt t_0. Zu diesem Zeitpunkt sind die Geschwindigkeit und der Schlagwinkel gleich Null:

$$V(t_0) = 0,\ \beta_{Blc}(t_0) = 0.$$

Die Rotorkraft beträgt bei einer Rotordrehzahl von $n_R = 200\,\text{U/min}$ etwa:

$$F_R(t_0) \approx 800\ \text{N}.$$

Dieser Wert stimmt mit Messungen überein (siehe Anhang).

Wenn der Steuerknüppel den hinteren Anschlag erreicht hat, ist der Rotorkopf gegenüber der Längsachse des Referenztragschraubers um den Winkel $\eta_{RH} = 15°$ nach hinten geneigt. Damit ergibt sich der Rotorwiderstand zu:

$$W_R(t_0) \approx F_R(t_0)\cdot\eta_{RH} \approx 800\ \text{N}\cdot 15°\cdot\frac{\pi}{180°} \approx 210\ \text{N}.$$

Unscharf formuliert, zieht der Rotor mit etwa „20 Kilo“ nach hinten und der Propeller drückt mit „200 Kilo“ nach vorne. Der Tragschrauber beschleunigt entsprechend Gl. 6.39 im ersten Moment mit:

$$a(t_0) = \frac{1}{m}\cdot\left[F_{Prop} - W_R(t_0)\right] \approx \frac{1}{392\ \text{kg}}\cdot\left[2.000\,\text{N} - 210\,\text{N}\right] \approx 4{,}6\ \text{m/s}^2.$$

Die Beschleunigung nimmt bis zum Abheben kontinuierlich ab, weil der Propellerschub etwa konstant bleibt und der Widerstand zunimmt. Zum Zeitpunkt des Abhebens t_a nehmen wir vereinfacht an, die Rotorkraft sei gleich der Gewichtskraft:

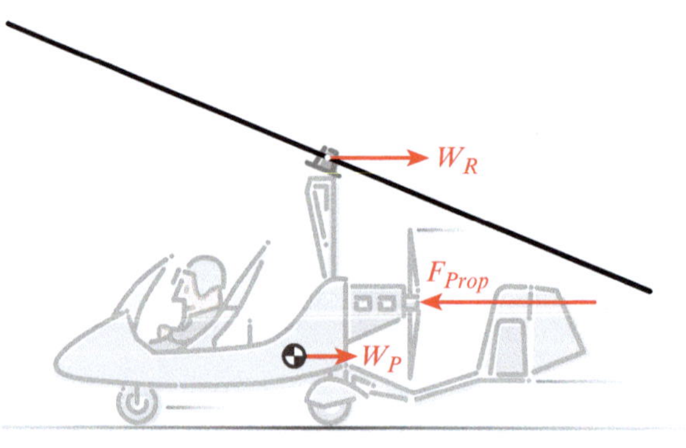

Abb. 6.15 Beim Start ist die Rotordrehebene maximal angestellt, der Steuerknüppel befindet sich am hinteren Anschlag und der Tragschrauber beschleunigt mit maximalem Propellerschub

$$F_R(t_a) \approx m \cdot g \approx 3.850 \text{ N}.$$

Aus der Simulation ergibt sich ein maximaler Schlagwinkel beim Abheben von $\beta_{Blc}(t_a) \approx 3{,}5°$. Damit beträgt der Rotorwiderstand beim Abheben:

$$W_R(t_a) \approx F_R(t_a) \cdot \left[\eta_{RH} + \beta_{Blc}(t_a)\right] \approx 3.850 \text{ N} \cdot (15° + 3{,}5°) \cdot \frac{\pi}{180°} \approx 1.243 \text{ N}.$$

Mit einer Geschwindigkeit beim Abheben von $V(t_a) \approx 77$ km/h ≈ 21 m/s ergibt sich ein parasitärer Widerstand von:

$$W_P(t_a) = \frac{\rho}{2} \cdot V(t_a)^2 \cdot S_P \cdot C_{WP} \approx \frac{1{,}225 \text{ kg/m}^3}{2} \cdot (21 \text{m/s})^2 \cdot 1 \text{ m}^2 \cdot 1 \approx 270 \text{ N}.$$

Die Beschleunigung zum Zeitpunkt des Abhebens liegt nur noch bei:

$$a(t_a) = \frac{1}{m} \cdot \left[F_{Prop} - W_R(t_a) - W_P(t_a)\right] \approx \frac{1}{392 \text{ kg}} \cdot [2.000 \text{ N} - 1.243 \text{ N} - 270 \text{ N}] \approx 1{,}2 \text{m/s}^2.$$

Die Beschleunigung *a*(*t*) nimmt bis zum Abheben erheblich ab, siehe Abb. 6.16.

Die überlagerte Schwingung entsteht durch die zweimal pro Umdrehung schwankende Rotorkraft (siehe Abschn. 3.3). Der Referenztragschrauber hebt nach $t_a \approx 7$ s ab. Dieser zeitliche Verlauf der Beschleunigung *a*(*t*) wurde mit der Simulation des Tragschraubers einschließlich der Dynamik des Rotors berechnet. Es können weitere interessante Informationen

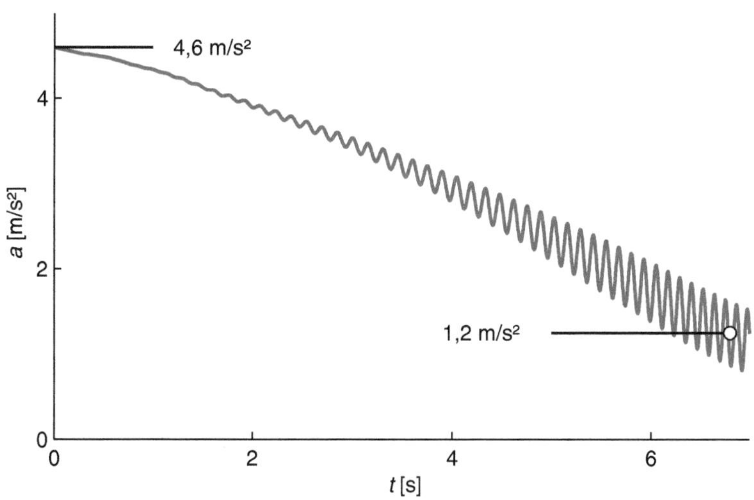

Abb. 6.16 Die Beschleunigung nimmt bis zum Abheben ab (Daten Referenztragschrauber, Simulation)

aus der Simulation gezogen werden und zwar die zeitlichen Verläufe der Rotordrehzahl $n_R(t)$, der Geschwindigkeit $V(t)$, des maximalen Schlagwinkels $\beta_{Bl}(t)$ sowie des Konuswinkels $\kappa_{Bl}(t)$.

6.4.1 Rotordrehzahl

Abb. 6.17 zeigt den Verlauf der Rotordrehzahl n_R beim Startvorgang des Referenztragschraubers. Zu Beginn des Startvorgangs liegt die Rotordrehzahl bei $n_R\left(t_0\right) \approx 200$ U/min.

Die Rotordrehzahl sinkt zunächst leicht auf $n_R\left(t \approx 2\text{ s}\right) \approx 192$ U/min, weil die Anströmgeschwindigkeit senkrecht zur Rotorkreisebene w_R zu Beginn der Startphase zu klein ist. Der Tragschrauber ist zu Beginn der Startphase zu langsam, so dass der Rotor nicht ausreichend angeströmt wird.

Hinweis: Es herrscht absolute Windstille in der Simulation.

Zum Zeitpunkt der minimalen Rotordrehzahl bei $t \approx 2$ s liegt kurzzeitig ein Gleichgewicht vor. Die zeitliche Änderung der Rotordrehzahl $n_R\left(t \approx 2\text{ s}\right)$ ist gleich Null. Das Gleichgewicht ist daran zu erkennen, dass die Tangente an der Kurve zu diesem Zeitpunkt horizontal verläuft. Der Tragschrauber beschleunigt allerdings weiter und der Rotor verlässt den kurzzeitigen Gleichgewichtszustand. Die Anströmgeschwindigkeit w_R liegt ab $t > 2$ s höher als der Wert, der für das Gleichgewicht erforderliche wäre.

Beim Abheben befindet sich der Rotor noch in einem Übergangsvorgang. Damit erklärt sich die vergleichsweise kleine Rotordrehzahl von $n_R\left(t_a \approx 7s\right) \approx 266$ U/min, obwohl die Rotorkraft bereits den Wert der Gewichtskraft erreicht hat:

$$F_R\left(t_a \approx 7s\right) \approx 3.850 \text{ N}.$$

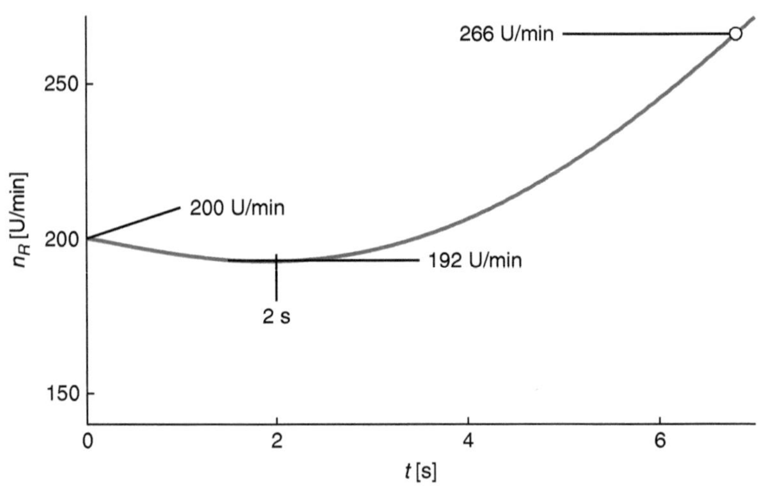

Abb. 6.17 Die Rotordrehzahl nimmt beim Start zunächst leicht ab und steigt dann zügig an (Daten Referenztragschrauber, Simulation)

6.4.2 Geschwindigkeit

Abb. 6.18 zeigt den zeitlichen Verlauf der Geschwindigkeit beim Startvorgang des Referenztragschraubers.

Bei einer Geschwindigkeit von $V\left(t_a \approx 7\ \mathrm{s}\right) \approx 77\ \mathrm{km/h}$ hebt der Referenztragschrauber ab. Bei einer Geschwindigkeit von $V\left(t \approx 2\,\mathrm{s}\right) \approx 31\ \mathrm{km/h}$ liegt das kurzzeitige Gleichgewicht der Autorotation vor. Würde der Pilot den Gashebel zurücknehmen und diese Geschwindigkeit halten, so würde die Rotordrehzahl den Wert von $n_R\left(t \approx 2\ \mathrm{s}\right) \approx 192\ \mathrm{U/min}$ beibehalten.

6.4.3 Schlagwinkel

Abb. 6.19 zeigt den zeitlichen Verlauf des maximalen Schlagwinkels $\beta_{Blc}(t)$ beim Startvorgang des Referenztragschraubers. Der maximale Schlagwinkel $\beta_{Blc}(t)$ nimmt mit steigender Geschwindigkeit $V(t)$ zu und erreicht kurz vor dem Abheben sein Maximum von $\beta_{Blc}\left(t \approx 6\,\mathrm{s}\right) \approx 3{,}8°$.

Beim Abheben liegt der maximale Schlagwinkel bei $\beta_{Blc}\left(t_a \approx 7\,\mathrm{s}\right) \approx 3{,}5°$. Dieser relativ große Wert ist damit erklärbar, dass sich der Rotor beim Abheben noch in einem Übergangsvorgang befindet. Die vergleichsweise kleine Rotordrehzahl von $n_R\left(t_a \approx 7\ \mathrm{s}\right) \approx 266\ \mathrm{U/min}$ führt zu dem größeren Schlagwinkel. Dies wirkt sich auf die Biegung der Rotorblätter und damit auf den Konuswinkel $\kappa_{Bl}(t)$ aus.

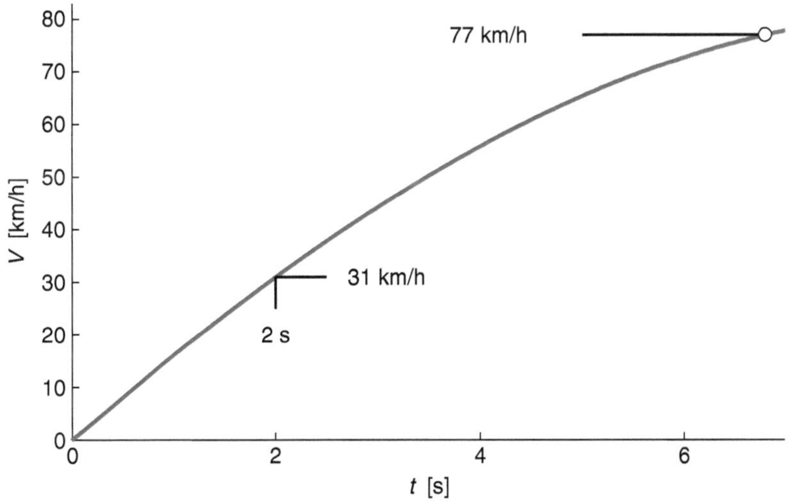

Abb. 6.18 Die Geschwindigkeit steigt bis zum Abheben auf etwa 77 km/h (Daten Referenztragschrauber, Simulation)

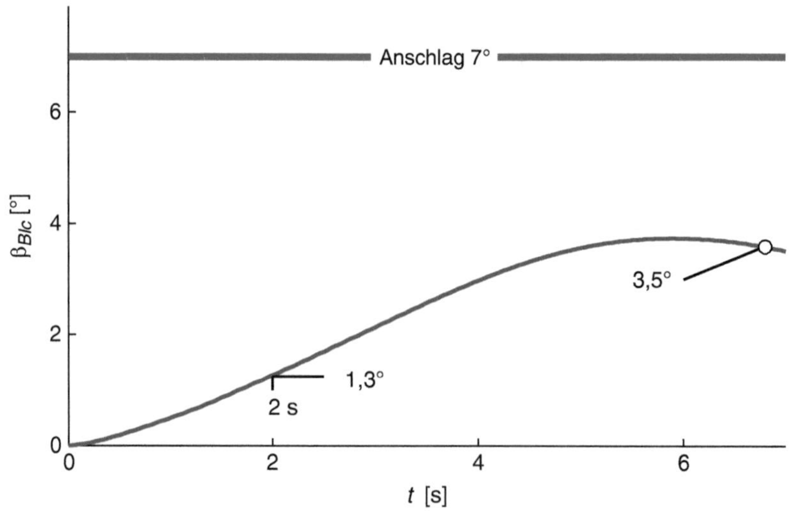

Abb. 6.19 Der maximale Schlagwinkel erreicht kurz vor dem Abheben seinen Maximalwert (Daten Referenztragschrauber, Simulation)

6.4.4 Konuswinkel

Die Formel zur Berechnung des Konuswinkels bei Autorotation im Gleichgewicht lautet (siehe Abschn. 4.2):

$$\kappa_{Bl} \approx \frac{\frac{1}{2} \cdot F_R - m_{Bl} \cdot g}{F_{FBl}}. \tag{6.42}$$

Beim Abheben tritt allerdings ein vergleichsweise großer Konuswinkel auf, siehe Tab. 6.5.

Der Konuswinkel ist beim Abheben um nahezu 50 % größer als bei gleicher Fluggeschwindigkeit im Vorwärtsflug, siehe Abb. 6.20.

Abb. 6.20 Der Konuswinkel ist beim Abheben größer als im Flug

Tab. 6.5 Der Konuswinkel des Referenztragschraubers ist beim Abheben größer als im Vorwärtsflug bei gleicher Fluggeschwindigkeit (Daten Referenztragschrauber, Simulation)

	Vorwärtsflug	Abheben
V [km/h]	77	77
n_R [U/min]	320	266
$\Omega_R = n_R \cdot \frac{\pi}{30}$ [rad/s]	33,5	27,9
κ_{Bl} [°]	2,9	4,2

Tab. 6.6 Die Startrollstrecke hängt vom Wind und von der Pistenneigung ab (Daten Referenztragschrauber, Simulation)

	Startrollstrecke	Differenz
Windstille, ebene Piste	87 m	–
Gegenwind, 15 km/h	59 m	–28 m
Rückenwind, 15 km/h	119 m	+32 m
Piste fällt um 3° ab	80 m	–7 m
Piste steigt um 3° an	97 m	+10 m

6.4.5 Startrollstrecke

Die simulierte Startrollstrecke des Referenztragschraubers beträgt etwa 87 m. Dieser Wert gilt für den Referenztragschrauber bei Windstille und ebener Piste. Mit der Simulation können auch Starts bei Wind und bei geneigter Piste untersucht werden, siehe Tab. 6.6.

Wir merken uns:

▶ Ein Gegenwind von 15 km/h reduziert die Startrollstrecke des Referenztragschraubers um mehr als 30 %.

Wir haben einen Start mit dem Referenztragschrauber untersucht, wie er im Flughandbuch beschrieben ist. Der maximale Schlagwinkel von $\beta_{Blc} \approx 3{,}8°$ liegt weit genug entfernt vom Anschlag, der bei $\beta_{Blc} \approx 7°$ erreicht wird.

Der Referenztragschrauber ist bei Vorrotation auf $n_R \approx 200$ U/min „vollgasfest". Der Pilot kann aus dem Stand heraus Vollgas geben, ohne dass der Rotor eine kritische Grenze erreicht. Die Simulation bestätigt dies.

▶ Prof. Achtung weist darauf hin, dass der Wert 200 U/min nicht allgemeingültig ist. Parameteränderungen am Rotor können dazu führen, dass dieser Wert sich ändert. Ein Rotor mit sehr großem Trägheitsmoment in Kombination mit einer hohen Vortriebsleistung kann einen höheren Wert für die Vorrotation erfordern.

Wir bedanken uns für diesen wichtigen Hinweis und betrachten nun das „Bladeflapping", das bei nicht korrekt ausgeführtem Startverfahren auftreten kann.

6.4.6 Bladeflapping

Wir betrachten zwei Fälle, die von dem oben beschriebenen Startverfahren abweichen:

- Zu kleine Rotordrehzahl.
- Steuerknüppel vorne.

Wir beginnen mit dem Fall, dass der Pilot mit zu kleiner Rotordrehzahl starten will. Wenn der Pilot des Referenztragschraubers bei einer zu kleinen Rotordrehzahl von $n_R(t_0) = 135$ U/min Vollgas gibt, dann beschleunigt der Referenztragschrauber anfänglich mit $a(t_0) \approx 4{,}9$ m/s^2. Nach etwa 5 Sekunden erreicht er eine Geschwindigkeit von $V(t = 5s) \approx 70$ km/h. Die Rotordrehzahl ist dann zwar auf $n_R(t = 5s) = 170$ U/min angestiegen, aber der maximale Schlagwinkel erreicht den kritischen Wert von $\beta_{Blc}(t = 5s) \approx 7°$. Der Anschlag ist erreicht, siehe Abb. 6.21.

Das Erreichen des Anschlags wird als „Bladeflapping" bezeichnet und ist unter allen Umständen zu vermeiden. Der Rotor darf schlagen (Englisch: Flapping), allerdings nur innerhalb seiner Grenzen. Sobald die Anschläge erreicht werden, wird die Schlagbewegung auf die Steueranlage übertragen. Es droht der Verlust der Steuerbarkeit. Im Extremfall können die Rotorblätter den Propeller oder das Leitwerk treffen.

Auch das Beschleunigen mit „Steuerknüppel vorne" kann im Bladeflapping enden. Wenn der Pilot auf eine Rotordrehzahl $n_R(t_0) = 200$ U/min vorrotiert hat und mit dem Steuerknüppel am vorderen Anschlag mit Vollgas beschleunigt, dann erreicht der Referenztragschrauber nach etwa 5 Sekunden eine Geschwindigkeit von $V(t = 5s) \approx 85$ km/h. Die Rotordrehzahl ist zu diesem Zeitpunkt auf etwa $n_R(t = 5s) = 180$ U/min abgefallen. Wenn der Pilot zu diesem

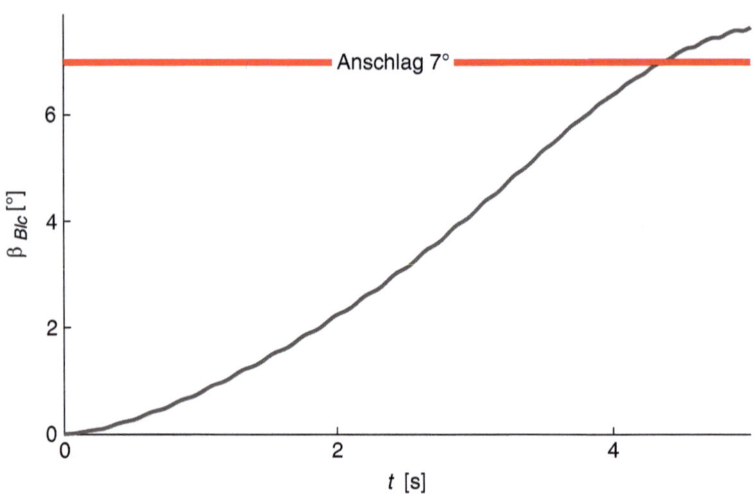

Abb. 6.21 Beim Start mit einer Vorrotationsdrehzahl von 135 U/min erreicht der maximale Schlagwinkel nach etwa 5 Sekunden den Anschlag von 7° (Daten Referenztragschrauber, Simulation)

Zeitpunkt seinen Fehler bemerkt und den Knüppel voll nach hinten durchzieht, erreicht der maximale Schlagwinkel den kritischen Wert von $\beta_{Blc}(t = 5{,}5s) \approx 7°$, siehe Abb. 6.22.

Alle diese Ergebnisse haben wir mit der Simulation erzeugt. Messdaten liegen uns hierzu nicht vor. Die Gefahr, den Tragschrauber zu zerstören, schien uns zu groß, siehe Abb. 6.23.

Wir beschäftigen uns nun mit weiteren dynamischen Effekten, die die Laufruhe des Rotors beeinflussen.

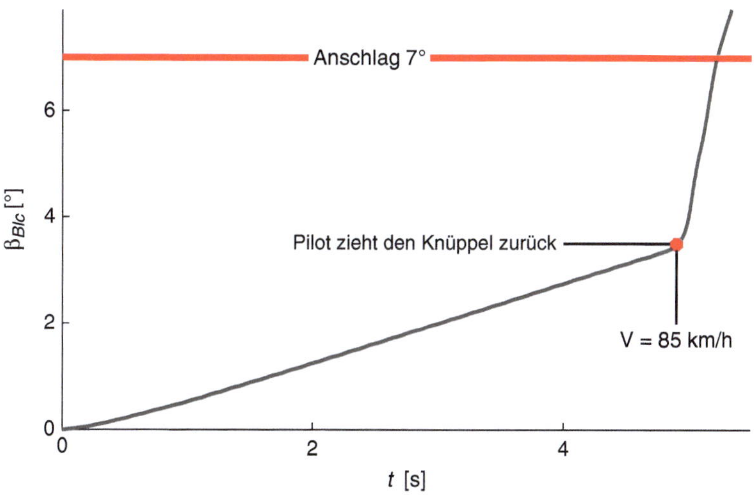

Abb. 6.22 Beim Start mit „Steuerknüppel vorne" und Ziehen des Steuerknüppels nach etwa 5 Sekunden erreicht der maximale Schlagwinkel den Anschlag von 7° (Daten Referenztragschrauber, Simulation)

Abb. 6.23 Beim Bladeflapping können die Rotorblätter den Propeller oder das Leitwerk des Referenztragschraubers treffen

6.5 Laufruhe

Der Rotor sollte möglichst ohne Vibrationen rotieren, um die Belastung der Zelle und die Rückwirkung in die Steuerung zu minimieren. Zum Verständnis der Laufruhe betrachten wir zwei wesentliche Einflüsse, und zwar die Corioliseffekte und die Entfernung des Rotorschwerpunkts von der gedachten Verlängerung der Rotorwelle.

Wir beginnen mit den Corioliseffekten und deren Auswirkung auf die Rotordrehzahl.

6.5.1 Coriolismoment

Eine Eiskunstläuferin dreht mit ausgestreckten Armen eine Pirouette. Durch Anziehen der Arme an ihren schlanken Körper steigt plötzlich ihre Rotationsgeschwindigkeit in faszinierender Art. Zur Veranschaulichung haben wir ein ähnliches Experiment durchgeführt, nicht ganz so elegant, aber wissenschaftlich genauso wertvoll, siehe Abb. 6.24.

Der Grund für die Drehzahlzunahme ist in beiden Fällen, dass Masse in einem rotierenden System von außen nach innen verlagert wird. Das Gleiche passiert, wenn ein Rotorblatt nach oben oder nach unten schlägt. Die Blattmasse nähert sich der Rotorwelle, das Trägheitsmoment des Rotors um die Rotorwelle nimmt ab.

Das Ansteigen der Rotationsgeschwindigkeit erklären wir damit, dass der Drehimpuls eines rotierenden Körpers ohne Einwirken eines äußeren Moments konstant ist:

$$L_R = I_R(t) \cdot \Omega_R(t) = konst. \tag{6.43}$$

Wenn sich das Trägheitsmoment $I_R(t)$ mit der Zeit verändert, dann muss sich die Winkelgeschwindigkeit ebenfalls ändern, damit der Drehimpuls konstant bleibt:

$$\Omega_R(t) = \frac{L_R}{I_R(t)}. \tag{6.44}$$

Für die folgenden Überlegungen am Rotor führen wir den Trägheitsradius r_{IBl} ein. Hierzu stellen wir uns die Masse des Rotorblatts m_{Bl} in einem Punkt vereint vor. Diese Punktmasse hat einen Abstand r_{IBl} vom Schlaggelenk (TB), so dass gilt:

$$I_R = 2 \cdot m_{Bl} \cdot r_{IBl}^2. \tag{6.45}$$

Der Faktor „2“ ergibt sich für den Zweiblattrotor. Der Trägheitsradius ergibt sich zu:

$$r_{IBl} = \sqrt{\frac{I_R}{2 \cdot m_{Bl}}}. \tag{6.46}$$

Abb. 6.24 Die Rotationsgeschwindigkeit steigt, wenn die Hanteln nach innen gezogen werden

Mit den Werten für den Referenzrotor erhalten wir:

$$r_{IBl} \approx \sqrt{\frac{189\ \mathrm{kgm}^2}{2 \cdot 12{,}8\ \mathrm{kg}}} \approx 2{,}7\ \mathrm{m}.$$

Hinweis: Der Blattschwerpunkt (CG_{Bl}) liegt weiter innen bei $r_{mBl} \approx 2{,}45$ m.

Aufgrund des Schlagwinkels $\beta_{Bl}(t)$ verkleinert sich der Abstand zur Rotorwelle, also der effektive Trägheitsradius beider Rotorblätter zu, siehe Abb. 6.25.

$$r_{IBl,eff}(t) = r_{IBl} \cdot \cos\beta_{Bl}(t). \tag{6.47}$$

Dies wirkt sich auf die Winkelgeschwindigkeit des Rotors aus:

$$\Omega_R(t) = \frac{L_R}{I_R(t)} = \frac{L_R}{2 \cdot m_{Bl} \cdot \left(r_{IBl} \cdot \cos\beta_{Bl}(t)\right)^2} = \underbrace{\frac{L_R}{2 \cdot m_{Bl} \cdot r_{IBl}^2}}_{\text{Konstant}} \cdot \frac{1}{\cos^2\beta_{Bl}(t)}. \tag{6.48}$$

Da der Drehimpuls L_R konstant ist, ändert sich die Winkelgeschwindigkeit des Rotors $\Omega_R(t)$ abhängig vom Schlagwinkel $\beta_{Bl}(t)$. Wir definieren die Winkelgeschwindigkeit des Rotors bei einem Schlagwinkel von Null zu:

$$\Omega_{R0} = \Omega_R\left(\beta_{Bl} = 0\right). \tag{6.49}$$

Damit können wir Gl. 6.48 umschreiben zu:

$$\Omega_R(t) = \frac{\Omega_{R0}}{\cos^2\beta_{Bl}(t)}. \tag{6.50}$$

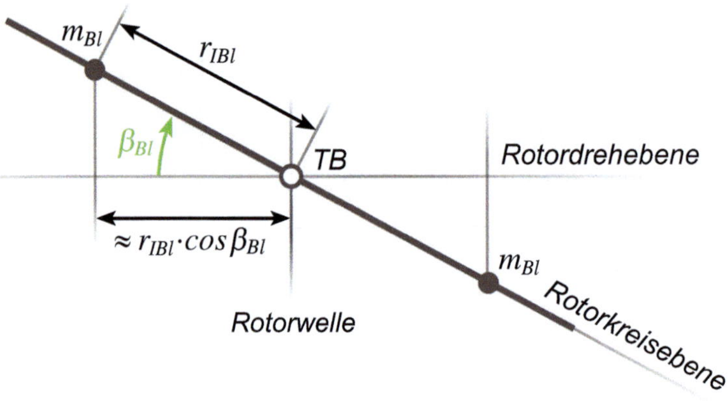

Abb. 6.25 Der effektive Trägheitsradius bezüglich der Rotorwelle verkleinert sich abhängig vom Schlagwinkel (Hinweis: Die Blattmasse liegt bei dieser Betrachtung außerhalb des Blattschwerpunkts)

Bei einem maximalen Schlagwinkel von $\beta_{Blc} = 2{,}4°$ steigt die Winkelgeschwindigkeit des Rotors um den Faktor:

$$\frac{1}{\cos^2 2{,}4°} \approx 1{,}002,$$

also um nur etwa 0,2 % gegenüber dem Fall ohne Schlagwinkel. Für die Rotordrehzahl gilt der gleiche Faktor. Damit ergibt sich bei einer Grunddrehzahl von $n_{R0} = 324$ U/min an der Position „Rotorblätter vorne/hinten", also bei $\psi_{Bl} = 0°$ und bei $\psi_{Bl} = 180°$ eine um $0{,}6$ U/min angestiegene Rotordrehzahl, siehe Abb. 6.26.

Die Rotordrehzahl ändert sich zweimal pro Umdrehung um etwa $\pm 0{,}3$ U/min. Da eine halbe Umdrehung nur etwa $T \approx 0{,}09$ s dauert, tritt eine erstaunlich große maximale Winkelbeschleunigung $\dot{\Omega}_{R,\max}$ auf. Die Formel der Winkelgeschwindigkeit abhängig von der Zeit lautet:

$$\Omega_R(t) \approx \Omega_{R0} + \left[\frac{1}{\cos^2 \beta_{Blc}} - 1\right] \cdot \frac{\Omega_{R0}}{2} \cdot \left[1 + \cos(2 \cdot \Omega_{R0} \cdot t)\right]. \tag{6.51}$$

Die Winkelbeschleunigung beträgt:

$$\dot{\Omega}_R(t) = -\Omega_{R0}^2 \cdot \left[\frac{1}{\cos^2 \beta_{Blc}} - 1\right] \cdot \sin(2 \cdot \Omega_{R0} \cdot t). \tag{6.52}$$

Ihr Maximum liegt bei:

$$\dot{\Omega}_{R,\max} = \Omega_{R0}^2 \cdot \left[\frac{1}{\cos^2 \beta_{Blc}} - 1\right] = \left[n_R \cdot \frac{\pi}{30}\right]^2 \cdot \left[\frac{1}{\cos^2 \beta_{Blc}} - 1\right]. \tag{6.53}$$

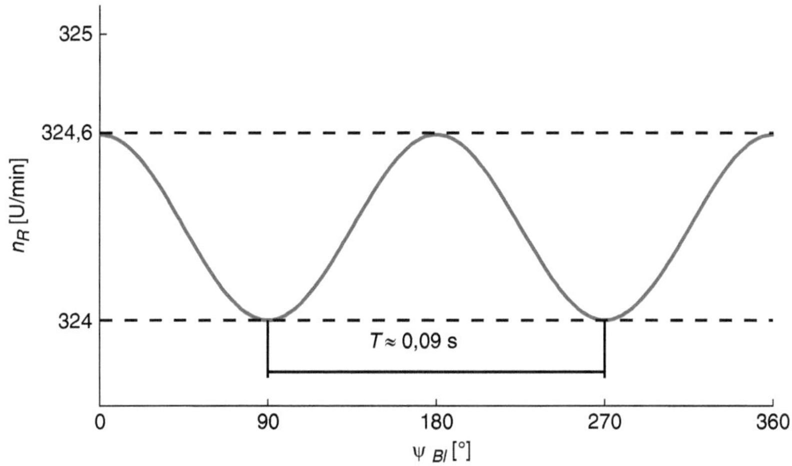

Abb. 6.26 Aufgrund des geänderten Trägheitsradius beider Blätter bezüglich der Rotorwelle ergeben sich Drehzahlschwankungen (Daten Referenzrotor, Fluggeschwindigkeit 100 km/h)

Für den Referenzfall mit einem maximalen Schlagwinkel von $\beta_{Blc} = 2{,}4°$ und einer Rotordrehzahl von $n_{R0} = 324$ U/min ergibt sich:

$$\dot{\Omega}_{R,\max} \approx \left(324 \cdot \frac{\pi}{30}\frac{1}{s}\right)^2 \cdot \left(\frac{1}{\cos^2 2{,}4°} - 1\right) \approx 2 \text{ rad/s}^2.$$

Es wird deutlich, dass Drehzahländerungen, also Winkelbeschleunigungen $\dot{\Omega}_R$, ohne Einwirkung äußerer Momente auftreten. Dies führt uns zum „Coriolismoment", einem Scheinmoment, das die Drehzahlschwankung verursacht. Das Coriolismoment eines Rotorblatts beträgt demnach:

$$M_{CBl} = \dot{\Omega}_R \cdot \frac{I_R}{2}. \tag{6.54}$$

Wir nehmen kurzzeitig an, der Tragschrauber hätte wie bei einem Hubschrauber eine angetriebene Rotorwelle und die Rotordrehzahl wäre konstant. In dem Fall würde jedes Rotorblatt viermal pro Umdrehung ein betragsmäßig maximales Coriolismoment erzeugen:

$$\left|M_{CBl,\max}\right| = 2 \text{ rad/s}^2 \cdot \frac{189 \text{ kgm}^2}{2} = 189\ Nm.$$

Da die Rotorwelle des Tragschraubers nicht angetrieben ist, sind die leichten Drehzahlschwankungen unproblematisch. Außerdem schlagen beide Rotorblätter genau entgegengesetzt und werden somit gleichzeitig beschleunigt und verzögert. Es treten theoretisch keine Momente an den Blattanschlüssen auf.

Bei dieser Überlegung haben wir allerdings den Einfluss des Konuswinkels auf die Coriolismomente vernachlässigt. Dies betrachten wir im folgenden Abschnitt.

6.5.2 Rotorschwerpunkt und Rotordrehachse

Die Rotorblätter biegen sich aufgrund der Luftkräfte nach oben, es entsteht der Konuswinkel (siehe Abschn. 4.2). Wenn das Schlaggelenk genau an dem gedachten Verbindungspunkt beider Rotorblätter angebracht wäre, würden die Schlagbewegung und die Biegung der Rotorblätter um den Konuswinkel nach oben zu zwei Problemen führen:

- Unwucht: Der Rotorschwerpunkt (CG_R) würde sich leicht von der Rotordrehachse entfernen.
- Trägheitsradien: Die effektiven Trägheitsradien beider Rotorblätter wären unterschiedlich und es entstünden Coriolismomente.

Um dies zu verhindern, sind die Rotoren mit einer „Unterhängung" konstruiert. Der gedachte Verbindungspunkt beider Rotorblätter liegt unterhalb des Schlaggelenks (TB), siehe Abb. 6.27.

Zum Einstieg in das Thema betrachten wir zunächst den Fall ohne Unterhängung:

In der senkrechten Autorotation ist der Schlagwinkel gleich Null und der Rotorschwerpunkt (CG_R) liegt unabhängig vom Konuswinkel $\kappa_{Bl}(t)$ genau in der Rotordrehachse, also der gedachten Verlängerung der Rotorwelle, siehe Abb. 6.28. Damit läuft der perfekt ausgewuchtete Referenzrotor theoretisch völlig ruhig.

Im Vorwärtsflug mit einem Schlagwinkel ungleich Null verlässt der Rotorschwerpunkt (CG_R) abhängig vom Schlagwinkel $\beta_{Bl}(t)$ die Rotationsachse. Es entsteht ein Abstand des Rotorschwerpunkts (CG_R) von der Drehachse d_{CGR}, siehe Abb. 6.29.

Der Abstand des Rotorschwerpunkts (CG_R) von der Drehachse d_{CGR} führt zu einer Unwucht, deren Größenordnung wir nun für den Referenzrotor abschätzen. Der vertikale Abstand des Rotorschwerpunkts (CG_R) vom gedachten Verbindungspunkt beider Rotorblätter beträgt:

$$h_{CGR} = r_{mBl} \cdot \sin \kappa_{Bl} \approx r_{mBl} \cdot \kappa_{Bl}. \tag{6.55}$$

Die Vereinfachung ist aufgrund des kleinen Konuswinkels zulässig. Der Abstand ist somit vom Konuswinkel abhängig, der beim Referenzrotor und einer Fluggeschwindigkeit von $V = 100\ \text{km/h}$ bei $\kappa_{Bl} \approx 2{,}9°$ liegt. Mit einem Abstand zwischen Blattschwerpunkt (CG_{Bl}) und Rotorwelle von $r_{mBl} \approx 2{,}45\ \text{m}$ ergibt sich folgender Wert:

$$h_{CGR} = 2{,}45\ \text{m} \cdot 2{,}9° \cdot \frac{\pi}{180°} \approx 0{,}12\ \text{m} \approx 120\ \text{mm}.$$

Bei einem maximalen Schlagwinkel von $\beta_{Blc} \approx 2{,}4°$ ergibt sich für den horizontalen Abstand des Rotorschwerpunkts d_{CGR} von der Rotationsachse:

$$d_{CGR} = h_{CGR} \cdot \tan \beta_{Blc} \approx h_{CGR} \cdot \beta_{Blc} \approx 120\ \text{mm} \cdot 2{,}4° \cdot \frac{\pi}{180°} \approx 5\ \text{mm}.$$

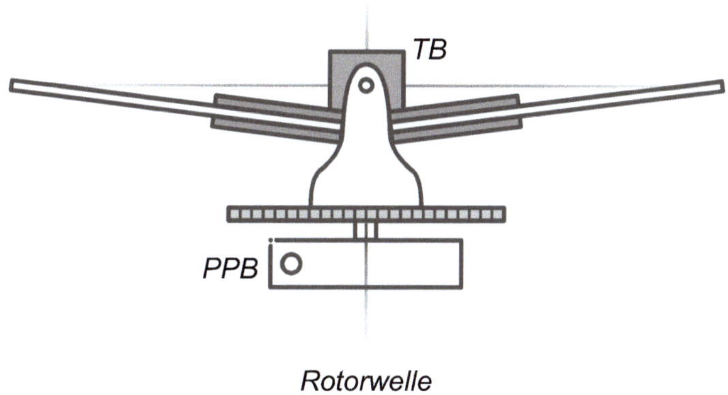

Abb. 6.27 Unterhängung: Der Verbindungspunkt der gedachten Verlängerung beider Rotorblätter liegt unterhalb des Schlaggelenks (TB)

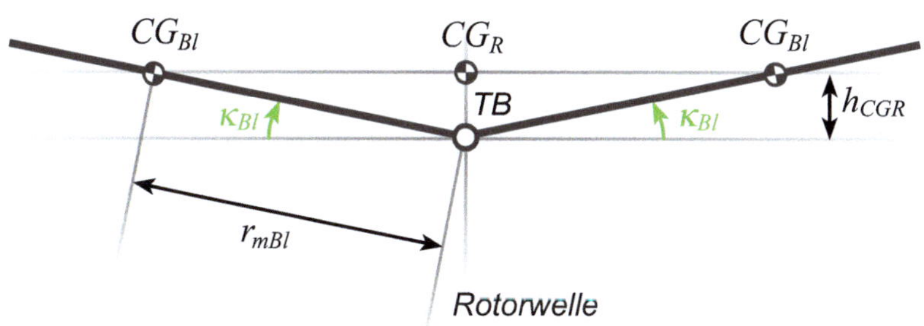

Abb. 6.28 Bei einem Rotor ohne Unterhängung liegt der Rotorschwerpunkt (CG_R) nur dann genau in der Rotordrehachse, wenn der Schlagwinkel gleich Null ist

Dieser Abstand ergibt bei einer Rotordrehzahl von $n_R \approx 324$ U/min eine Fliehkraft von:

$$F_{FR} \approx 2 \cdot m_{Bl} \cdot d_{CGR} \cdot \Omega_R^2 \approx 2 \cdot 12{,}8\ \text{kg} \cdot 0{,}005\ \text{m} \cdot \left(324\ \text{U/min} \cdot \frac{\pi}{30}\right)^2 \approx 150\ \text{N}.$$

Abb. 6.30 zeigt die Zusammenhänge.

Diese Fliehkraft wirkt mit einem Hebelarm von $h_{CGR} \approx 0{,}12$ m und erzeugt ein maximales Moment um die Rotornickachse (PPB) von etwa:

$$M_{PPB} \approx F_{FR} \cdot h_{CGR} \approx 150\ \text{N} \cdot 0{,}12\ \text{m} \approx 18\ \text{Nm}.$$

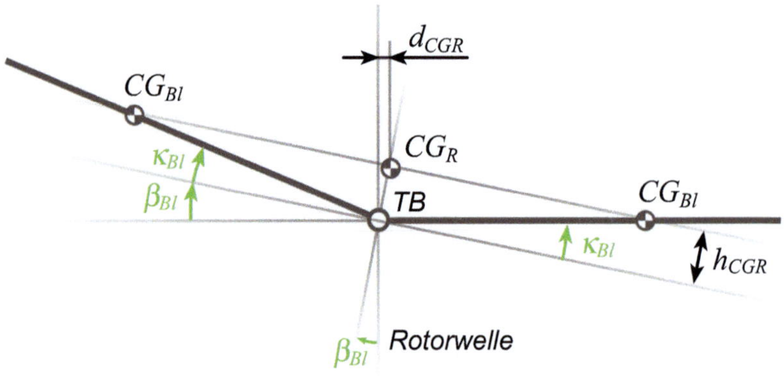

Abb. 6.29 Bei einem Rotor ohne Unterhängung entsteht abhängig vom Schlagwinkel ein Abstand zwischen Rotorschwerpunkt (CG_R) und Rotorwelle

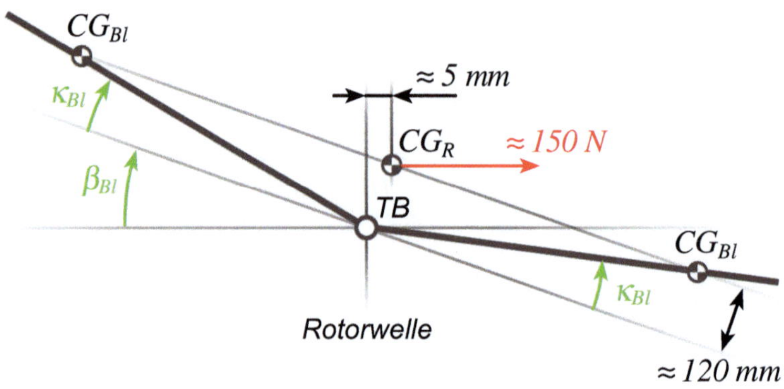

Abb. 6.30 Bei einem Rotor ohne Unterhängung entsteht abhängig vom Schlagwinkel eine Unwucht, die sich auf den Steuerknüppel überträgt (Daten Referenzrotor, Fluggeschwindigkeit 100 km/h)

Dieses Moment würde sich über die Steuerung auf den Knüppel übertragen und wäre deutlich vom Piloten spürbar.

Das Problem kann gelöst werden, indem das Schlaggelenk (TB) genau in den Rotorschwerpunkt (CG_R) gelegt wird. Dann wäre die ideale Unterhängung:

$$h_u = h_{CGR} \approx r_{mBl} \cdot \kappa_{Bl} \approx 0{,}12\,\mathrm{m}.$$

Der Verbindungspunkt beider Rotorblätter sollte beim Referenzrotor demnach etwa 120 mm unter dem Schlaggelenk (TB) liegen, siehe Abb. 6.31.

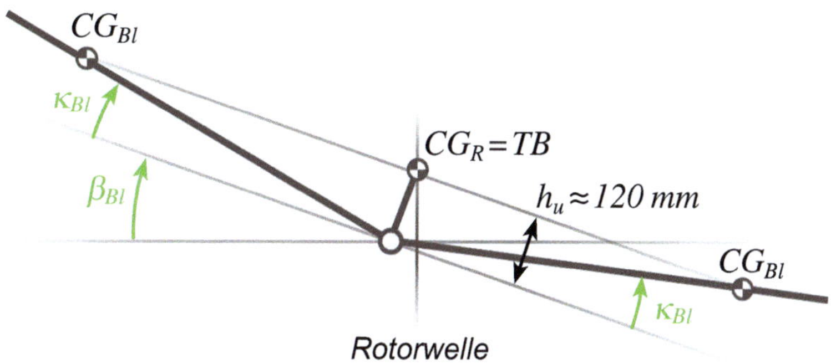

Abb. 6.31 Die ideale Unterhängung beträgt etwa 120 mm (Daten Referenzrotor, Fluggeschwindigkeit 100 km/h)

Neben einer Unwucht entsteht bei einem Rotor ohne Unterhängung das Problem der unterschiedlichen Trägheitsradien. Zur Verdeutlichung betrachten wir zunächst den Fall ohne Unterhängung: Der effektive Trägheitsradius des nach oben geschlagenen Rotorblatts ist kleiner als der des nach unten geschlagenen Rotorblatts, siehe Abb. 6.32.

Der Unterschied in den Trägheitsradien liegt beim Referenzrotor mit den Werten $r_{IBl} \approx 2{,}7\,\mathrm{m}$, $\beta_{Blc} \approx 2{,}4°$, $\kappa_{Bl} \approx 2{,}9°$ bei:

- Nach oben geschlagenes Rotorblatt: $r_{IBl} \cdot \cos(\kappa_{Bl} + \beta_{Blc}) \approx 2{,}689\,\mathrm{m}$.
- Nach unten geschlagenes Rotorblatt: $r_{IBl} \cdot \cos(\kappa_{Bl} - \beta_{Blc}) \approx 2{,}700\,\mathrm{m}$.

Der effektive Trägheitsradius wäre also beim nach oben geschlagenen Rotorblatt etwa 11 mm kleiner als beim nach unten geschlagenen Rotorblatt. Das nach oben geschlagene Rotorblatt würde beschleunigen. Da beide Rotorblätter fest miteinander verbunden sind, entstünde ein Coriolismoment am Blattanschluss. Das Problem kann gelöst werden, indem das Schlaggelenk (TB) genau auf Höhe der Verbindungslinie zwischen den gedachten Massen entsprechend der Trägheitsradien gelegt wird. Dann liegt die ideale Unterhängung bei:

$$h_u \approx r_{IBl} \cdot \kappa_{Bl} \approx 0{,}13\,\mathrm{m}.$$

Es ergibt sich also eine um etwa 10 mm größere Unterhängung als im Fall der Unwucht.

Diese theoretischen Betrachtungen machen den Einfluss der Unterhängung klar. Wir fragen uns allerdings, wie groß die Unterhängung idealerweise ausgelegt werden sollte. Da die Drehzahlschwankungen beim Tragschrauber weniger bedeutend sind, orientieren wir uns an dem kleineren Wert, der durch die Unwucht verursacht wird. Die Unwucht ist der deutlich unangenehmere Effekt, da durch sie Kräfte über die Steuerung in die Zelle übertragen werden.

Wir sind nun fast fertig, aber wir können kein Buch über Tragschrauber schreiben, ohne die „Kreiseleffekte" anzusprechen.

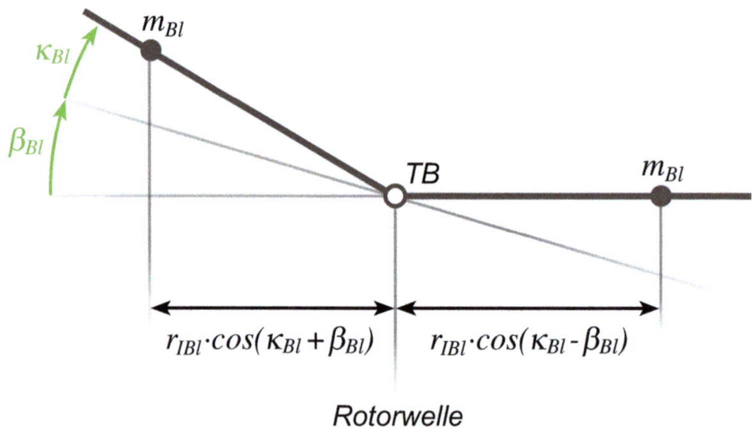

Abb. 6.32 Bei einem Rotor ohne Unterhängung ist der effektive Trägheitsradius des nach oben geschlagenen Rotorblatts kleiner als der des nach unten geschlagenen Rotorblatts (Hinweis: Die Blattmasse liegt bei dieser Betrachtung außerhalb des Blattschwerpunkts)

6.6 Kreiseleffekte

Die Kreiseleffekte werden oft im Zusammenhang mit der „stabilen Fluglage" des Tragschraubers genannt. Außerdem gibt es eine gewisse Unsicherheit, ob ein Tragschrauber am Boden aufgrund der Kreiseleffekte umkippen kann. Wir betrachten in diesem Zusammenhang zwei wichtige Effekte, und zwar die Präzession und die Resistenz gegenüber Lageänderungen.

6.6.1 Präzession

Wenn ein äußeres Moment auf einen rotierenden Körper wirkt, führt dies zu einer Drehbewegung des Körpers um eine Achse, die senkrecht auf der Rotationsachse und der Störung steht.

Wir machen uns dies an einem Fahrradreifen klar. Zunächst stellen wir den Fahrradreifen auf eine ebene Fläche.

Was passiert?

Der Reifen kippt um.

Nun rollen wir denselben Reifen über die ebene Fläche und stellen fest, dass er stabil weiterrollt, ohne umzukippen.

Der Grund hierfür ist die Präzession: Ein Moment, das den rollenden Reifen umkippen würde, bewirkt eine Drehung. Der Reifen leitet eine Kurve ein. Da diese Kurve in die gleiche Richtung erfolgt wie das Kippen, steuert der Reifen sich selbst aus. Beispiel: Kippt der Reifen nach rechts, ergibt sich eine Kurve nach rechts. Der Reifen wird durch die Trägheitskraft nach links gedrückt und richtet sich auf.

Wie wirkt sich dieser Effekt auf den Rotor aus?

Wir stellen uns zunächst vor, der Rotor hätte kein Schlaggelenk, also die Rotorwelle und Rotorblätter bildeten eine starre Einheit. Als kleine Fingerübung berechnen wir das Moment aufgrund der Nickbewegung bei einer Rotordrehzahl von $n_R = 200\,\text{U/min}$. Das Kreiselmoment ergibt sich aus dem Drehimpuls des Rotors L_R und der Nickgeschwindigkeit q_R [1]:

$$M_{KR} = L_R \cdot q_R. \tag{6.56}$$

Der Drehimpuls des Referenzrotors mit einem Trägheitsmoment von $I_R = 189\ \text{kgm}^2$ und einer Rotordrehzahl von $n_R = 200\ \text{U/min}$ liegt bei:

$$L_R = 189\ \text{kgm}^2 \cdot 200\ \text{U/min} \cdot \frac{\pi}{30} \approx 3{,}960\ \text{kgm}^2\text{/s}.$$

Die Nickgeschwindigkeit des Rotors, der in etwa einer Sekunde vom vorderen Anschlag ($\eta_{RH} = -5°$) zum hinteren Anschlag ($\eta_{RH} = 15°$) gezogen wird, beträgt:

$$q_R \approx 20°/s \approx 0{,}35\ \text{rad/s}.$$

Damit ergäbe sich ein Kreiselmoment von:

$$M_{KR} = 3.960\ \text{kgm}^2\text{/s} \cdot 0{,}35\ \text{rad/s} \approx 1.380\ \text{Nm}.$$

Wenn der Rotor kein Schlaggelenk hätte, würde sich das Kreiselmoment auf die Steuerung des Tragschraubers übertragen und den Knüppel stark nach rechts ziehen. Um den Knüppel geradlinig zurückzuführen müsste der Pilot eine Handkraft von etwa „150 Kilo“ nach links aufbringen (siehe Abschn. 5.4). Aus der Praxis wissen wir allerdings, dass die Querkraft beim Zurückziehen des Knüppels praktisch gleich Null ist. Der Grund hierfür ist das Schlaggelenk.

▶ Aufgrund des Schlaggelenks ist keine Präzession des Rotors vorhanden.

Mit diesen Überlegungen wird auch klar, dass ein Umkippen des Tragschraubers am Boden aufgrund des Kreiseleffekts eher unwahrscheinlich ist.

6.6.2 Resistenz gegenüber Lageänderungen

Ein rotierender Körper will seine Lage im Raum beibehalten. Die Resistenz gegenüber Lageänderungen gilt insbesondere für den Rotor im Flug. Äußere Störungen beeindrucken den Rotor daher kaum. Beispiel: Der Tragschrauber fliegt mit einer Rotorseite in ein Abwindfeld. Wäre der Tragschrauber ein „normales Flugzeug“, so würde ein großes Moment um die Längsachse entstehen, das eine starke Reaktion verursacht. Im Extremfall würde die Maschine zur Seite kippen.

Wie verhält sich der Rotor bei einem einseitigen Abwind?

Als Beispiel betrachten wir einen Abwind, der die linke Seite des Rotors trifft, siehe Abb. 6.33.

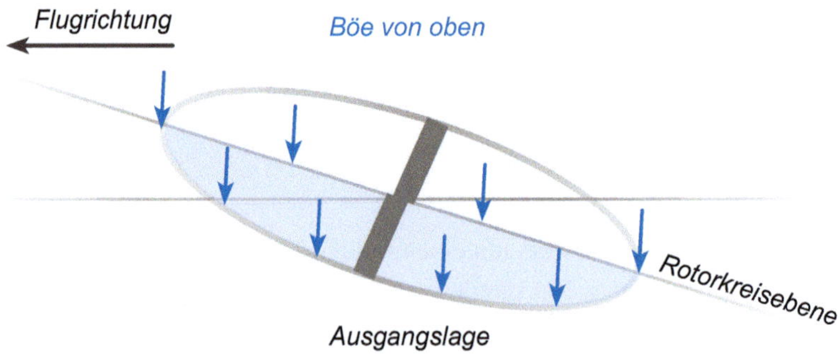

Abb. 6.33 Ein Abwind trifft die linke Seite der Rotorkreisebene (Darstellung erster Moment, nachdem die Böe den Rotor trifft)

Der einseitige Abwind bewirkt ein Ausweichen des rücklaufenden Rotorblatts nach unten. Das rücklaufende Rotorblatt baut also eine zusätzliche Schlagwinkelgeschwindigkeit $-\Delta\dot{\beta}_{Bl}$ nach unten auf. Dies führt dazu, dass das Rotorblatt eine Viertumdrehung später, also an der Position „Rotorblatt hinten" nach unten geschlagen ist. Da beide Rotorblätter fest miteinander verbunden sind, ist das andere Rotorblatt um denselben Winkel nach oben geschlagen. Die Rotorkreisebene neigt sich somit um den Winkel $\Delta\beta_{Blc}$ nach hinten, siehe Abb. 6.34.

Der gleiche Effekt entsteht bei einem Aufwind auf der rechten Seite. Auch in diesem Fall neigt sich die Rotorkreisebene leicht nach oben.

Aufgrund des Schlaggelenks entsteht kein Moment um die Längsachse und damit eine deutlich geringere Reaktion als beim Flugzeug. Dies erklärt unter anderem die Unempfindlichkeit des Tragschraubers gegenüber Böen. Ob dieses Verhalten in die Rubrik „Kreiseleffekte" einzuordnen ist, wollen wir nicht beurteilen. Stattdessen befragen wir ein letztes Mal unseren verehrten Professor.

▶ Prof. Achtung meint, dass der Begriff Kreiseleffekte den Sachverhalt nicht genau trifft und räumt ein, dass er auch keinen genau passenden Begriff hierfür hat. Außerdem gratuliert er uns zur Fertigstellung des Buchs, auch wenn er an einigen Stellen immer noch leichte Bauchschmerzen wegen unserer teilweise leichtsinnigen Schlussfolgerungen hat.

Leicht verwirrt bedanken wir uns beim Professor und laden ihn auf ein Bier ein.

Vorher fassen wir kurz zusammen.

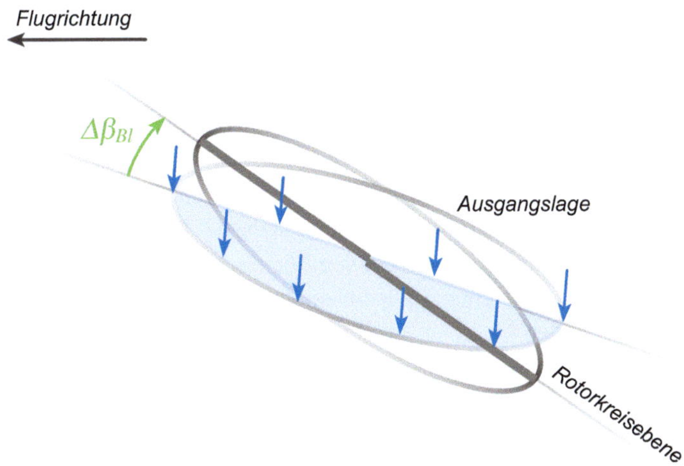

Abb. 6.34 Die Rotorkreisebene neigt sich aufgrund der einseitig wirkenden Böe leicht nach oben (Darstellung einige zehntel Sekunden, nachdem die Böe den Rotor getroffen hat)

6.7 Zusammenfassung

Wir haben gezeigt, dass sich die Schlagbewegung des Rotors in Resonanz befindet. Die Schwingungsdauer der Schlagbewegung entspricht genau der Dauer einer Rotorumdrehung. Dies ist unabhängig von der Masse der Rotorblätter. Da ein System ohne Dämpfung in Resonanz keine Anregung braucht, ist das Schlagmoment aufgrund der Luftkräfte des Rotors gleich Null. Damit ist auch der maximale Schlagwinkel unabhängig von der Rotormasse.

Die Rotormasse, genau genommen das Trägheitsmoment des Rotors, wirkt sich allerdings auf die Dynamik der Autorotation aus. Ein „schwerer Rotor“ nimmt sich etwas mehr Zeit für Drehzahländerungen aufgrund von veränderten Anströmverhältnissen als ein leichter Rotor. Deshalb sind an den Blattspitzen des Referenzrotors Zusatzmassen angebracht. Damit braucht der Referenzrotor etwa 20 Sekunden, bis sich nach einer Änderung der Anströmgeschwindigkeit auf die neue Rotordrehzahl eingestellt hat.

Die Simulation eines Startvorgangs zeigt, dass die Rotordrehzahl zu Beginn der Beschleunigungsphase zunächst leicht abnimmt und dann zügig bis zum Abheben ansteigt. Da sich der Rotor beim Start in einem Übergangsvorgang befindet, ist die Rotordrehzahl beim Abheben deutlich niedriger als im Flug bei Autorotation im Gleichgewicht. Dies führt zu einer Vergrößerung des Konuswinkels um nahezu 50 %. Der maximale Schlagwinkel ist beim Start etwas größer als im Vorwärtsflug. Bei korrekt ausgeführtem Startverfahren des Referenztragschraubers besteht allerdings ausreichend Sicherheitsabstand zu den Anschlägen des Schlaggelenks. Bei einem Start mit zu geringer Rotordrehzahl erreicht der maximale Schlagwinkel den kritischen Wert und der Anschlag des Schlaggelenks wird erreicht. Das gleiche kann bei einem Start mit dem „Steuerknüppel vorne“ passieren.

Im Vorwärtsflug treten minimale Drehzahlschwankungen des Rotors auf. Da die Rotorwelle des Tragschraubers nicht angetrieben ist und beide Rotorblätter gleichzeitig beschleunigen und verzögern, sind die Drehzahlschwankungen unkritisch. Aufgrund des Konuswinkels ist es vorteilhaft, das Schlaggelenk leicht oberhalb des Verbindungspunktes beider Rotorblätter zu installieren. Dies wird als Unterhängung bezeichnet. Die Unterhängung ist wichtig für einen ruhigen Rotorlauf im Vorwärtsflug.

Aufgrund des Schlaggelenks ist die Kreiselpräzession des Rotors praktisch nicht vorhanden. Der Rotor zeigt sich wenig beeindruckt von Böen, selbst wenn sie nur eine Rotorhälfte treffen. Dies erklärt unter anderem die Windunempfindlichkeit des Tragschraubers.

Literatur

1. Hering E, Martin R, Stohrer M (2004) Physik für Ingenieure, 9. Aufl. Springer Lehrbuch, Berlin/Heidelberg/… Tokio
2. Pruter I (2016) Untersuchung der Trainingseffizienz von Simulatoren für Tragschrauber. Dissertation, Technische Universität Braunschweig
3. Junglas P (2014) Praxis der Simulationstechnik. Verlag Europa-Lehrmittel, Haan-Gruiten

7 Das war's

Wir haben uns auf den Weg gemacht, die faszinierende Flugphysik der Tragschrauber zu erklären. Viele Überlegungen, lange Nächte, mehrere Flugversuchsreihen, viel Spaß beim Fliegen und Schreiben haben dieses Buch entstehen lassen. Wir haben dabei versucht, uns auf die wesentlichen Effekte zu fokussieren und die Zusammenhänge mit Hilfe einfacher Skizzen darzustellen. Es war uns auch wichtig, überschaubare Formeln und analytische Herleitungen bereitzustellen und diese mit realen Werten zu vergleichen.

Die hergeleiteten Formeln sind eine gute Basis, um die wesentlichen Zusammenhänge und Einflussparameter zu verstehen. Mit real erflogenen Messdaten konnten wir zeigen, dass unsere Formeln in ihrem Gültigkeitsbereich sehr gut mit der Realität übereinstimmen. Aber wie immer im Leben gibt es eben Grenzen für Vereinfachungen. Und damit sind wir an der Stelle, wo wir uns ganz herzlich bei unserem zutiefst geschätzten Prof. Achtung bedanken. Er hat uns durch das gesamte Buch begleitet, uns die Grenzen der Vereinfachung aufgezeigt und damit immer wieder auf den rechten Weg gebracht.

Wie geht es nun weiter?

Wir genießen erstmal die Fertigstellung dieses Buches, siehe Abb. 7.1.

Allerdings sind noch einige Themen offen.

Wir haben die analytischen Formeln kaum mit Parametervariationen angewendet. Dieses sollte allerdings kein Problem darstellen, denn die Anwendung der Formeln und die entsprechenden Gültigkeitsbereiche wurden ausgiebig erklärt. Auch haben wir keine Formeln zur Berechnung der Flugstabilität aufgestellt. Hier kann man deutlich tiefer „bohren", braucht dafür allerdings auch größere Bohrwerkzeuge. Das dynamische Verhalten des Tragschraubers als Ganzes haben wir nur ansatzweise besprochen. Ebenso fehlt die gesamte Welt der Aeroelastik. Die Rotorblätter sind in Wirklichkeit alles andere als starr. Die aerodynamische Interaktion zwischen Rumpf, Propeller, Leitwerken und Rotor haben wir nicht besprochen, ganz zu schweigen von aerodynamischen Effekten aufgrund schneller Änderung der Anströmung. Auch auf die Betrachtung der aus der Praxis bekannten

H. Duda, J. Seewald, *Flugphysik der Tragschrauber*,
DOI 10.1007/978-3-662-52834-1_7

Abb. 7.1 Die Fertigstellung des Buches ist ein Grund zum Feiern (Hinweis: Der Professor zieht einen edlen Tropfen Rotwein dem Bier vor)

Effekte aufgrund des Motordrehmoments und des unsymmetrisch angeströmten Seitenleitwerks haben wir verzichtet. Das Verhalten des Tragschraubers bei Annäherung an die Null-g-Grenze haben wir bewusst nicht behandelt, da wir keine belastbaren Daten für diesen extrem gefährlichen Flugzustand haben.

Diese Liste kann weiter fortgesetzt werden und man neigt dazu, immer weitere Überlegungen aufzunehmen und das Ende aus dem Auge zu verlieren. Daher haben wir beschlossen, hier erst einmal abzuschließen. Es ist nicht unwahrscheinlich, dass die Lektüre dieses Buches neue Fragen aufgeworfen hat. Wir werden sie sammeln und wer weiß, vielleicht motiviert uns das, irgendwann in ferner Zukunft einen weiteren Band zu schreiben.

Die Autoren – erschöpft aber glücklich.

8 Formelzeichen

	Beschreibung	Positive Richtung
A_{Bl}	Auftrieb eines Blattsegments: Anteil der Luftkraft senkrecht zur Anströmrichtung	Nach oben
A_F	Auftrieb des Flügels (Beispiel Flugzeug)	-
A_H	Auftrieb des Höhenleitwerks: Luftkraft des Höhenleitwerks senkrecht zur Anströmrichtung	Nach oben
A_R	Rotorauftrieb: Luftkraft des Rotors senkrecht zur Anströmrichtung	Nach oben
a	Schallgeschwindigkeit	-
b_H	Spannweite des Höhenleitwerks	-
C_{ABl}	Auftriebsbeiwert eines Blattsegments	-
$C_{ABl\alpha}$	Auftriebsgradient eines Blattsegments	-
C_{ABl0}	Nullauftriebsbeiwert eines Blattsegments	-
C_{AH}	Auftriebsbeiwert des Höhenleitwerks	-
$C_{AH\alpha}$	Auftriebsgradient des Höhenleitwerks	-
C_{WBl}	Widerstandsbeiwert eines Blattsegments	-
C_{WP}	Parasitärer Widerstandsbeiwert: Beinhaltet die Anteile aus Rumpf, Leitwerken, Mast, Fahrwerk und Rotorkopf	-
c	Federsteifigkeit (allgemein)	-
d_{CGR}	Unwucht: Horizontaler Abstand zwischen Rotorschwerpunkt (CG_R) und Rotorwelle	-
dF_R	Rotorkraftschwankung: Amplitude der Rotorkraft zwischen den Positionen „Rotorblätter links/rechts" und „Rotorblätter vorne/hinten"	-
E_{Kin}	Kinetische Energie	-
F_{Bl}	Luftkraft eines Blattsegments: Resultierende aus Auftrieb und Widerstand	Nach oben

H. Duda, J. Seewald, *Flugphysik der Tragschrauber*,
DOI 10.1007/978-3-662-52834-1_8

	Beschreibung	Positive Richtung
F_{Prop}	Propellerschub: Schubkraft des Propellers	Nach vorne
F_{Hand}	Handkraft: Steuerkraft des Piloten am Steuerknüppel	Ziehen
F_{FBl}	Fliehkraft eines Rotorblatts	Nach außen
F_{FR}	Fliehkraft des Rotors aufgrund einer Unwucht	Nach außen
F_{XBl}	Tangentialkraft eines Blattsegments: Anteil der Luftkraft parallel zur Rotordrehebene	In Drehrichtung nach vorne
F_{XR}	X-Kraft: Luftkraft des Rotors parallel zur Rotordrehebene	Nach hinten
F_{ZBl}	Vertikalkraft eines Blattsegments: Anteil der Luftkraft senkrecht zur Rotordrehebene	Nach oben
F_R	Rotorkraft: Luftkraft des Rotors senkrecht zur Rotorkreisebene	Nach oben
g	Erdbeschleunigung	-
h_{CGR}	Vertikaler Abstand zwischen Rotorschwerpunkt (CG_R) und Verbindungspunkt beider Rotorblätter	-
h_{Prop}	Schuboffset: Vertikaler Abstand zwischen Schubachse des Propellers und Schwerpunkt des Tragschraubers (CG)	-
h_R	Vertikaler Abstand zwischen Rotornickachse (PPB) und Schwerpunkt des Tragschraubers (CG)	-
h_{RH}	Vertikaler Abstand zwischen Schlaggelenk (TB) und Rotornickachse (PPB)	-
h_U	Unterhängung des Rotorkopfes: Abstand zwischen Schlaggelenk (TB) und Verbindungspunkt beider Rotorblätter	-
I_R	Trägheitsmoment des Rotors um das Schlaggelenk (TB) oder um die Rotorwelle	-
i_R	Steuerübersetzung: Übersetzungsverhältnis zwischen dem Knüppelwinkel und dem Steuerwinkel des Rotorkopfes	-
L_R	Drehimpuls des Rotors	In Drehrichtung
L_{MS}	Luftmassenstrom durch die Rotordrehebene	Anströmung von unten
l_{Bl}	Blattsegmentlänge: Länge eines Blattsegments	-
l_{H}	Leitwerkshebelarm: horizontaler Abstand zwischen Schwerpunkt des Tragschraubers (CG) und Höhenleitwerk bei 25 % Profiltiefe	-
l_R	Horizontaler Abstand zwischen Rotornickachse (PPB) und Schwerpunkt des Tragschraubers (CG)	-
l_{RH}	Horizontaler Abstand zwischen Schlaggelenk (TB) und Rotornickachse (PPB)	-
l_{Stick}	Länge des Steuerknüppels	-
Ma_{Bl}	Machzahl an einem Blattsegment	-
Ma_S	Machzahl an der Blattspitze	-
M_{CBl}	Coriolismoment eines Rotorblatts	-
M_{DBl}	Drehmoment der Luftkraft eines Blattsegments um die Rotorwelle	Nach links
M_{DR}	Rotordrehmoment: Moment um die Rotorwelle, resultierend aus den Luftkräften beider Rotorblätter	Nach links

	Beschreibung	Positive Richtung
M_H	Höhenleitwerksmoment: Moment des Höhenleitwerks um den Schwerpunkt des Tragschraubers (CG)	Aufnicken
M_{KR}	Kreiselmoment des Rotors	-
M_{PPB}	Moment um die Rotornickachse (PPB)	Aufnicken
M_{Prop}	Schubmoment: Moment aufgrund der Schubkraft des Propellers um den Schwerpunkt des Tragschraubers (CG)	Aufnicken
M_R	Moment des Rotors um den Schwerpunkt des Tragschraubers (CG)	Aufnicken
M_{SBl}	Schlagmoment aufgrund der Luftkraft eines Blattsegments um das Schlaggelenk (TB)	Nach oben
M_{SR}	Schlagmoment des Rotors aufgrund der Luftkräfte um das Schlaggelenk (TB)	Nach oben
M_{TB}	Schlagmoment: Moment des Rotors um das Schlaggelenk (TB) aufgrund der Luft- und Fliehkräfte	-
m	Tragschraubermasse: Flugmasse des Tragschraubers einschließlich Rotor	-
m_{Bl}	Blattmasse: Masse eines Rotorblatts ohne den Anteil des Rotorkopfes	-
m_R	Rotormasse: Masse des Rotors bestehend aus dem Rotorkopf und den beiden Rotorblättern	-
m_S	Masse eines Blattsegments	-
n	Gleitzahl des Tragschraubers	-
n_{Gl}	Gleitzahl des Rotorblattprofils: Verhältnis aus Auftriebs- und Widerstandsbeiwert des Rotorblattprofils	-
n_R	Rotordrehzahl	-
n_Z	Lastvielfaches	-
q	Nickgeschwindigkeit: Drehgeschwindigkeit des Rumpfes um die Querachse des Tragschraubers	Aufnicken
q_R	Nickgeschwindigkeit des Rotors: Drehgeschwindigkeit der Rotordrehebene um die Querachse des Tragschraubers	Aufnicken
r_{FBl}	Abstand zwischen Luftkraft eines Rotorblatts und Rotorwelle	-
Re_{Bl}	Reynoldszahl eines Blattsegments	-
r_{Bl}	Abstand zwischen der Mitte eines Blattsegments und Rotorwelle	-
r_{Bl0}	Radius, an dem die Tangentialkraft eines Rotorblattes theoretisch Null ist	-
r_{IBl}	Trägheitsradius: Abstand zwischen zwei punktförmig gedachten Rotorblattmassen und Schlaggelenk (TB)	-
r_{mBl}	Abstand zwischen Blattschwerpunkt (CG_{Bl}) und Schlaggelenk (TB)	-
r_R	Rotorradius	-
S_H	Höhenleitwerksfläche	-
S_P	Stirnfläche des Tragschraubers: Referenzfläche zur Berechnung des parasitären Widerstands	-
S_R	Rotorkreisfläche	-

	Beschreibung	Positive Richtung
S_{Bl}	Blattsegmentfläche	-
T	Schwingungsdauer eines dynamischen Systems	-
t	Zeit	-
t_{Bl}	Rotorblatttiefe	-
u_{Bl}	Anströmgeschwindigkeit an einem Blattsegment parallel zur Rotordrehebene	Anströmung von vorne
V	Fluggeschwindigkeit	Anströmung von vorne
V_{Bl}	Anströmgeschwindigkeit an einem Blattsegment	Anströmung von vorne
V_S	Blattspitzengeschwindigkeit: Anströmgeschwindigkeit an der Rotorblattspitze	Anströmung von vorne
V_{Sink}	Sinkgeschwindigkeit des Rotors in der senkrechten Autorotation	Sinken
w_{Bl}	Durchströmgeschwindigkeit: Anteil der Anströmgeschwindigkeit an einem Blattsegment senkrecht zur Rotordrehebene	Anströmung von unten
w_R	Anströmgeschwindigkeit senkrecht zur Rotorkreisebene. Entspricht der Sinkgeschwindigkeit in der senkrechten Autorotation	Anströmung von unten
w_{Ri}	Induzierte Abwindgeschwindigkeit des Rotors	Abwind nach unten
W_{Bl}	Widerstand eines Blattsegments: Anteil der Luftkraft parallel zur Anströmrichtung	Nach hinten
W_P	Parasitärer Widerstand: Luftkraft parallel zur Anströmrichtung. Beinhaltet die Anteile aus Rumpf, Leitwerken, Mast, Fahrwerk und Rotorkopf	Nach hinten
W_R	Rotorwiderstand: Luftkraft des Rotors parallel zur Anströmrichtung ohne den Anteil des Rotorkopfes	Nach hinten
W_{RH}	Widerstand des Rotorkopfes: Luftkraft des Rotorkopfes parallel zur Anströmrichtung	Nach hinten

α	Anstellwinkel: Winkel zwischen anströmender Luft und Längsachse des Tragschraubers	Anströmung von unten
α_{Bl}	Blattanstellwinkel: Winkel zwischen anströmender Luft und Profilsehne eines Blattsegments	Anströmung von unten
α_H	Anstellwinkel des Höhenleitwerks. Winkel zwischen anströmender Luft und Profilsehne des Höhenleitwerks	Anströmung von unten
α_R	Rotoranstellwinkel: Winkel zwischen anströmender Luft und Rotorkreisebene	Anströmung von unten
α_{RH}	Rotorkopfanstellwinkel: Winkel zwischen anströmender Luft und Rotordrehebene	Anströmung von unten
β_{Bl}	Schlagwinkel des Rotorblatts an einer Rotorblattposition	Winkel nach oben
β_{Blc}	Schlagwinkel an der Position „Rotorblatt vorne“ (Hinweis: Dieser Winkel wird in der Näherungsbetrachtung als „maximaler Schlagwinkel“ bezeichnet)	Winkel nach oben
β_{Bls}	Schlagwinkel an der Position „Rotorblatt rechts“	Winkel nach oben

	Beschreibung	Positive Richtung
ε_{Bl}	Blatteinstellwinkel: Winkel zwischen Profilsehne des Rotorblatts und Rotordrehebene	Winkel nach oben
ε_{H}	Einstellwinkel des Höhenleitwerks: Winkel zwischen Profilsehne des Höhenleitwerks und Längsachse des Tragschraubers	Winkel nach oben
Φ	Hängewinkel	Rechtskurve
φ_{Bl}	Durchströmwinkel: Winkel zwischen anströmender Luft und Rotordrehebene an einem Blattsegment	Anströmung von unten
Λ_{H}	Streckung des Höhenleitwerks	-
λ_{R}	Rotorkraftneigung: Neigungswinkel der Rotorkraft gegenüber der Verbindungslinie zwischen Rotornickachse (PPB) und Schwerpunkt des Tragschraubers (CG)	Wirklinie verläuft vor dem CG entlang
λ_{RH}	Neigungswinkel der Wirklinie der Rotorkraft gegenüber der Verbindungslinie zwischen Schlaggelenk (TB) und Rotornickachse (PPB)	Wirklinie verläuft vor dem PPB entlang
Γ_{R}	Zirkulation des Rotors bei Betrachtung als kreisförmiger Flügel	-
η_{RH}	Steuerwinkel des Rotorkopfes: Neigungswinkel des Rotorkopfes gegenüber der Längsachse des Tragschraubers	Aufnicken
η_{RH0}	Nullsteuerwinkel des Rotorkopfes: Steuerwinkel des Rotorkopfes bei Knüppel in Mittelstellung	Winkel nach oben
η_{Stick}	Knüppelwinkel: Neigungswinkel des Steuerknüppels gegenüber der Mittelstellung	Nach hinten
κ_{Bl}	Konuswinkel: Neigungswinkel der Rotorblätter gegenüber der Rotorkreisebene	Nach oben
μ_{R}	Fortschrittsgrad: Verhältnis zwischen Fluggeschwindigkeit und dem Produkt aus Winkelgeschwindigkeit des Rotors und Rotorradius	-
Ω_{R}	Winkelgeschwindigkeit des Rotors	Linksdrehung
ρ	Luftdichte	-
ψ_{Bl}	Azimutwinkel des Rotorblatts	Linksdrehung
ν	Kinematische Zähigkeit	-
ν_{R}	Winkel zwischen der Verbindungslinie von der Rotornickachse (PPB) zum Schwerpunkt des Tragschraubers (CG) und der Hochachse	-

Anhang 9

Im Anhang fassen wir alle relevanten Daten des Referenztragschraubers basierend auf einem MTOsport des Herstellers Autogyro GmbH zusammen. Wir erklären die Bestimmung der Schwerpunktlage und erläutern den Hintergrund zu den aerodynamischen Kenngrößen. Wir zeigen die wichtigsten Messdaten aus Testflügen mit einem MTOsport, die beim Deutschen Zentrum für Luft- und Raumfahrt (DLR) durchgeführt wurden. Die Herleitung der analytischen Formeln in sehr komprimierter Form kann vom interessierten Leser nachvollzogen werden.

9.1 Referenzdaten

Der Referenztragschrauber basiert auf einem MTOsport des Herstellers Autogyro GmbH. Der MTOsport ist ein offener zweisitziger Tragschrauber, ausgelegt in Tandemanordnung mit einem Druckpropeller, siehe Abb. 9.1.

Abb. 9.1 Tragschrauber MTOsport des Herstellers AutoGyro GmbH

H. Duda, J. Seewald, *Flugphysik der Tragschrauber*,
DOI 10.1007/978-3-662-52834-1_9

9.1.1 Referenzrotor

Der Referenzrotor hat einen Radius von $r_R = 4{,}2$ m. Damit ergibt sich eine Rotorkreisfläche von $S_R \approx 55$ m², siehe Abb. 9.2. Die Rotorblatttiefe beträgt $t_{Bl} = 0{,}2$ m. Der Abstand zwischen Blattschwerpunkt (CG_{Bl}) und Rotorwelle liegt bei $r_{mBl} \approx 2{,}45$ m.

Die Masse eines Rotorblatts liegt bei $m_{Bl} \approx 12{,}8$ kg.

Beide Rotorblätter sind mit einem Blatteinstellwinkel von $\varepsilon_{Bl} = 2{,}5°$ an der Rotorbrücke befestigt. Der Blatteinstellwinkel beschreibt den Winkel zwischen der Profilsehne und der Rotordrehebene, siehe Abb. 9.3.

Der Rotorkopf besteht aus der Rotorwelle, dem Schlaggelenk mit dem Bolzen (Teeter Bolt, TB), der Rotornickachse mit dem Bolzen (Pitch Pivot Bolt, PPB), Anschlüssen für die Steuerung und Trimmung sowie Vorrichtungen zur Vorrotation des Rotors, siehe Abb. 9.4. Der vertikale Abstand zwischen Schlaggelenk (TB) und Rotornickachse (PPB) beträgt $h_{RH} \approx 0{,}23$ m. Der horizontale Abstand zwischen Schlaggelenk (TB) und Rotornickachse (PPB), kurz der „Offset des Rotorkopfes" beträgt $l_{RH} \approx 0{,}02$ m.

Die Rotormasse einschließlich beider Blätter beträgt $m_R = 30$ kg. Das Trägheitsmoment des Rotors um das Schlaggelenk bzw. um die Rotorwelle liegt bei $I_R \approx 189$ kgm². Das Trägheitsmoment ergibt sich aus der Betrachtung der 10 Blattsegmente, wobei jedem Blattsegment eine Einzelmasse von m_S zugeordnet ist, siehe Abb. 9.5.

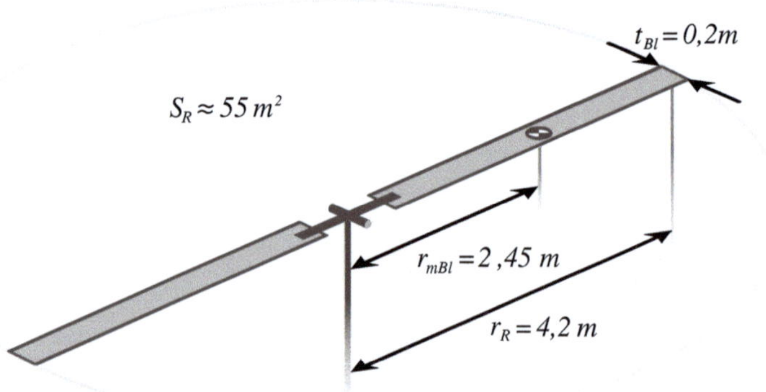

Abb. 9.2 Geometrische Daten des Referenzrotors

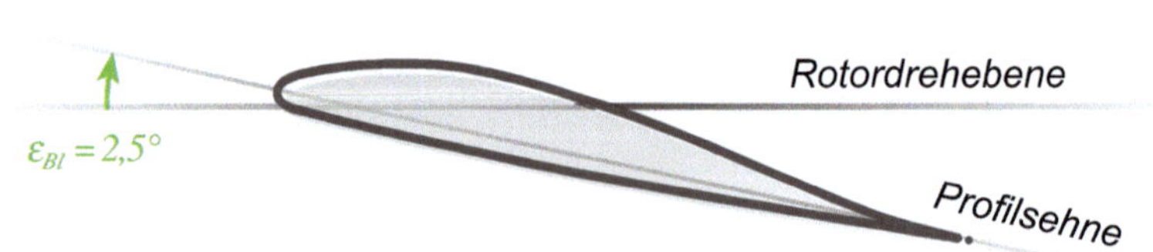

Abb. 9.3 Der Einstellwinkel der Rotorblätter beträgt 2,5°

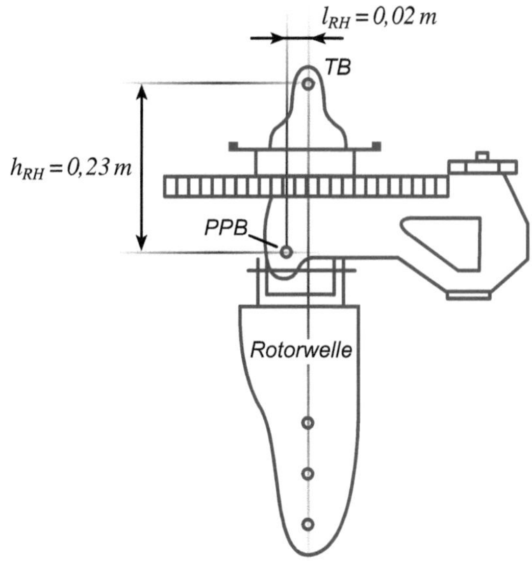

Abb. 9.4 Rotorkopf des Referenztragschraubers

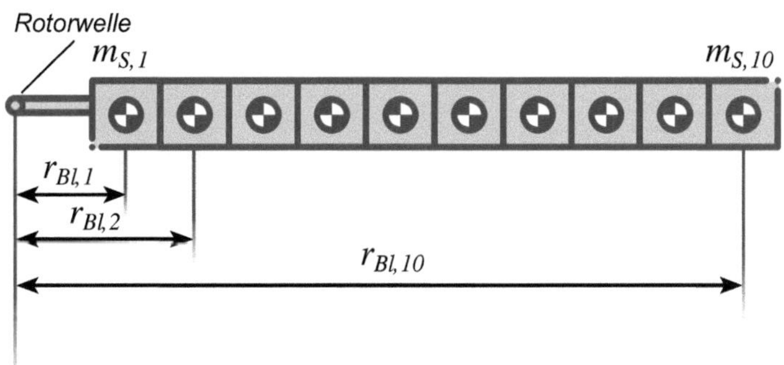

Abb. 9.5 Zur Bestimmung des Trägheitsmoments wird den 10 Blattsegmenten jeweils eine Masse zugeordnet

Tab. 9.1 zeigt die Massen der 10 Blattsegmente des Referenzrotors und die anteiligen Werte des Trägheitsmoments.

Das Trägheitsmoment des Referenzrotors ergibt sich zu:

$$I_R \approx 2 \cdot [m_{S,1} \cdot r_{Bl,1}^2 + m_{S,2} \cdot r_{Bl,2}^2 + \ldots + m_{S,10} \cdot r_{Bl,10}^2] \approx 2 \cdot 94{,}3 \text{ kgm}^2 \approx 189 \text{ kgm}^2.$$

Alle relevanten Daten des Referenzrotors sind in Tab. 9.2 zusammengefasst.

9.1.2 Referenztragschrauber

Der Referenztragschrauber hat ohne Pilot eine Masse von $m \approx 310$ kg. Dieser Wert wurde durch eine Wägung mit 30 kg Treibstoff sowie einer Messausrüstung von 15 kg bestimmt, siehe Abb. 9.6.

Tab. 9.1 Bestimmung des Trägheitsmoments der 10 Blattsegmente (Daten Referenzrotor)

Segment	1	2	3	4	5	6	7	8	9	10	Summe
r_{Bl} [m]	0,4	0,8	1,2	1,6	2,0	2,4	2,8	3,2	3,6	4,0	
m_S [kg]	1,0	1,0	1,0	1,0	1,0	1,44	1,44	1,44	1,56	1,92	**12,8**
$m_S \cdot r_{Bl}^2$ [kgm^2]	0,2	0,6	1,4	2,6	4,0	8,3	11,3	14,8	20,3	30,8	**94,3**

Tab. 9.2 Daten des Referenzrotors

Rotorradius	r_R [m]	4,2
Rotorkreisfläche	S_R [m^2]	55
Rotorblatttiefe	t_{Bl} [m]	0,2
Blatteinstellwinkel	ε_{Bl} [°]	2,5
Abstand zwischen Blattschwerpunkt und Rotorwelle	r_{mBl} [m]	2,45
Blattmasse	m_{Bl} [kg]	12,8
Rotormasse	m_R [kg]	30
Vertikaler Abstand zwischen Schlaggelenk (TB) und Rotornickachse (PPB)	h_{RH} [m]	0,23
Horizontaler Abstand zwischen Schlaggelenk (TB) und Rotornickachse (PPB)	l_{RH} [m]	0,02
Trägheitsmoment der Rotors	I_R [kgm^2]	189

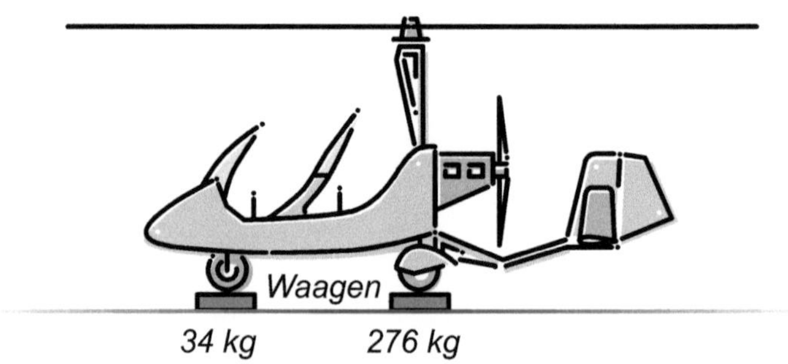

Abb. 9.6 Wägung des Tragschraubers mit Messausrüstung

Mit einem 82 kg schweren Piloten liegt die Masse des Referenztragschraubers bei $m \approx 392$ kg, siehe Tab. 9.3.

Zur Ermittlung des Schwerpunkts (CG) wurden zunächst alle Größen auf die Nase des Tragschraubers bezogen, siehe Abb. 9.7.

Der Abstand zwischen Schwerpunkt (CG) ohne Pilot und Nase ergibt sich aus dem Gleichgewicht der Momente:

$$x_{CG} = \frac{[34\text{ kg} \cdot 0{,}72\text{ m}] + [276\text{ kg} \cdot 2{,}65\text{ m}]}{310\text{ kg}} \approx 2{,}44\text{ m}.$$

Tab. 9.3 Messung der Lasten auf Bug- und Hauptfahrwerk des Referenztragschraubers mit und ohne Pilot

	Waage Bugfahrwerk	Waagen Hauptfahrwerk	Gesamt
Ohne Pilot	34 kg	276 kg	310 kg
Mit Pilot	85 kg	307 kg	392 kg

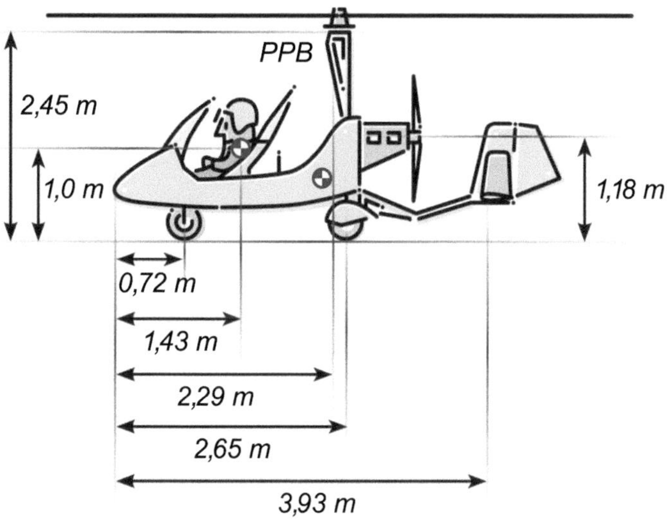

Abb. 9.7 Relevante geometrische Kenndaten bezogen auf die Nase des Referenztragschraubers

Der Schwerpunkt des Piloten liegt 1,43 m von der Nase entfernt. Mit dem 82 kg schweren Piloten wandert der Schwerpunkt (CG) nach vorne auf:

$$x_{CGP} = \frac{[82\ \text{kg} \cdot 1{,}43\ \text{m}] + [310\ \text{kg} \cdot 2{,}44\ \text{m}]}{392\ \text{kg}} \approx 2{,}23\ \text{m}.$$

Die horizontale Schwerpunktlage kann damit auch für leichtere oder schwerere Piloten bestimmt werden:
Pilot wiegt 25 kg weniger, also 57 kg:

$$x_{CGP} = \frac{[(82-25)\ \text{kg} \cdot 1{,}43\ \text{m}] + [310\ \text{kg} \cdot 2{,}44\ \text{m}]}{(392-25)\ \text{kg}} \approx 2{,}18\ \text{m}.$$

Pilot wiegt 25 kg mehr, also 97 kg:

$$x_{CGP} = \frac{[(82+25)\ \text{kg} \cdot 1{,}43\ \text{m}] + [310\ \text{kg} \cdot 2{,}44\ \text{m}]}{(392+25)\ \text{kg}} \approx 2{,}28\ \text{m}.$$

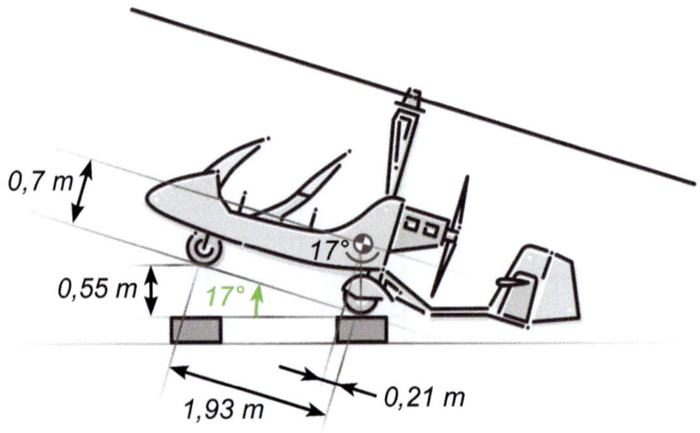

Abb. 9.8 Die Nase wurde soweit angehoben, dass der Referenztragschraubers auf dem Hauptfahrwerk im Gleichgewicht steht

Zur Bestimmung der Schwerpunkthöhe über dem Boden wurde der Tragschrauber ohne Pilot etwas erhöht auf Holzklötze gestellt und die Nase so weit angehoben, dass er auf dem Hauptfahrwerk im Gleichgewicht stand, siehe Abb. 9.8.

Der Schwerpunkt (CG) liegt in diesem Fall genau über dem Hauptfahrwerk. Mit einer Höhe des Bugrads über dem Boden von etwa 0,55 m ergibt sich ein Nickwinkel von:

$$\arcsin\left[\frac{0,55\ \mathrm{m}}{1,93\ \mathrm{m}}\right] \approx 17°.$$

Die vertikale Lage des Schwerpunkts (CG) ohne Pilot ergibt sich damit zu:

$$z_{CG} \approx \frac{0,21\ \mathrm{m}}{\tan 17°} \approx 0,7\ \mathrm{m}.$$

Diese vergleichsweise einfache Messmethode liefert eine ausreichend gute Schätzung der Schwerpunkthöhe ohne Pilot.

Unter der Annahme, der Schwerpunkt des 82 kg schweren Piloten liege etwa 1 m über dem Boden, ergibt sich folgende vertikale Schwerpunktlage:

$$Z_{CG} = \frac{[0,7\ \mathrm{m} \cdot 310\ \mathrm{kg}] + [1,0\ \mathrm{m} \cdot 82\ \mathrm{kg}]}{392\ \mathrm{kg}} \approx 0,76\ \mathrm{m}.$$

Der Schwerpunkt (CG) des Referenztragschraubers liegt etwa 2,23 m hinter der Nase und 0,76 m über dem Boden.

Zur Bestimmung des vertikalen Abstands zwischen Propellerschubachse und Schwerpunkt (CG) muss der Propellersturz von etwa 3° berücksichtigt werden. In der Nähe des

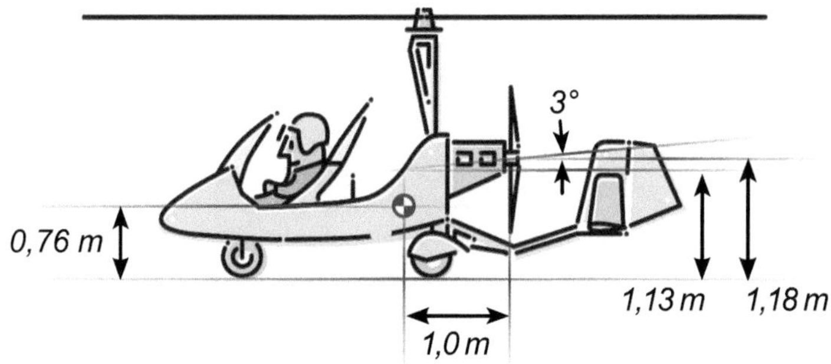

Abb. 9.9 Aufgrund des Motorsturzes nähert sich die Propellerschubachse dem Schwerpunkt (CG)

Schwerpunkts (CG), also etwa 1 m vor dem Propeller, ergibt sich folgender Abstand zum Boden, siehe Abb. 9.9.

$$1{,}18\ \mathrm{m} - 1{,}0\ \mathrm{m} \cdot \sin 3° \approx 1{,}13\ \mathrm{m}.$$

Zusammen mit den Daten aus Abb. 9.7 können alle relevanten Werte auf den Schwerpunkt (CG) bezogen werden:

- Leitwerkshebelarm: $l_{\mathrm{H}} \approx 3{,}93\ \mathrm{m} - 2{,}23\ \mathrm{m} \approx 1{,}7\ \mathrm{m}.$
- Horizontaler Abstand PPB-CG: $l_{\mathrm{R}} \approx 2{,}29\ \mathrm{m} - 2{,}23\ \mathrm{m} \approx 0{,}06\ \mathrm{m}.$
- Vertikaler Abstand PPB-CG: $h_{\mathrm{R}} \approx 2{,}45\ \mathrm{m} - 0{,}76\ \mathrm{m} \approx 1{,}69\ \mathrm{m}.$
- Schuboffset: $h_{Prop} \approx 1{,}13\ \mathrm{m} - 0{,}76\ \mathrm{m} \approx 0{,}37\ \mathrm{m}.$

Abb. 9.10 fasst die relevanten Abstände zusammen.

Die Stirnfläche des Referenztragschraubers beträgt etwa $S_P \approx 1\ \mathrm{m}^2$, siehe Abb. 9.11.

Die Höhenleitwerksfläche liegt bei $S_H \approx 0{,}65\ \mathrm{m}^2$.

Die Streckung ergibt sich aus der Spannweite und der Höhenleitwerksfläche:

$$\Lambda_H = \frac{b_H^2}{S_H} \approx \frac{1{,}5^2\,\mathrm{m}^2}{0{,}65\ \mathrm{m}^2} \approx 3{,}6.$$

Der Einstellwinkel des Höhenleitwerks liegt bei $\varepsilon_H \approx -5°$.

Hinweis: Der Einstellwinkel des Höhenleitwerks liegt beim MTOsport bei etwa $-7°$. Aufgrund weiterer Effekte, wie z. B. dem Propellerstrahl, wird ein kleinerer Wert von $\varepsilon_H = -5°$ als Näherung angesetzt.

Die Steuerung hat eine Übersetzung von $i_R = 2$. Das bedeutet, dass eine Winkeländerung am Knüppel dem halben Wert am Rotorkopf entspricht. Die Länge des Steuerknüppels beträgt $l_{Stick} = 0{,}45\ \mathrm{m}$. Dies ist der Abstand von der Mitte des Griffs bis zum Drehpunkt.

Tab. 9.4 fasst alle relevanten Daten des Referenztragschraubers zusammen.

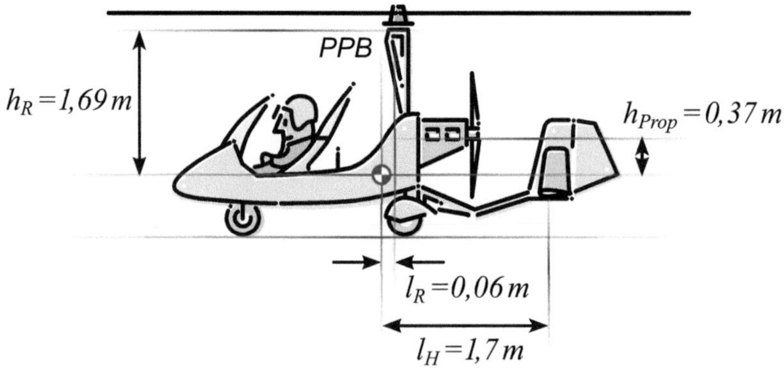

Abb. 9.10 Flugmechanische relevante Abstände bezogen auf den Schwerpunkt (CG) des Referenztragschraubers

Abb. 9.11 Stirnfläche des Referenztragschraubers

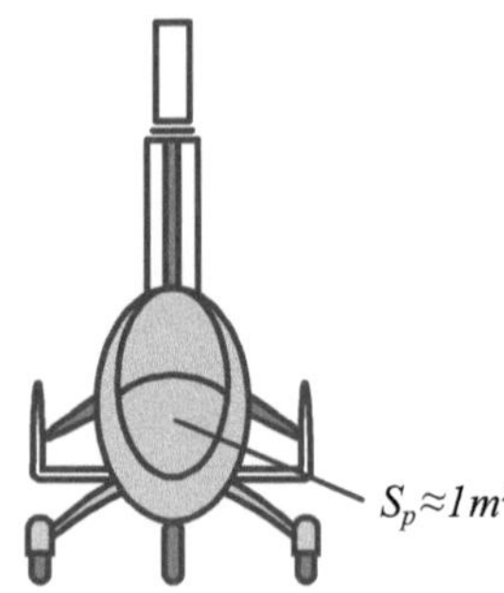

Tab. 9.4 Masse und geometrische Daten des Referenztragschraubers

Masse inklusive Pilot und Treibstoff	m [kg]	392
Vertikaler Abstand zwischen Rotornickachse (PPB) und Schwerpunkt (CG)	h_R [m]	1,69
Horizontaler Abstand zwischen Rotornickachse (PPB) und Schwerpunkt (CG)	l_R [m]	0,06
Vertikaler Abstand zwischen Propellerschubachse und Schwerpunkt (CG)	h_{Prop} [m]	0,37
Leitwerkshebelarm: Abstand vom Höhenleitwerk (25 % Profiltiefe) zum Schwerpunkt (CG)	l_{H} [m]	1,7
Stirnfläche	S_P [m^2]	1,0
Höhenleitwerksfläche	S_H [m^2]	0,65
Einstellwinkel des Höhenleitwerks	ε_H [°]	–5
Streckung des Höhenleitwerks	Λ_H [-]	3,6
Übersetzungsverhältnis der Steuerung	i_R [-]	2
Länge des Steuerknüppels	l_{Stick} [m]	0,45

9.1.3 Aerodynamik

Die verwendete Polare des NACA 8-H-12 Profils basiert auf Messungen im Windkanal und Berechnungen. Abb. 9.12 zeigt drei Varianten der Polare des NACA 8-H-12 Profils und zwar:

- Die beim DLR für die Simulation verwendete Polare, die Referenz für dieses Buch.
- Die Ergebnisse aus Messungen der NASA bei einer Reynoldszahl von $Re_{Bl} \approx 1{,}8 \cdot 10^6$ [5].
- Die Ergebnisse aus Berechnungen mit XFOIL [1] bei einer Reynoldszahl von $Re_{Bl} \approx 1{,}9 \cdot 10^6$.

Hinweis: XFOIL ist ein Programm zur Berechnung von Profilen im Unterschallbereich [1].

Es fällt ein deutlicher Unterschied zwischen „Messung" und „XFOIL" bezüglich des Auftriebsgradienten $C_{ABl\alpha}$ auf: Der Anstieg des Auftriebsbeiwerts C_{ABl} mit dem Anstellwinkel α_{Bl} ist bei der Messung deutlich kleiner als bei der Berechnung mit XFOIL. Ein Grund hierfür sind die Machzahleffekte. Der Auftriebsgradient $C_{ABl\alpha}$ nimmt mit der Machzahl Ma_{Bl} zu. Bei der Messung der NASA lag die Profiltiefe bei 60 cm. Bei der Berechnung mit XFOIL wurde eine Profiltiefe von 20 cm angenommen. Dies führt zu stark unterschiedlichen Machzahlen, siehe Tab. 9.5.

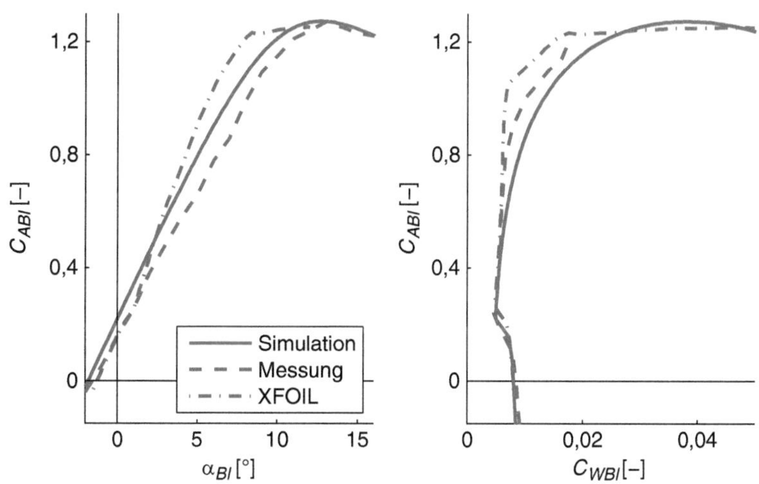

Abb. 9.12 Die in der Simulation verwendete Polare des NACA 8-H-12 Profils basiert auf Messungen und Berechnungen mit XFOIL

Tab. 9.5 Bei annähernd gleichen Reynoldszahlen unterscheiden sich die Machzahlen von Messung und Berechnung

	t_{Bl} [m]	Re_{Bl} [10^6]	V_{Bl} [m/s]	Ma_{Bl} [–]
Messung NASA	0,6	1,8	41	0,12
Berechnung XFOIL	0,2	1,9	139	0,41

Ein weiterer Unterschied ist beim Widerstandsbeiwert C_{WBl} sichtbar. Bis zu einem Auftriebsbeiwert von $C_{ABl} \approx 0{,}8$ liegt eine gute Übereinstimmung zwischen „Messung" und „XFOIL" vor. In der Simulation beim DLR wird allerdings ein leicht vergrößerter Widerstandsbeiwert C_{WBl} oberhalb von $C_{ABl} \approx 0{,}5$ angesetzt. Damit soll der Einfluss aufgrund der endlichen Streckung des Rotorblatts auf den induzierten Widerstand nachgebildet werden [2]. Hinweis: Sowohl die Messung der NASA als auch die Berechnung mit XFOIL repräsentieren einen „Flügel mit unendlicher Streckung".

Für den Bereich der nicht abgelösten Strömung wird die Polare mit folgenden Formeln für Auftriebs- und Widerstandsbeiwert angenähert:

$$C_{ABl} = C_{ABl0} + 2 \cdot \pi \cdot \alpha_{Bl}, \tag{9.1}$$

$$C_{WBl} = \frac{1}{n_{gl}} \cdot C_{ABl}. \tag{9.2}$$

Die mittlere Gleitzahl des Profils liegt bei $n_{gl} = 80$, siehe Abb. 9.13.

Der parasitäre Widerstandsbeiwert C_{WP} des Referenztragschraubers ist aufgrund der Komplexität des Körpers, bestehend aus Rumpf, Leitwerken, Rotormast, Fahrwerk und Rotorkopf nur mit sehr großem Rechenaufwand zu bestimmen. Für den Referenztragschrauber wurde der Wert $C_{WP} \approx 1{,}0$ aus Flugtests abgeschätzt. Dies erfolgte über folgende Methode:

- Mit einem Propellermodell [7] wurde abhängig von der Propellerdrehzahl und der Fluggeschwindigkeit ein Propellerschub F_{Prop} berechnet.
- Mit dem gemessenen Rotoranstellwinkel α_R wurde der Rotorwiderstand mit der Näherungsformel berechnet:

$$W_R = m \cdot g \cdot \sin \alpha_R. \tag{9.3}$$

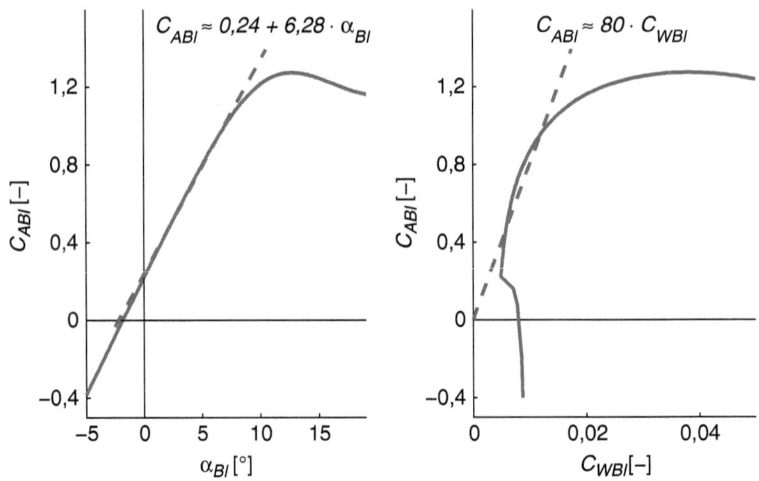

Abb. 9.13 Annäherung der aerodynamischen Eigenschaften des NACA 8-H-12 Profils durch die lineare Näherung

- Der parasitäre Widerstand ergibt sich damit zu: $W_P = F_{Prop} - W_R$. (9.4)

- Der parasitäre Widerstandsbeiwert beträgt: $C_{WP} = \frac{W_P}{\frac{\rho}{2} \cdot V^2 \cdot S_P}$. (9.5)

Der Auftriebsgradient des Höhenleitwerks ergibt sich entsprechend der Theorie eines Flügels mit kleiner Streckung [6] zu:

$$C_{AH\alpha} \approx \frac{2 \cdot \pi \cdot \Lambda_H}{2 + \sqrt{\Lambda_H^2 + 4}}. \quad (9.6)$$

Mit einer Streckung von $\Lambda_H \approx 3{,}6$ ergibt sich ein Auftriebsgradient von $C_{AH\alpha} \approx 3{,}6$.

Der Widerstand des Rotorkopfes W_{RH} ist im parasitären Widerstand W_P des gesamten Tragschraubers enthalten. Für die Betrachtung des Moments um die Rotornickachse (PPB) wird der Widerstand des Rotorkopfes mit 5 % des gesamten parasitären Widerstands angesetzt:

$$W_{RH} \approx 0{,}05 \cdot W_P = \frac{\rho}{2} \cdot V^2 \cdot 0{,}05 \cdot \underbrace{S_P \cdot C_{WP}}_{=1\text{m}^2} = \frac{\rho}{2} \cdot V^2 \cdot \underbrace{S_{RH} \cdot C_{WRH}}_{=0{,}05\text{m}^2}.$$

Alle aerodynamischen Daten des Referenztragschraubers sind in Tab. 9.6 zusammengefasst.

9.1.4 Messdaten MTOsport

Zur Erstellung eines Datenpakets zum Verständnis der Flugphysik wurde beim DLR ein Tragschrauber vom Typ MTOsport mit spezieller Messtechnik ausgerüstet. Dabei wurde der hintere Sitz ausgebaut und durch eine Inertialplattform zur Messung der Lagewinkel, Drehgeschwindigkeiten und Beschleunigungen der Zelle ersetzt, siehe Abb. 9.14.

Tab. 9.6 Aerodynamikdaten des Referenztragschraubers

Nullauftriebsbeiwert des NACA 8-H-12 Profils	C_{ABl0} [-]	0,24
Auftriebsgradient des NACA 8-H-12 Profils	$C_{ABl\alpha}$ [-]	$2 \cdot \pi \approx 6{,}28$
Mittlere Gleitzahl des NACA 8-H-12 Profils	n_{Gl} [-]	80
Parasitärer Widerstandsbeiwert	C_{WP} [-]	1,0
Auftriebsgradient des Höhenleitwerks	$C_{AH\alpha}$ [-]	3,6
Produkt aus dem parasitären Widerstandsbeiwert des Rotorkopfes und der Referenzfläche	$S_{RH} \cdot C_{WRH}$ [m²]	0,05

Abb. 9.14 MTOsport mit Messtechnik ausgerüstet

Folgende Messwerte wurden während der Flüge aufgenommen:

- Position und Geschwindigkeit über GPS,
- Stau- und Statikdruck,
- Lufttemperatur und Feuchtigkeit,
- Schiebe- und Anstellwinkel,
- Steuerausschläge und Kräfte von Steuerknüppel und Pedalen,
- Stellung des Gashebels,
- Rotor- und Motordrehzahlen,
- Lagewinkel, Drehgeschwindigkeiten und Beschleunigungen um alle 3 Achsen,
- Schlagwinkel und Rotorblattposition.

Die Position der Rotorblätter über den Umlauf und der Schlagwinkel wurden über zwei Lasersensoren am Mast abgegriffen. Durch Messung der Steuerknüppelausschläge, des Schlagwinkels sowie der Anstell- und Schiebewinkel am Nasenmast konnte die Lage des Rotors im Raum in allen Flugsituationen bestimmt werden.

Eine Zeitmessung während senkrechter Sinkflüge jeweils mit einer Höhendifferenz von etwa 300 m lieferte folgenden gemittelten Wert der Sinkgeschwindigkeit:

$$V_{Sink} \approx 7{,}7 \text{ m/s}.$$

Die mittlere Rotordrehzahl betrug dabei:

$$n_R \approx 311 \text{ U/min}.$$

Bei der Messung befand sich das Triebwerk im Leerlauf. Dies führte zu einer leichten Verfälschung der gemessenen Sinkgeschwindigkeit.

Die Messungen im stationären Vorwärtsflug wurden bei konstanter Flughöhe durchgeführt. Bei der anschließenden Auswertung wurden Mittelwerte der Messgrößen für unterschiedliche Fluggeschwindigkeiten bestimmt, siehe Tab. 9.7.

Tab. 9.7 Messdaten des MTOsport im Vorwärtsflug (Masse 392 kg)

$V[km/h]$	n_R [U/min]	β_{Blc} [°]	α_R [°]	α [°]	η_{RH} [°]
50	315	1,2	17	10	5,5
100	325	2,2	6	2	2,0
150	350	3,3	3	0	−0,3

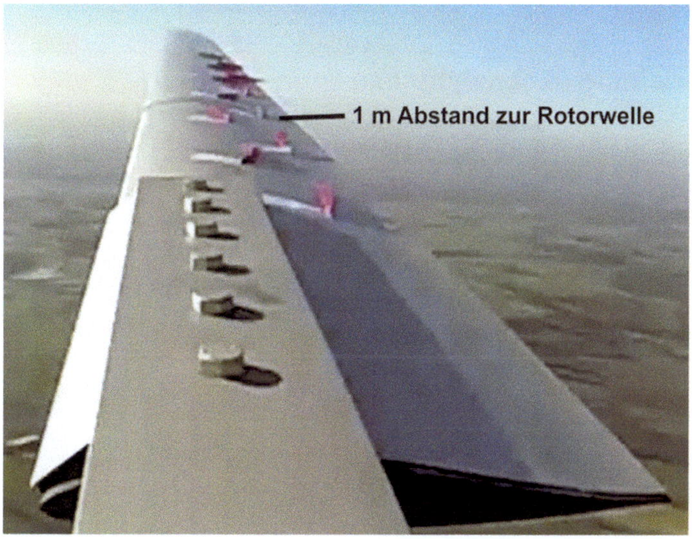

Abb. 9.15 Im senkrechten Sinkflug ist die Strömung bis etwa einem Meter Abstand zur Rotorwelle abgelöst

Zur Messung der Rotorkraft F_R am Boden wurde der Referenztragschrauber auf drei Waagen gestellt und der Rotor auf $n_R \approx 200$ U/min vorrotiert. Zwischen den Fällen „stehender Rotor" und „rotierender Rotor" ergab sich eine Differenz von etwa „80 Kilo". Dies entspricht einer Rotorkraft von $F_R \approx 800$ N.

Mit einer ähnlich einfachen Methode wurde der maximale Standschub des Triebwerks F_{Prop} gemessen: Der Referenztragschrauber wurde mit einer Federwaage „gefesselt" und die Werte bei unterschiedlichen Propellerdrehzahlen aufgenommen. Der maximale Standschub lag bei etwa „200 Kilo". Dies entspricht einer Schubkraft von $F_{Prop} \approx 2.000$ N.

Flugtests mit Wollfäden am Rotor zeigen den Bereich der abgelösten Strömung bis etwa 1 m Abstand zur Rotorwelle im senkrechten Sinkflug, siehe Abb. 9.15.

9.1.5 Normatmosphäre

Die Normatmosphäre beschreibt idealisierte Eigenschaften der Erdatmosphäre [4]. Tab. 9.8 zeigt die Werte auf Höhe des Meeresspiegels sowie in 3.000 m.

Tab. 9.8 Ausgewählte Daten der Normatmosphäre

Flughöhe	h [m]	0	3.000
Luftdruck	p [N/m²]	1.013	701
Luftdichte	ρ [kg/m³]	1,225	0,91
Temperatur	T [°C]	15	–5
Schallgeschwindigkeit	a [m/s]	340	329

9.2 Herleitung der analytischen Formeln

Für die analytischen Formeln gelten folgende Vereinfachungen:

- lineare Profilpolare,
- Auftriebsgradient konstant bei $C_{ABl\alpha} = 2 \cdot \pi$,
- kein Strömungsabriss,
- keine Machzahleffekte,
- keine Reynoldszahleffekte,
- keine Verluste am äußeren Blattsegment,
- Rotorblatt verläuft bis zur Rotorwelle,
- induzierte Abwindgeschwindigkeit konstant über den Rotorradius,
- Schlagwinkelmaximum genau an der Position „Rotorblatt vorne“,
- Schlagmoment aufgrund der Luftkräfte genau Null.

Die Beschreibung der Formeln erfolgt in sehr komprimierter Form, die folgenden Seiten sind daher als Nachschlagwerk zu verstehen.

9.2.1 Induzierte Abwindgeschwindigkeit

Die allgemeine Formel für die induzierte Abwindgeschwindigkeit des Rotors w_{Ri} ergibt sich durch Betrachtung des Rotordurchflusses in einem Kontrollvolumen nach Küssner [3]:

$$w_{Ri}^4 - 2 \cdot V \cdot \sin\alpha_R \cdot w_{Ri}^3 + V^2 \cdot w_{Ri}^2 - \left[\frac{F_R}{2 \cdot \rho \cdot \pi \cdot r_R^2}\right]^2 = 0. \tag{9.7}$$

Im senkrechten Sinkflug mit $V = 0$ vereinfacht sich die Formel zu:

$$w_{Ri}^4 - \left[\frac{F_R}{2 \cdot \rho \cdot \pi \cdot r_R^2}\right]^2 = 0. \tag{9.8}$$

Also:

$$w_{Ri} = \frac{1}{\sqrt{2}} \cdot \sqrt{\frac{F_R}{\rho \cdot \pi \cdot r_R^2}} \approx 0{,}707 \cdot \sqrt{\frac{F_R}{\rho \cdot \pi \cdot r_R^2}}. \tag{9.9}$$

Für den Referenzrotor im senkrechten Sinkflug ergibt sich aus Flugmessdaten der Faktor $K_{wRi} \approx 0{,}86$. Die Formel für die induzierte Abwindgeschwindigkeit des Rotors lautet:

$$w_{Ri} = K_{wRi} \cdot \sqrt{\frac{F_R}{\rho \cdot \pi \cdot r_R^2}}. \tag{9.10}$$

Für den Vorwärtsflug bei mittleren Fluggeschwindigkeiten V und kleinen Rotoranstellwinkeln α_R kann die Formel von Küssner vereinfacht werden zu:

$$w_{Ri}^4 - V^2 \cdot w_{Ri}^2 - \left[\frac{F_R}{2 \cdot \rho \cdot \pi \cdot r_R^2}\right]^2 = 0. \tag{9.11}$$

Die induzierte Abwindgeschwindigkeit nach Küssner beträgt:

$$w_{Ri} \approx \sqrt{-\frac{V^2}{2} + \sqrt{\left[\frac{V^2}{2}\right]^2 + \left[\frac{F_R}{2 \cdot \rho \cdot \pi \cdot r_R^2}\right]^2}}. \tag{9.12}$$

Die induzierte Abwindgeschwindigkeit bei Betrachtung des Rotors als Flügel entsprechend der Theorie von Kutta-Joukowski [2] ergibt:

$$w_{Ri} \approx 0{,}5 \cdot \frac{F_R}{2 \cdot \rho \cdot \pi \cdot r_R^2} \cdot \frac{1}{V}. \tag{9.13}$$

Beide Formeln liefern für den Referenzrotor im Bereich von $V = 50\ldots150$ km/h annähernd die gleichen Ergebnisse, siehe Tab. 9.9.

Die Übereinstimmung kann mathematisch durch eine Grenzwertbetrachtung nachgewiesen werden. Aufgrund der Einfachheit wird für den Vorwärtsflug die Formel auf der Basis von Kutta-Joukowski verwendet. Zur Anpassung an Flugmessdaten wird statt „0,5" (Gl. 9.13) der Faktor $K_{wRi} \approx 0{,}86$ eingesetzt:

$$w_{Ri} \approx K_{wRi} \cdot \frac{F_R}{\rho \cdot \pi \cdot r_R^2} \cdot \frac{1}{V}. \tag{9.14}$$

Tab. 9.9 Vergleich der Ansätze nach Küssner und Kutta-Joukowski zur Berechnung der induzierten Abwindgeschwindigkeit im Vorwärtsflug

V		Küssner (Gl. 9.12)	Kutta-Joukowski (Gl. 9.13)
[km/h]	[m/s]	[m/s]	[m/s]
50	13,9	2,02	2,04
100	27,8	1,02	1,02
150	41,7	0,68	0,68

9.2.2 Senkrechter Sinkflug bei Autorotation im Gleichgewicht

Die folgenden Formeln können für den senkrechten Sinkflug bei Autorotation im Gleichgewicht angewendet werden.

9.2.2.1 Durchströmgeschwindigkeit

Es ist die Durchströmgeschwindigkeit w_{Bl} abhängig von der Winkelgeschwindigkeit Ω_R des Rotors gesucht. In der Autorotation ist das Rotordrehmoment Null:

$$M_{DR} = 2 \cdot \int_0^{r_R} F_{XBl} \cdot r_{Bl} \cdot dr_{Bl} = 0. \tag{9.15}$$

Die Tangentialkraft beträgt:

$$F_{XBl} = A_{Bl} \cdot \sin \varphi_{Bl} - W_{Bl} \cdot \cos \varphi_{Bl} \approx A_{Bl} \cdot \varphi_{Bl} - W_{Bl}. \tag{9.16}$$

Der Widerstand eines Blattsegments ergibt sich aus dem Auftrieb dividiert durch die Gleitzahl:

$$W_{Bl} = \frac{A_{Bl}}{n_{Gl}}. \tag{9.17}$$

Der Durchströmwinkel beträgt:

$$\varphi_{Bl} = \frac{w_{Bl}}{\Omega_R \cdot r_{Bl}}. \tag{9.18}$$

Der Auftrieb eines infinitesimal kleinen Blattsegments mit einer Fläche von

$$dS_{Bl} = t_{Bl} \cdot dr_{Bl} \tag{9.19}$$

beträgt:

$$A_{Bl} \approx \frac{\rho}{2} \cdot \underbrace{(\Omega_R \cdot r_{Bl})}_{u_{Bl}}{}^2 \cdot \left[\underbrace{C_{ABl0} + 2 \cdot \pi \cdot \varepsilon_{Bl} + 2 \cdot \pi \cdot \frac{w_{Bl}}{u_{Bl}}}_{C_{ABl}} \right] \cdot \underbrace{t_{Bl} \cdot dr_{Bl}}_{dS_{Bl}}. \tag{9.20}$$

Nach einigen Umformungen ergibt sich die Formel für die Durchströmgeschwindigkeit zu:

$$w_{Bl} \approx K_{wBl} \cdot r_R \cdot \Omega_R. \tag{9.21}$$

Mit der Konstante:

$$K_{wBl} \approx \frac{1}{6\cdot\pi}\cdot\left[\frac{2\cdot\pi}{n_{Gl}} - (C_{ABl0} + 2\cdot\pi\cdot\varepsilon_{Bl}) + \sqrt{(C_{ABl0} + 2\cdot\pi\cdot\varepsilon_{Bl})\cdot\left((C_{ABl0} + 2\cdot\pi\cdot\varepsilon_{Bl}) + \frac{5\cdot\pi}{n_{Gl}}\right) + \left(\frac{2\cdot\pi}{n_{Gl}}\right)^2}\,\right]. \tag{9.22}$$

Für den Referenzrotor ergibt sich $K_{wBl} \approx 0{,}0092$.

9.2.2.2 Rotordrehzahl

Es ist die Rotordrehzahl n_R abhängig von der Rotorkraft F_R und der Luftdichte ρ gesucht.

Die Rotorkraft ergibt sich aus dem Integral der Vertikalkräfte über dem Radius zu:

$$F_R = 2\cdot\int_0^{r_R} F_{ZBl}\cdot dr_{Bl}. \tag{9.23}$$

Mit der Vertikalkraft eines infinitesimal kleinen Blattsegments von:

$$F_{ZBl} \approx A_{Bl} = \frac{\rho}{2}\cdot\underbrace{(\Omega_R\cdot r_{Bl})^2}_{u_{Bl}}\cdot\left[\underbrace{C_{ABl0} + 2\cdot\pi\cdot\varepsilon_{Bl} + 2\cdot\pi\cdot\frac{w_{Bl}}{u_{Bl}}}_{C_{ABl}}\right]\cdot\underbrace{t_{Bl}\cdot dr_{Bl}}_{dS_{Bl}}. \tag{9.24}$$

Nach einige Umformungen ergibt sich:

$$F_R \approx K_{Z0}\cdot\rho\cdot t_{Bl}\cdot r_R^3\cdot\Omega_R^2. \tag{9.25}$$

Mit der Konstante:

$$K_{Z0} \approx \left[\pi\cdot K_{wBl} + \frac{1}{3}\cdot(2\cdot\pi\cdot\varepsilon_{Bl} + C_{ABl0})\right]. \tag{9.26}$$

Für den Referenzrotor ergibt sich:

$$K_{Z0} \approx 0{,}2.$$

Auflösen von Gl. 9.25 nach der Winkelgeschwindigkeit des Rotors ergibt:

$$\Omega_R \approx \sqrt{\frac{F_R}{K_{Z0}\cdot\rho\cdot t_{Bl}\cdot r_R^3}}. \tag{9.27}$$

Die Formel für die Rotordrehzahl lautet:

$$n_R \approx \sqrt{\frac{F_R}{K_{Z0} \cdot \rho \cdot t_{Bl} \cdot r_R^3}} \cdot \frac{30}{\pi}. \tag{9.28}$$

9.2.2.3 Sinkgeschwindigkeit

Es ist die Sinkgeschwindigkeit des Rotors V_{Sink} abhängig von der Rotorkraft F_R und der Luftdichte ρ gesucht. Die Sinkgeschwindigkeit des Rotors ergibt sich aus der Summe der Durchströmgeschwindigkeit und der induzierten Abwindgeschwindigkeit:

$$V_{Sink} = w_{Bl} + w_{Ri}. \tag{9.29}$$

Einsetzen von Gl. 9.10 und 9.21 ergibt:

$$V_{Sink} \approx K_{wBl} \cdot \sqrt{\frac{F_R}{K_{Z0} \cdot \rho \cdot t_{Bl} \cdot r_R}} + K_{wRi} \cdot \sqrt{\frac{F_R}{\rho \cdot \pi \cdot r_R^2}}. \tag{9.30}$$

9.2.2.4 Antreibende und bremsende Bereiche

Es ist der Abstand r_{Bl0} von der Rotorwelle gesucht, an dem die Tangentialkraft verschwindet:

$$F_{XBl}\left(r_{Bl0}\right) = 0. \tag{9.31}$$

Für das infinitesimal kleine Blattsegment, das kein Drehmoment erzeugt, gilt:

$$M_{DBl} \approx \left(A_{Bl} \cdot \varphi_{Bl} - W_{Bl}\right) \cdot r_{Bl\,0} = 0. \tag{9.32}$$

Mit Gl. 9.17 und 9.18 ergibt sich:

$$A_{Bl} \cdot \left(\frac{w_{Bl}}{\Omega_R \cdot r_{Bl0}} - \frac{1}{n_{Gl}}\right) \cdot r_{Bl0} = 0. \tag{9.33}$$

Nach Einsetzen von Gl. 9.20 und einigen Umformungen ergibt sich:

$$r_{Bl0} \approx K_{rBl0} \cdot r_R. \tag{9.34}$$

Mit der Konstanten:

$$K_{rBl0} \approx -\frac{1}{2} \cdot K_{wBl} \cdot \left[\frac{2 \cdot \pi}{C_{ABl0} + 2 \cdot \pi \cdot \varepsilon_{Bl}} - n_{Gl}\right] + \sqrt{\left(\frac{1}{2} \cdot K_{wBl} \cdot \left[\frac{2 \cdot \pi}{C_{ABl0} + 2 \cdot \pi \cdot \varepsilon_{Bl}} - n_{Gl}\right]\right)^2 + n_{Gl} \cdot K_{wBl}^2 \cdot \frac{2 \cdot \pi}{C_{ABl0} + 2 \cdot \pi \cdot \varepsilon_{Bl}}}. \tag{9.35}$$

Für den Referenzrotor ergibt sich:

$$K_{rBl0} \approx 0{,}74.$$

9.2.3 Vorwärtsflug bei Autorotation im Gleichgewicht

Die folgenden Formeln können für den Vorwärtsflug bei Autorotation im Gleichgewicht angewendet werden.

9.2.3.1 Fortschrittsgrad

Der Fortschrittsgrad ist definiert als das Verhältnis zwischen der Fluggeschwindigkeit V und dem Produkt aus der Winkelgeschwindigkeit des Rotors Ω_R und dem Rotorradius r_R:

$$\mu_R = \frac{V}{\Omega_R \cdot r_R}. \tag{9.36}$$

9.2.3.2 Schlagwinkel

Es ist der maximale Schlagwinkel β_{Blc} abhängig vom Fortschrittsgrad μ_R gesucht. Das aerodynamische Schlagmoment eines Rotorblatts beträgt:

$$M_{Sbl} = \int_0^{r_R} A_{Bl} \cdot r_{Bl} \cdot dr_{Bl}. \tag{9.37}$$

A_{Bl} ist der Auftrieb eines infinitesimal kleinen Blattsegments entsprechend Gl. 9.20.

Die Anströmverhältnisse an der Position „Rotorblatt rechts“ ($\Psi_{Bl} = 90°$) betragen:

$$u_{Bl} = \Omega_R \cdot r_{Bl} + V. \tag{9.38}$$

$$w_{Bl} = w_R - w_{Ri} - \beta_{Blc} \cdot V - \dot{\beta}_{Bl} \cdot r_{Bl}. \tag{9.39}$$

Die Anströmverhältnisse an der Position „Rotorblatt links“ ($\Psi_{Bl} = 270°$) betragen:

$$u_{Bl} = \Omega_R \cdot r_{Bl} - V. \tag{9.40}$$

$$w_{Bl} = w_R - w_{Ri} - \beta_{Blc} \cdot V + \dot{\beta}_{Bl} \cdot r_{Bl}. \tag{9.41}$$

Die Summe der Schlagmomente beider Rotorblätter an der Position „Rotorblätter links/ rechts“ ist gleich Null:

$$M_{SBl90} + M_{SBl270} = 0. \tag{9.42}$$

Damit ergibt sich nach einigen Umformungen der maximale Schlagwinkel zu:

$$\beta_{Blc} = K_\beta \cdot \frac{\mu_R}{1 + 2 \cdot \mu_R^2}. \tag{9.43}$$

Mit der Konstante:

$$K_\beta \approx 2 \cdot \left[\frac{2}{3 \cdot \pi} \cdot \left(C_{ABl0} + 2 \cdot \pi \cdot \varepsilon_{Bl} \right) + K_{wBl} \right]. \tag{9.44}$$

Für den Referenzrotor ergibt sich:

$$K_\beta \approx 0{,}24.$$

Für kleine Fortschrittsgrade von $\mu_R = 0{,}1 \ldots 0{,}3$ wird eine lineare Näherung angesetzt:

$$\beta_{Blc} = \frac{\mu_R}{1 + 2 \cdot \mu_R^2} \cdot K_\beta \approx K_{\beta 0} + K_{\beta 1} \cdot \mu_R. \tag{9.45}$$

Der nichtlineare Term

$$\frac{\mu_R}{1 + 2 \cdot \mu_R^2}$$

wird durch eine lineare Regression angenähert. Es ergeben sich folgende Konstanten:

$$K_{\beta 0} \approx 0{,}025 \cdot K_\beta \approx 0{,}05 \cdot \left[\frac{2}{3 \cdot \pi} \cdot \left(C_{ABl0} + 2 \cdot \pi \cdot \varepsilon_{Bl} \right) + K_{wBl} \right]. \tag{9.46}$$

$$K_{\beta 1} \approx 0{,}78 \cdot K_\beta \approx 1{,}56 \cdot \left[\frac{2}{3 \cdot \pi} \cdot \left(C_{ABl0} + 2 \cdot \pi \cdot \varepsilon_{Bl} \right) + K_{wBl} \right]. \tag{9.47}$$

Die Faktoren 0,025 und 0,78 ergeben sich aus der linearen Regression.

Für den Referenzrotor ergibt sich:

$$K_{\beta 0} \approx 0{,}006 \text{ und } K_{\beta 1} \approx 0{,}18.$$

Mit dieser Näherung ergibt sich für den Referenzrotor eine Abweichung gegenüber der nichtlinearen Formel (Gl. 9.45) von etwa 0,1° im Bereich $V = 50 \ldots 150\ \text{km/h}$.

Es ist allerdings zu beachten, dass die lineare Formel bei $V = 0\ \text{km/h}$ einen Schlagwinkel ungleich Null liefern würde. Hier ist die Formel nicht anwendbar.

9.2.3.3 Rotordrehzahl

Es ist die Rotordrehzahl n_R abhängig von der Rotorkraft F_R, dem Fortschrittsgrad μ_R und der Luftdichte ρ gesucht. Die Rotorkraft F_R ergibt sich aus dem Integral der Vertikalkräfte über dem Radius (Gl. 9.23). Anwendung der Vertikalkraft eines infinitesimal kleinen Blattsegments entsprechend Gl. 9.24 an der Position „Rotorblätter vorne/hinten" ($\Psi_{Bl} = 180° / \Psi_{Bl} = 0°$) ergibt unter Vernachlässigung der Queranströmung nach einigen Umformungen:

$$F_{R,vh} \approx K_{Z0} \cdot \rho \cdot t_{Bl} \cdot r_R^3 \cdot \Omega_R^2. \tag{9.48}$$

Mit den Anströmverhältnissen an den Positionen „Rotorblatt rechts" (Gl. 9.38 und 9.39) und „Rotorblatt links" (Gl. 9.40 und 9.41) ergibt sich nach einigen Umformungen:

$$F_{R,lr} \approx \rho \cdot t_{Bl} \cdot r_R^3 \cdot \Omega_R^2 \cdot \left[K_{Z0} - 2 \cdot \pi \cdot \beta_{Blc} \cdot \mu_R + \left(2 \cdot \pi \cdot \varepsilon_{Bl} + C_{ABl0}\right) \cdot \mu_R^2\right]. \tag{9.49}$$

Die Rotorkraft, über eine Umdrehung gemittelt, beträgt:

$$F_R \approx \frac{F_{R,vh} + F_{R,lr}}{2}. \tag{9.50}$$

Das Einsetzen von Gl. 9.45 ergibt nach einigen Umformungen:

$$F_R \approx \rho \cdot t_{Bl} \cdot r_R^3 \cdot \Omega_R^2 \cdot \left[K_{Z0} + K_{Z1} \cdot \mu_R + K_{Z2} \cdot \mu_R^2\right]. \tag{9.51}$$

Mit den Konstanten:

$$K_{Z0} \approx \left[\pi \cdot K_{wBl} + \frac{1}{3} \cdot \left(2 \cdot \pi \cdot \varepsilon_{Bl} + C_{ABl0}\right)\right], \tag{9.52}$$

$$K_{Z1} \approx -\pi \cdot K_{\beta 0}, \tag{9.53}$$

$$K_{Z2} \approx \frac{C_{ABl0} + 2 \cdot \pi \cdot \varepsilon_{Bl}}{2} - \pi \cdot K_{\beta 1}. \tag{9.54}$$

Für den Referenzrotor ergibt sich:

$$K_{Z0} \approx 0{,}2,\ K_{Z1} \approx -0{,}019 \text{ und } K_{Z2} \approx -0{,}32.$$

Aufgelöst nach der Winkelgeschwindigkeit des Rotors:

$$\Omega_R \approx \sqrt{\frac{F_R}{\rho \cdot t_{Bl} \cdot r_R^3 \cdot \left[K_{Z0} + K_{Z1} \cdot \mu_R + K_{Z2} \cdot \mu_R^2\right]}}. \tag{9.55}$$

Die Formel für die Rotordrehzahl lautet:

$$n_R \approx \sqrt{\frac{F_R}{\rho \cdot t_{Bl} \cdot r_R^3 \cdot \left[K_{Z0} + K_{Z1} \cdot \mu_R + K_{Z2} \cdot \mu_R^2\right]}} \cdot \frac{30}{\pi}. \tag{9.56}$$

9.2.3.4 Rotoranstellwinkel

Es ist der Rotoranstellwinkel α_R abhängig vom Fortschrittsgrad μ_R gesucht.

Der Rotoranstellwinkel ist wie folgt definiert:

$$\alpha_R = \sin^{-1} \frac{w_R}{V} \approx \frac{w_R}{V}. \tag{9.57}$$

Wenn sich das Rotorblatt vorne bzw. hinten befindet, dann kann die Durchströmgeschwindigkeit mit Gl. 9.21 bestimmt werden. Zusammen mit der induzierten Abwindgeschwindigkeit nach Gl. 9.14 ergibt sich folgende Anströmgeschwindigkeit senkrecht zur Rotorkreisebene:

$$w_R \approx K_{wBl} \cdot \Omega_R \cdot r_R + K_{wRi} \cdot \frac{F_R}{\rho \cdot \pi \cdot r_R^2} \cdot \frac{1}{V}. \tag{9.58}$$

Einsetzen in Gl. 9.57 ergibt nach einigen Umformungen:

$$\alpha_R \approx \frac{t_{Bl}}{r_R} \cdot \left[K_{\alpha 0} + \frac{K_{\alpha 2}}{\mu_R^2} \right] + \frac{K_{\alpha 1}}{\mu_R}. \tag{9.59}$$

Mit den Konstanten:

$$K_{\alpha 0} \approx \frac{K_{wRi} \cdot K_{Z2}}{\pi}, \tag{9.60}$$

$$K_{\alpha 1} \approx \frac{K_{wRi} \cdot K_{Z1}}{\pi} \cdot \frac{r_R}{t_{Bl}} + K_{wBl} \approx K_{wBl}, \tag{9.61}$$

$$K_{\alpha 2} \approx \frac{K_{wRi} \cdot K_{Z0}}{\pi}. \tag{9.62}$$

Für den Referenzrotor ergibt sich:

$$K_{\alpha 0} \approx -0{,}089,\ K_{\alpha 1} \approx 0{,}0092 \text{ und } K_{\alpha 2} \approx 0{,}055.$$

9.2.3.5 Rotorkraftschwankung

Es ist die Rotorkraftschwankung dF_R zwischen den Positionen „Rotorblätter vorne/hinten“ und „Rotorblätter links/rechts“ abhängig von der Winkelgeschwindigkeit des Rotors Ω_R, dem Fortschrittsgrad μ_R und der Luftdichte ρ gesucht:

$$dF_R = \frac{1}{2} \cdot \left(F_{R,vh} - F_{R,lr} \right). \tag{9.63}$$

Nach einigen Umformungen ergibt sich:

$$dF_R \approx \rho \cdot t_{Bl} \cdot r_R^3 \cdot \Omega_R^2 \cdot \left[K_{dF1} \cdot \mu_R + K_{dF2} \cdot \mu_R^2 \right]. \tag{9.64}$$

Mit den Konstanten:

$$K_{dF1} \approx \pi \cdot K_{\beta 0}, \tag{9.65}$$

$$K_{dF2} \approx \pi \cdot K_{\beta 1} - \frac{C_{ABl0}}{2} - \pi \cdot \varepsilon_{Bl}. \tag{9.66}$$

Für den Referenzrotor ergibt sich:

$$K_{dF1} = 0{,}019 \text{ und } K_{dF2} = 0{,}32.$$

9.2.4 Senkrechter Sinkflug für Übergangsvorgänge

Die folgenden Formeln können für einen Übergangsvorgang im senkrechten Sinkflug angewendet werden.

9.2.4.1 Rotorkraft

Es ist der Zusammenhang zwischen der Rotorkraft F_R und der Durchströmgeschwindigkeit w_{Bl}, der Winkelgeschwindigkeit Ω_R des Rotors sowie der Luftdichte ρ im senkrechten Sinkflug gesucht.

Die Rotorkraft ergibt sich aus dem Integral der Vertikalkräfte über dem Radius (Gl. 9.23). Anwendung der Vertikalkraft eines infinitesimal kleinen Blattsegments entsprechend Gl. 9.24 ergibt nach einigen Umformungen:

$$F_R \approx \rho \cdot t_{Bl} \cdot r_R^3 \cdot \Omega_R^2 \cdot \left[\pi \cdot \frac{w_{Bl}}{\Omega_R \cdot r_R} + \frac{1}{3} \cdot \left(2 \cdot \pi \cdot \varepsilon_{Bl} + C_{ABl0} \right) \right]. \tag{9.67}$$

9.2.4.2 Rotordrehmoment

Es ist der Zusammenhang zwischen dem Rotordrehmoment M_{DR} und der Durchströmgeschwindigkeit w_{Bl}, der Winkelgeschwindigkeit Ω_R des Rotors sowie der Luftdichte ρ im senkrechten Sinkflug gesucht. Das Rotordrehmoment beträgt:

$$M_{DR} = 2 \cdot \int_0^{r_R} F_{XBl} \cdot r_{Bl} \cdot dr_{Bl}. \tag{9.68}$$

Einsetzen der Tangentialkraft entsprechend Gl. 9.16 ergibt nach einigen Umformungen die Formel für das Rotordrehmoment:

$$M_{DR} \approx \rho \cdot t_{Bl} \cdot r_R^2 \cdot \left[\pi \cdot W_{Bl}^2 + K_{M1} \cdot \Omega_R \cdot r_R \cdot W_{Bl} + K_{M2} \cdot \left(\Omega_R \cdot r_R \right)^2 \right]. \tag{9.69}$$

Mit den Konstanten:

$$K_{M1} \approx \frac{1}{3} \cdot \left[C_{ABl0} + 2 \cdot \pi \cdot \varepsilon_{Bl} - \frac{2 \cdot \pi}{n_{Gl}} \right], \tag{9.70}$$

$$K_{M2} \approx -\frac{1}{4} \cdot \frac{C_{ABl0} + 2 \cdot \pi \cdot \varepsilon_{Bl}}{n_{Gl}}. \tag{9.71}$$

Für den Referenzrotor ergibt sich:

$$K_{M1} \approx 0{,}145 \text{ und } K_{M2} \approx -0{,}0016$$

Literatur

1. Drela M (1989) XFOIL: an analysis and design system for low Reynolds number airfoils. MIT Department of Aeronautics and Astronautics, Cambridge
2. Schlichting H, Truckenbrodt E (2001) Aerodynamik des Flugzeuges: Zweiter Band: Aerodynamik des Tragflügels (Teil II), des Rumpfes, der Flügel-Rumpf-Anordnung und der Leitwerke. Springer, Berlin/Heidelberg/New York, 2. Bd
3. Küssner HG (1937) Probleme des Hubschraubers. Aus der Zeitschrift Luftfahrt-Forschung Bd. 14, Nr. 1. Göttingen
4. International Civil Aviation Organization (1993) Manual of the ICAO standard atmosphere, 3. Aufl. International Civil Aviation Organization, Montreal
5. Schaefer R, Smith HA (1949) Aerodynamic characteristics of the NACA 8-H-12 airfoil. NACA TN 1998, Langley
6. McCormick BW (1995) Aerodynamics, aeronautics, and flight mechanics, 2. Aufl. Wiley, Hoboken
7. Mößner M (2010) Entwicklung und Validierung eines Simulationsmodells für das Triebwerks- und Schubverhalten des Tragschraubers MTOsport. DLR IB 111-2010/46. Braunschweig

Stichwortverzeichnis

H. Duda, J. Seewald, *Flugphysik der Tragschrauber*,
DOI 10.1007/978-3-662-52834-1

MIX
Papier aus verantwortungsvollen Quellen
Paper from responsible sources
FSC® C105338

If you have any concerns about our products,
you can contact us on
ProductSafety@springernature.com

In case Publisher is established outside the EU,
the EU authorized representative is:
Springer Nature Customer Service Center GmbH
Europaplatz 3, 69115 Heidelberg, Germany

Printed by Libri Plureos GmbH
in Hamburg, Germany